Mathematik 6
Denken und Rechnen

Hauptschule

Herausgegeben von
Jürgen Golenia und
Prof. Kurt Neubert

Autoren:
Ulrike Binder-Vondran
Jürgen Golenia
Petra Illigens
Gisela Nieberle
Matthias Rehse
Marlies Schulze ten Berge
Elisabeth Wiesener

Druck A[1] / Jahr 2005
Alle Drucke der Serie A sind im Unterricht parallel verwendbar.

Redaktion: Gerhard Strümpler, Katja Steinke
Typografie und Layout: Andrea Heissenberg
Herstellung: Reinhard Hörner

Umschlaggestaltung: Idee Design, Edgar Rüttger, Langlingen
Satz: media service schmidt, Hildesheim
Repro, Druck und Bindung: westermann druck GmbH, Braunschweig

ISBN 3-14-**12 60 76**-1

Kannst du es noch?

Diagnose und Selbsteinschätzung
Diese Aufgabensammlung dient der Lehrperson zur Diagnose und den Schülerinnen und Schülern zur Selbsteinschätzung. Bei der Diagnose der Aufgabenlösungen erhält die Lehrperson Aufschlüsse über Stärken und Schwächen der Schüler. Die Aufgaben decken nicht alle Themen des letzten Schuljahres ab, berücksichtigen aber unterschiedliche Kompetenzstufen.
Indem die Schülerinnen und Schüler sich selbst einschätzen, setzen sie sich aktiv mit ihrem eigenen Können und Lernen auseinander.

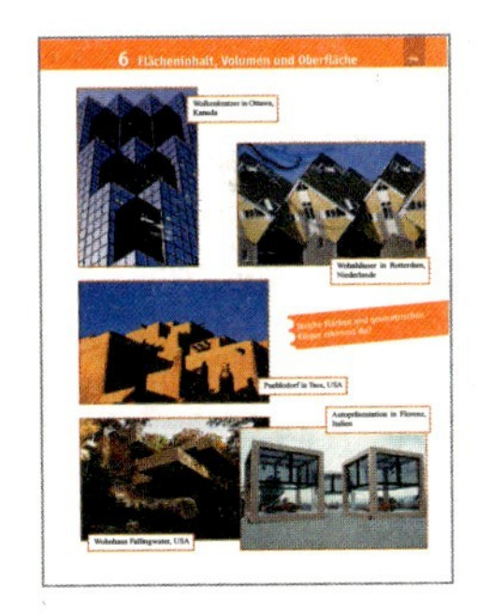

Einführung in das Kapitel
Die Einführungsseite enthält Daten, Grafiken oder Fotos aus unterschiedlichen Lebensbereichen.
Auf einen längeren Text haben wir bewusst verzichtet, ein kurzer Denkimpuls dient als Gesprächsanlass.

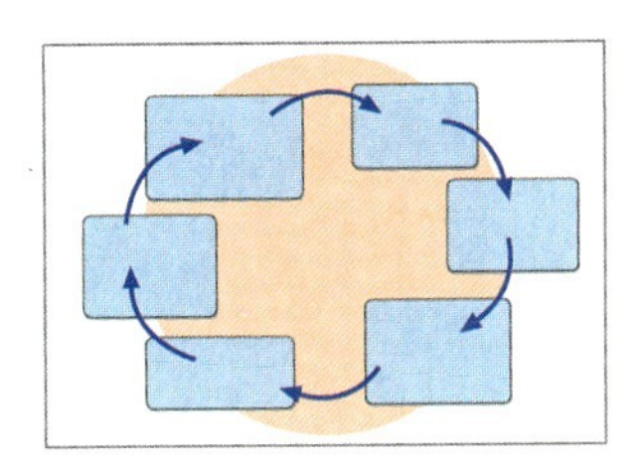

Übungszirkel
Der Übungszirkel enthält Anregungen zum Stationenlernen und zur Freiarbeit. Die Schülerinnen und Schüler finden die Stationen an Tischen im Klassenzimmer. Sie arbeiten allein, mit einem Partner oder in der Gruppe. Die Reihenfolge legen die Schüler in Absprache mit den Mitschülern selbst fest. Lösungen kontrollieren sie selbst anhand eines Lösungsblattes. Auf einem Laufzettel notieren sie, welche Stationen sie erledigt haben.
Die Stationskarten enthalten neben den Stoff des Kapitels auch Spiele und Knobelaufgaben, um logisches und kombinatorisches Denken zu fördern. Lösungen befinden sich am Ende des Buches.

Bleibe fit!

Bleibe fit!
Hier üben und vertiefen die Schülerinnen und Schüler den Lernstoff des Kapitels und wenden ihn an. Die Lösungen der Aufgaben stehen zur Selbstkontrolle am Ende des Buches. Weitere vertiefende Übungen befinden sich im Arbeitsheft „Mach dich fit!“ und auf der CD „Arbeitsblätter Mathematik“.

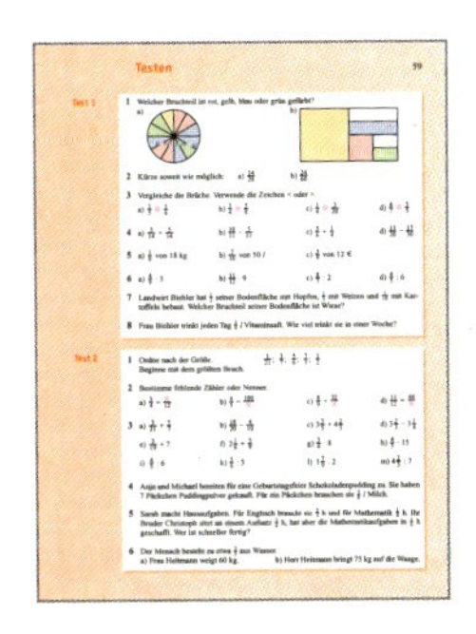

Testen
Testen dient zur Diagnose des Lernfortschritts. Die Seite besteht in der Regel aus zwei Tests, wobei der Test 1 leichter ist als Test 2. Die wichtigen Aufgabentypen des Kapitels sind berücksichtigt.

Wiederholen & Sichern

Wiederholen und Sichern
Die Seite enthält Aufgaben zum integrierenden Wiederholen der Inhalte aus früheren Kapiteln oder Jahrgangsstufen, insbesondere zu den grundlegenden Anforderungen (Standards). Lösungen befinden sich am Ende des Buches.

Förderung der Kompetenzen
Aufgaben mit diesem Bild fördern die allgemeinen Kompetenzen Argumentieren, Problemlösen und Modellieren.
Dabei kann es sich um offene Aufgaben ohne explizite Fragestellung handeln oder auch um Denkaufgaben. Die Aufgaben bieten Anlass zu einem Gespräch, da mehrere Rechenwege und Denkschritte zur Lösung möglich sein können.

Mathekonferenz
Bei diesen Aufgaben sind Ergebnisse dargestellt. Die Schülerinnen und Schüler sollen unterschiedliche Lösungswege vergleichen. Sie diskutieren miteinander und lernen so einen mathematischen Sachverhalt zu begründen.
Dabei werden vor allem Lösungsstrategien erarbeitet.

Merksätze
Wichtige Definitionen und Merksätze stehen in einem rot umrandeten Kasten.

Beispiele
Musteraufgaben und Beispiele stehen entweder auf Karopapier oder sind hellgrün unterlegt.

2

Rote Nummer
Eine rot gekennzeichnete Aufgabennummer weist auf ein gehobenes Niveau hin.

Computer
Diese Aufgabe soll mithilfe des Computers bearbeitet werden.

Das solltest du wissen

Die Seiten am Ende des Buches enthalten wichtige Formeln und Algorithmen zum Nachschlagen.

1 Kannst du es noch?

Schätze dich selbst ein.

Aufgabe Nr.	Kann ich gut.	Ich übe selbstständig. Dann kann ich es wieder.	Das muss mir noch mal einer erklären.
1	ja		
2			Wie finde ich alle Möglichkeiten?
3 b		Ich muss beim Übertrag aufpassen.	
3 d			Wie subtrahiere ich von der Null?

Teil 1

1 Rechne im Kopf.

a) 36   +19   −25   +70   −19   −11   +50   +80

b) 9   ·7   +9   :8   +41   :5   ·10   −33

c) 120   +60   −90   +310   −140   −60   −110   +260

d) 160   +40   :50   ·9   +24   :4   ·8   :6

2 An der Kasse musst du 26 Cent bezahlen. Du hast in deiner Geldbörse noch viele 10-Cent-, 5-Cent-, 2-Cent- und 1-Cent-Münzen.
Wie viele Möglichkeiten findest du, die 26 Cent zu bezahlen? Zeichne sie auf.

3 Schreibe untereinander und berechne.
a) 2796 + 8134   b) 3607 + 918 + 3565   c) 19879 − 8629   d) 38230 − 29646

4 Rechne in die vorgegebene Einheit um.
a) 1,225 km = ___ m   b) 850 m = ___ km
c) 180 min = ___ h   d) 1,5 h = ___ min
e) 2,125 kg = ___ g   f) 675 g = ___ kg
g) 60 g = ___ kg   h) 905 m = ___ km

5 Von einem Quadrat ist eine Seite gegeben. Berechne den Umfang und den Flächeninhalt des Quadrats.
a) 8 cm   b) 12 cm   c) 10 m   d) 15 m

Teil 2

1 Das Grundstück von Familie Uhrmann ist 14 m breit und 30 m lang.
a) Wie groß ist die Fläche des Grundstücks?
b) Familie Uhrmann lässt ringsum einen Zaun aufstellen. Kommt sie mit 60 m Zaun aus?

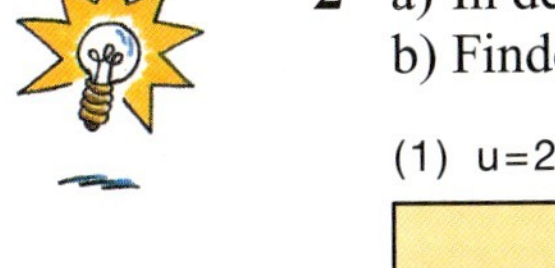

2 a) In den Rechtecken ist nur eine Seite bekannt. Berechne die zweite Seite.
b) Finde weitere Rechtecke mit dem Umfang 24 cm. Zeichne.

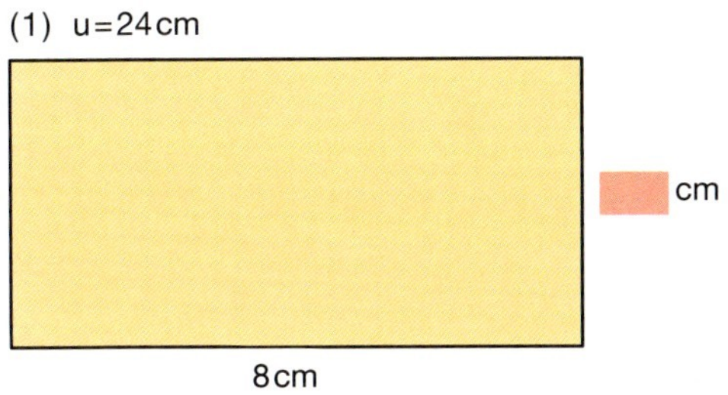

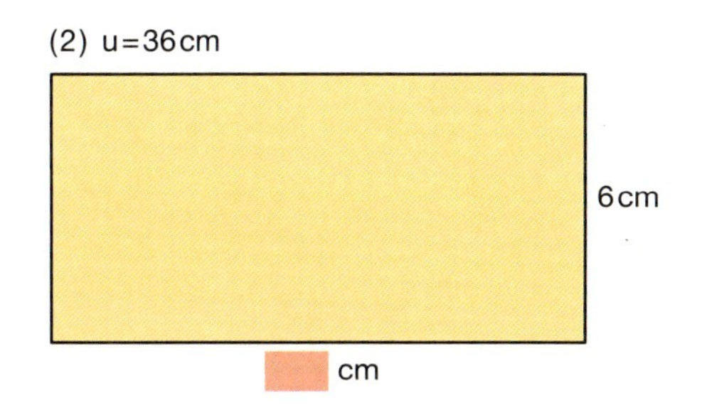

3 Welche Geraden sind zueinander parallel? Schreibe so: b ∥ c

b) Welche Geraden sind senkrecht zueinander? Schreibe so: c ⊥ d

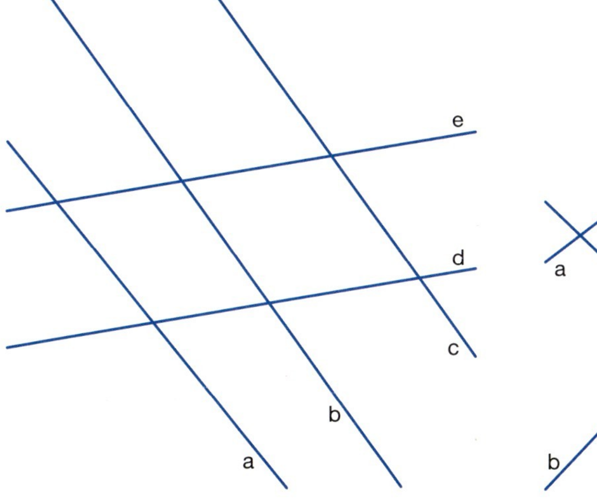

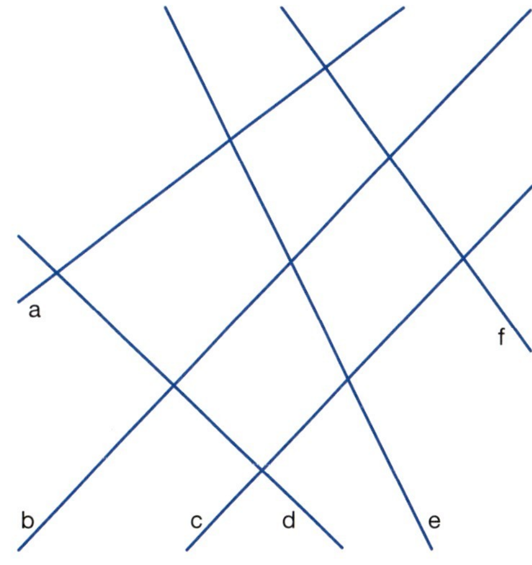

4 Berechne schriftlich und mache die Probe. Überschlage zuerst.
a) 4085 · 8 b) 35028 · 27 c) 1508 · 64 d) 4009 · 85

5 Berechne schriftlich und mache die Probe.
a) 4368 : 3 b) 52024 : 4 c) 245060 : 5 d) 5166 : 14 d) 40260 : 15

6 Was gehört zusammen? Bestimme x.

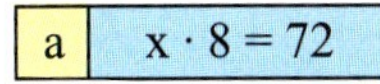

a	x · 8 = 72

b	x − 6 = 15

c	x · 7 = 28

d	x + 9 = 27

A	Addiere zu einer Zahl 9, du erhältst 27.

B	Denke dir eine Zahl. Multipliziere sie mit 8. Das Ergebnis ist 72.

C	Multipliziert man eine Zahl mit 7, so erhält man 28.

D	Subtrahiere von einer Zahl 6, so erhältst du 15.

Teil 3

1 Sabine hat die Reihenfolge der Zahlen vergessen, um das Zahlenschloss an ihrem Fahrrad zu öffnen. Sie weiß nur noch, dass es die Zahlen 2, 3 und 7 sind.

a) Welche Kombinationen sind möglich? Schreibe sie auf.

b) Wie viele Kombinationen gibt es mit den drei Zahlen?

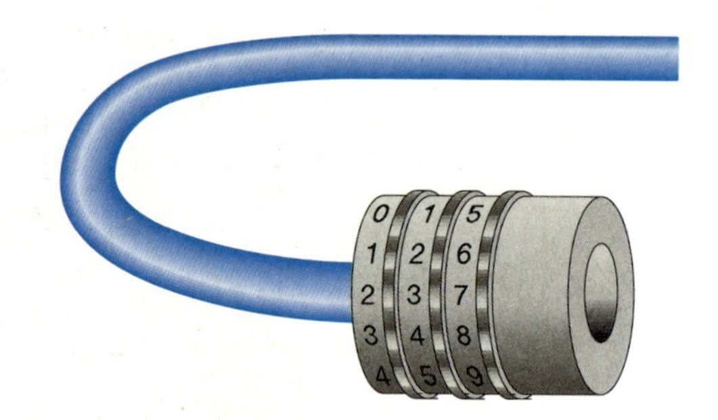

2 Familie Karl wählt den schnellsten Zug von Hannover nach Dortmund. Welchen Zug wählt sie aus? Gib die Fahrtdauer in Stunden und Minuten an.

Die Bahn DB

Ihre Auskunft

	Bahnhof/Haltestelle	Datum	Zeit	Zug
1	Hannover Hbf	14.02.	ab 09:31	ICE
	Dortmund Hbf	14.02.	an 11:11	
2	Hannover Hbf	14.02.	ab 11:40	IC
	Dortmund Hbf	14.02.	an 13:29	
3	Hannover Hbf	14.02.	ab 12:31	ICE
	Dortmund Hbf	14.02.	an 14:05	

3 a) Wie viel Kilometer entspricht im Diagramm jedes Kästchen?

b) Wie lang sind die dargestellten Flüsse? Lies ab und schreibe auf.

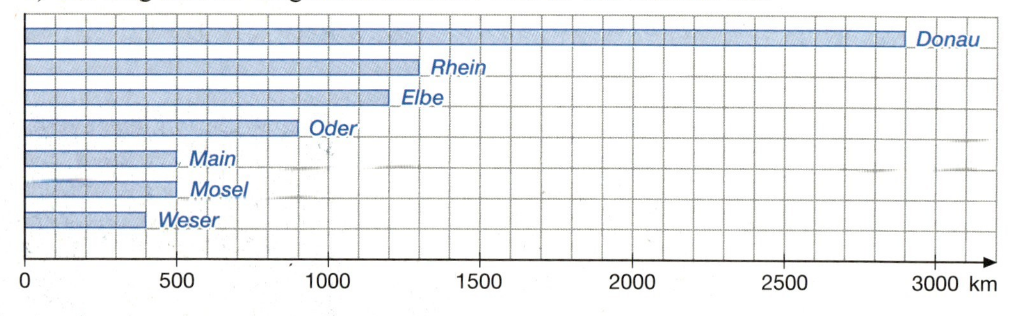

4 Jutta fährt in ihrer Freizeit gerne Rad. Sie möchte sich einen Helm, Schuhe, das Trikot und Handschuhe kaufen. Sie hat schon 46 € gespart und möchte das günstigste Angebot auswählen.

a) Wie viel Euro muss sie noch sparen?

b) Für das Austragen von Prospekten kann sie jede Woche 15 € verdienen. Wann kann sie dann die Ausrüstung kaufen?

5 Kevin und Lara kaufen mit ihrem Vater ein. Jeder bekommt den teuren Helm und die teuren Handschuhe. Vater bezahlt mit 220 € an der Kasse. Wie viel Geld erhält er zurück? Löse im Heft mithilfe eines Rechenplans.

Mandala heißt „magischer Kreis“. Das Mandala wurde vor etwa 2500 Jahren in Asien von Mönchen entwickelt. Solch ein Kreisbild besteht aus Mustern und Ornamenten, die immer von einem Zentrum ausgehen.

Du kannst Mandalas selbst entwerfen.

1 a) Anna will einen Kreis zeichnen. Beschreibe, wie sie vorgeht.
b) Zeichne auf Karton mit Reißnagel, Faden und Bleistift einen Kreis.
c) Wie kannst du mit deinen Mitschülern verschieden große Kreise auf dem Pausenhof zeichnen?

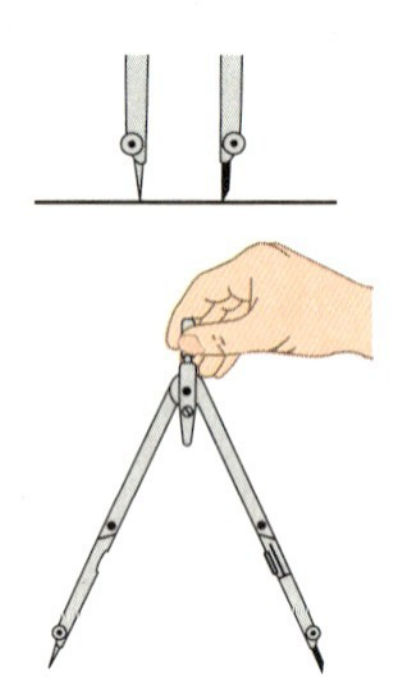

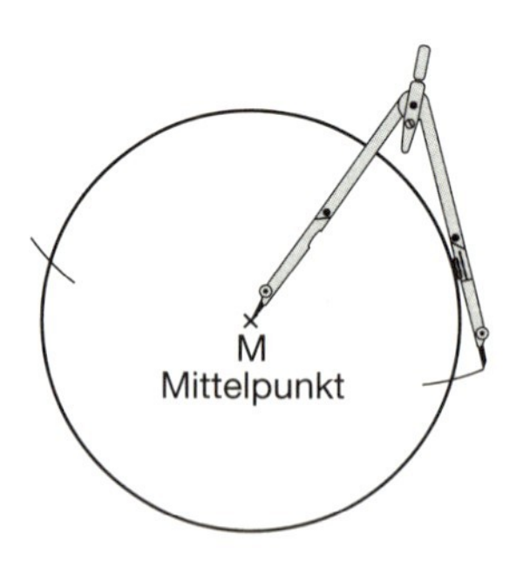

2 a) Du möchtest mit dem Zirkel einen Kreis in dein Heft zeichnen. Beschreibe, wie du dabei vorgehst.
b) Bringe in die richtige Reihenfolge:

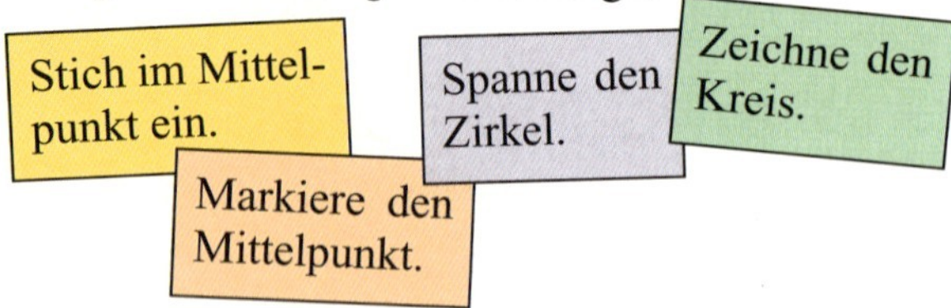

c) Zeichne mit dem Zirkel Kreise verschiedener Größe in dein Heft.

3 Wo findest du in deiner Umwelt Kreise? Denke dabei an Gebrauchsgegenstände und Muster.

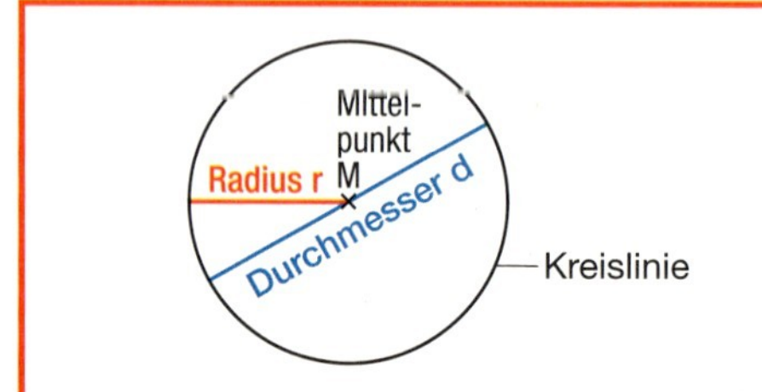

Der **Durchmesser** verläuft durch den Mittelpunkt des Kreises.

Der Durchmesser ist doppelt so lang wie der **Radius.**

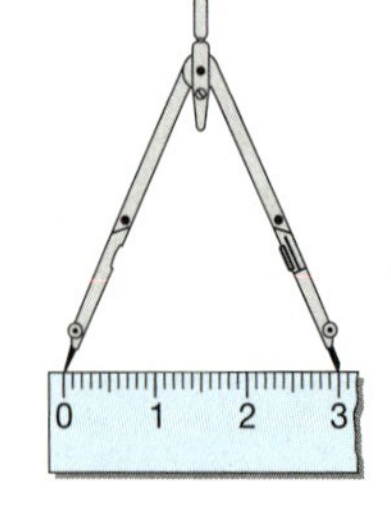

4 Zeichne einen Kreis mit dem angegebenen Radius. Markiere zuvor den Mittelpunkt M. Zeichne einen Radius ein.
a) 3 cm b) 4,5 cm c) 25 mm d) 3,6 cm e) 57 mm f) 4 cm 3 mm g) 2,3 cm

5 Zeichne einen Kreis mit dem angegebenen Durchmesser. Markiere zuvor den Mittelpunkt M. Zeichne einen Durchmesser ein.
a) 8 cm b) 6,4 cm c) 48 mm d) 7,6 cm e) 9 cm 4 mm f) 7 cm 6 mm g) 5,2 cm

Spitze des Zirkels in den 0-Punkt

6 Berechne die fehlenden Werte in deinem Heft.

	a)	b)	c)	d)	e)	f)	g)	h)
Durchmesser d	34 cm	98 mm			7,20 m	1,800 km		
Radius r			29 dm	231 cm			5,40 m	3,200 km

1 Markiere einen Mittelpunkt M. Zeichne 20 Punkte, die von M den Abstand 2 cm haben. Beschreibe die Lage der Punkte.

2 Markiere einen Mittelpunkt M. Zeichne um diesen Punkt Kreise verschiedener Größe. Wähle als Radius 2 cm, 3 cm, 4 cm, 5 cm und 6 cm.

3 Übertrage die Muster in dein Heft und färbe sie mit verschiedenen Farben ein.

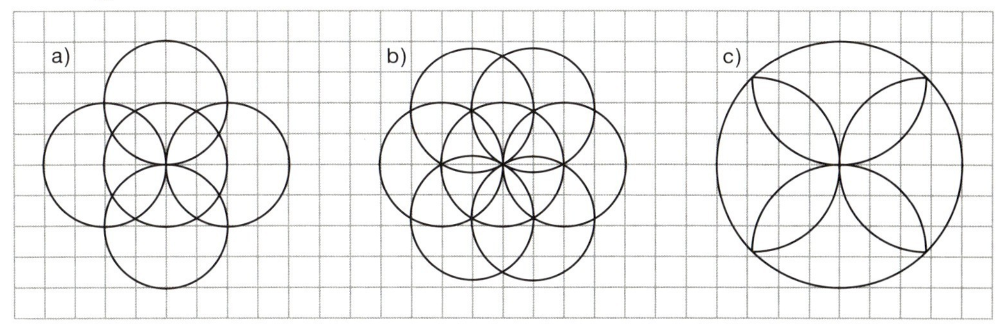

4 a) Übertrage die Muster in dein Heft. Zeichne mit doppeltem Radius.

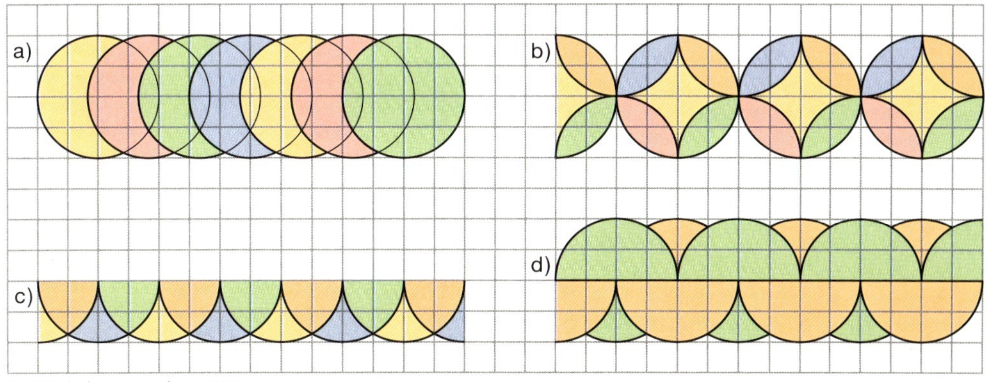

b) Zeichne andere Muster.

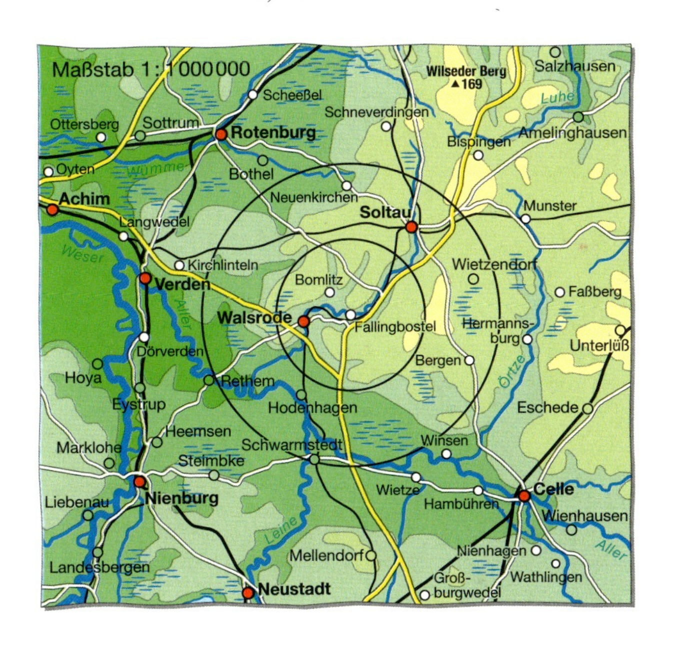

5 Die Klasse 6a sucht auf der Karte ein Ausflugsziel für eine Fahrradtour. Das Ziel soll im Umkreis von 10 bis 20 km liegen.
a) Warum benutzen die Schülerinnen und Schüler einen Zirkel?
b) Wie heißt der Schulort der Klasse 6a?
c) Welche Ziele können auf der Fahrradtour erreicht werden?

6 Welche Ziele könntet ihr von eurem Schulort aus erreichen, wenn ihr an eurem nächsten Wandertag eine Fahrradtour unternehmen wollt?

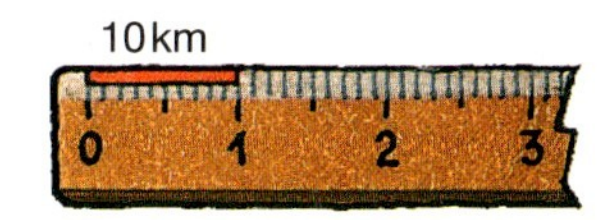

1

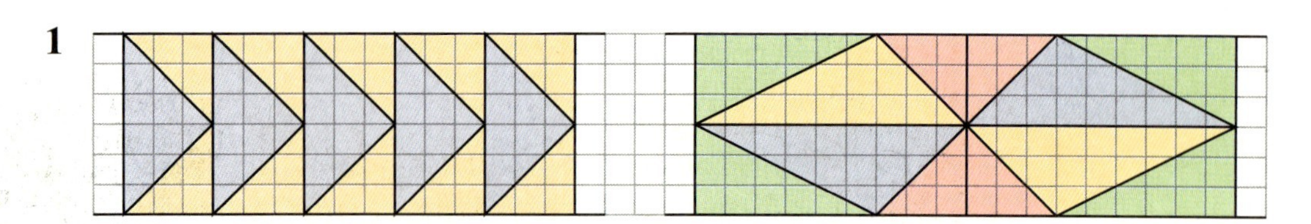

a) Beschreibe die Formen der Dreiecke in den Mustern.
b) Zeichne die Muster in dein Heft. Setze sie fort.
c) Erfinde weitere Muster aus Dreiecken.

2 Elke hat aus Trinkhalmen Dreiecke gelegt. Beschreibe die Form. Gibt es Spiegelachsen? Wie erklärst du den anderen deine Antwort?

3 Lege Dreiecke aus jeweils drei Trinkhalmen. Welche Dreiecke haben Spiegelachsen?
a) Alle Trinkhalme sollen gleich lang sein. b) Zwei von ihnen sollen gleich lang sein.
c) Zwei von ihnen sollen einen rechten Winkel bilden.

Dreiecksformen

4 a) Übertrage die Dreiecke in dein Heft. Schreibe ihren Namen dazu.
b) Bei welchen Dreiecken kann man Spiegelachsen eintragen?

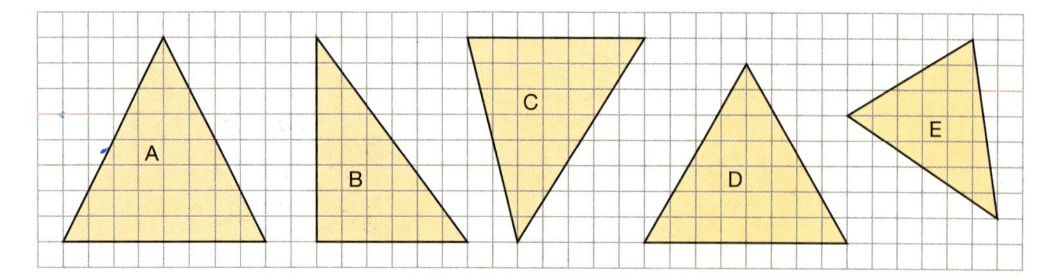

5 Zeichne in einen Streifen von 3 cm
a) ein rechtwinkliges Dreieck,
b) ein gleichschenkliges Dreieck,
c) ein Dreieck mit verschieden langen Seiten.
d) Kannst du auch ein gleichseitiges Dreieck einzeichnen?

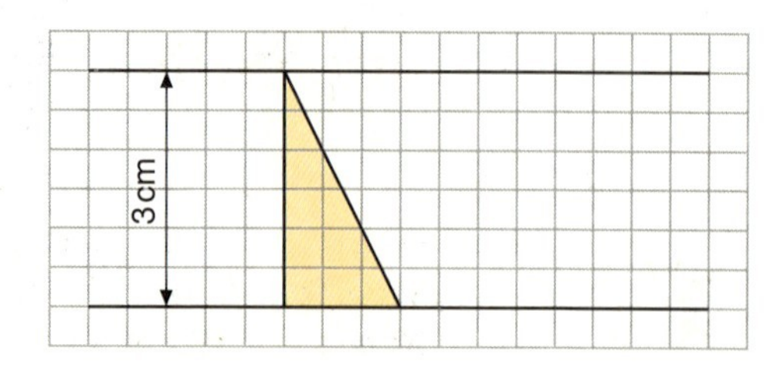

1 Beschreibe die Form der Vierecke in den Bildern.

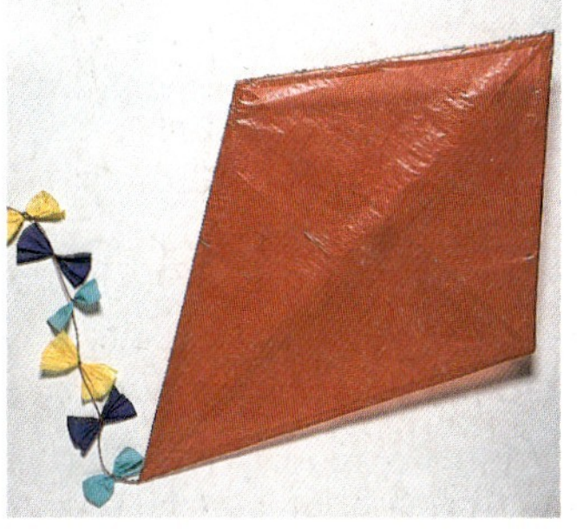

2 a) Die Vierecke wurden aus Trinkhalmen gelegt. Worin unterscheiden sie sich? Achte auf rechte Winkel, gleich lange Seiten, parallele Seiten.
b) Welches Viereck hat Symmetrieachsen?

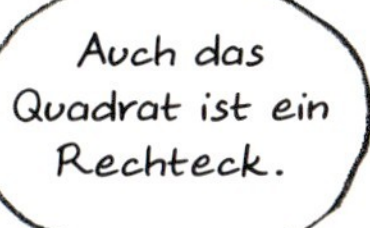

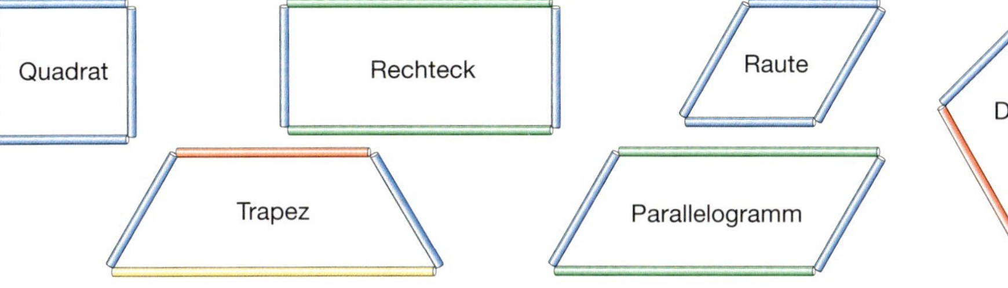

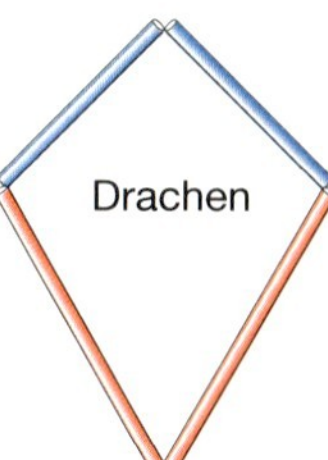

3 Nenne den Namen jedes Vierecks. Prüfe mit dem Geodreieck.

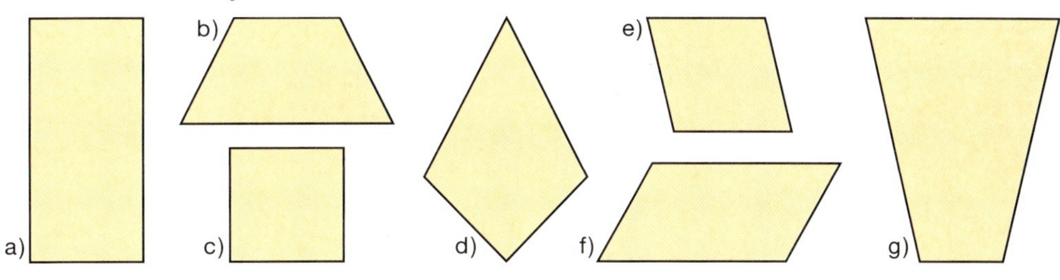

4 Beschreibe die Geräte im Bild. Welche Viereckformen erkennst du?

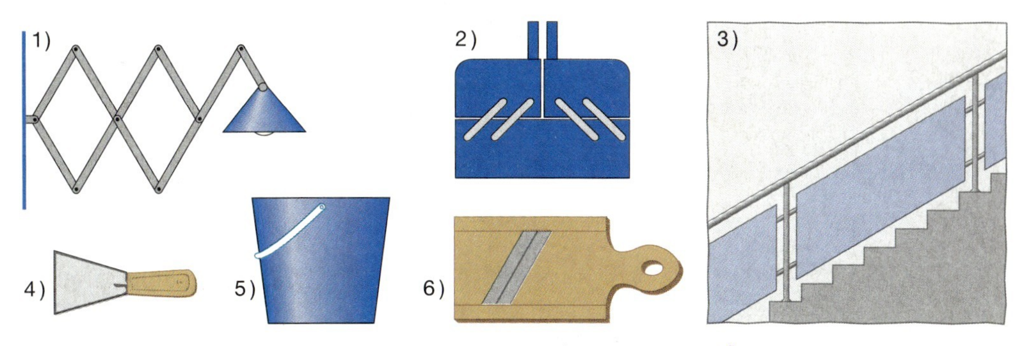

5 Forme mit einem Zollstock verschiedene Vierecke. Dein Mitschüler nennt den Namen des Vierecks und erläutert seine Eigenschaften.

1 Tanja hat auf dem Geobrett Figuren gespannt. Erläutere.

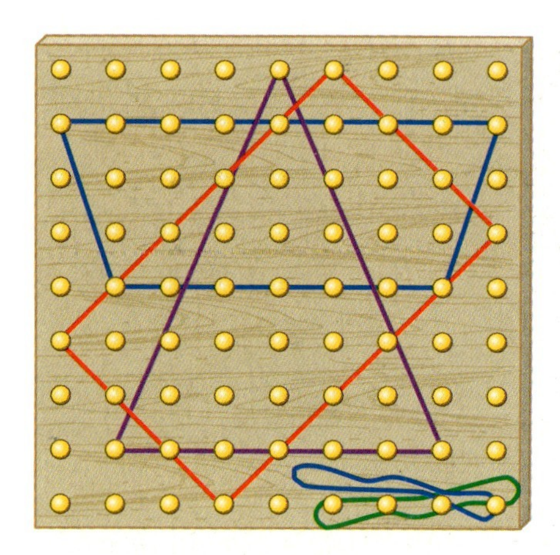

2 Baue ein Geobrett und spanne ein Quadrat.

a) Wie musst du vorgehen, wenn du das Quadrat zu einem Rechteck ändern willst?

b) Wie kannst du ein Rechteck in ein Parallelogramm verändern? Es gibt verschiedene Möglichkeiten.

c) Denke dir selbst Figuren aus und verändere sie zu neuen Figuren.

3 a) Zeichne die Figuren in dein Heft. Schreibe zu jeder Figur seinen Namen.

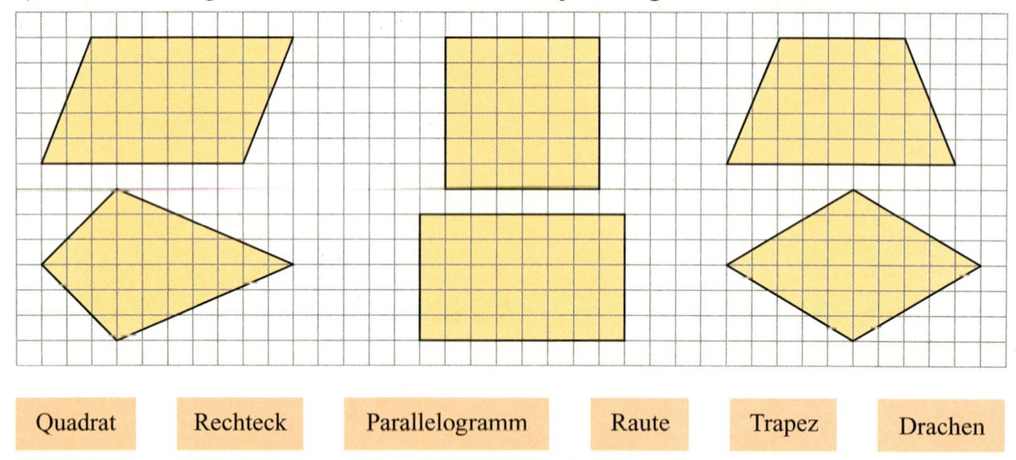

b) Welche Figuren sind achsensymmetrisch? Zeichne alle Symmetrieachsen ein.

c) Miss die Längen der Seiten. Zeichne gleiche Längen mit der gleichen Farbe.

4 a) Zeichne die Figuren und schneide sie aus.

b) Zerschneide an der roten Linie. Lege so um, dass neue Figuren entstehen. Welche Figur erhältst du?

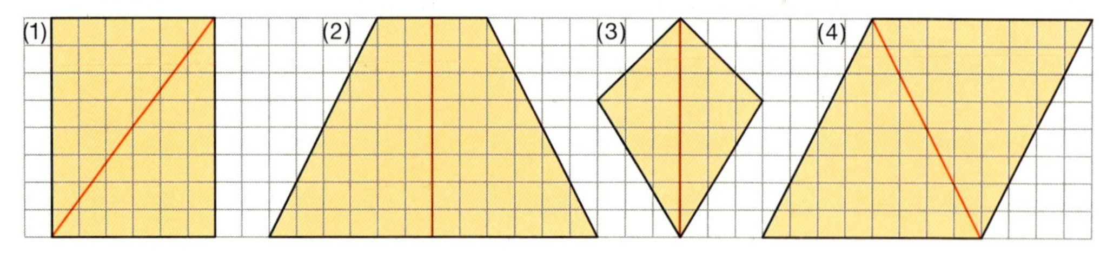

5 Zeichne die Muster ins Heft. Welche Viereckformen kommen vor? Färbe die Muster.

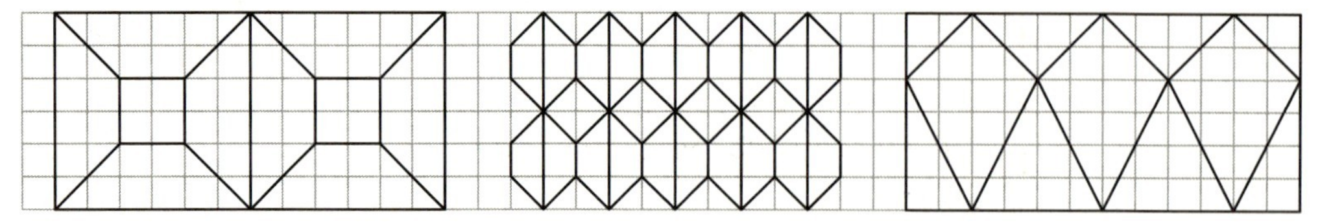

1 Bandornamente werden schon seit langer Zeit benutzt, um Gegenstände, Wände und Gebäude zu verschönern. Nenne Beispiele. Wie kann man sie herstellen?

2 Stelle ein Bandornament mithilfe einer Schablone her.

a)

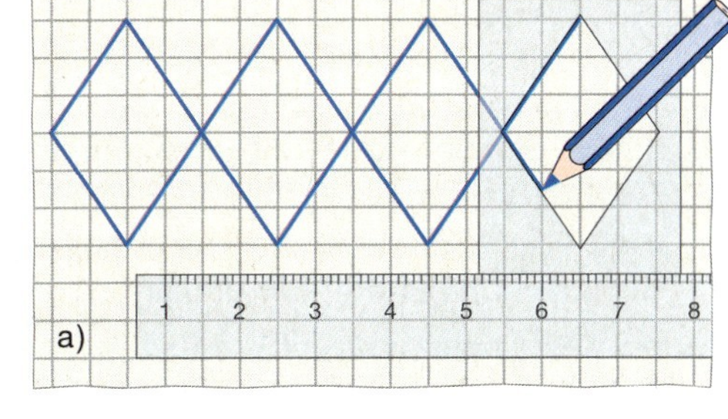

b)

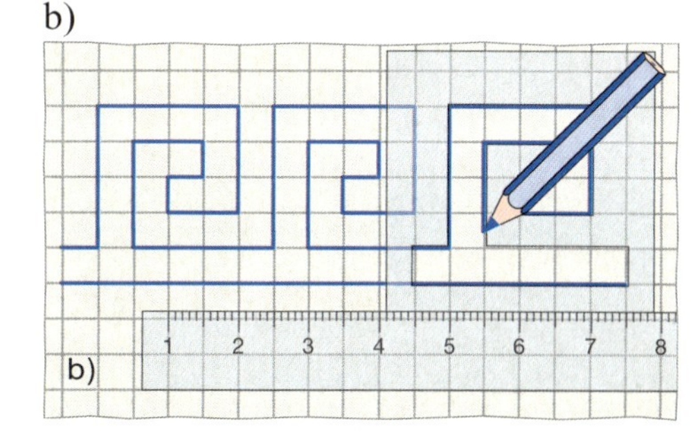

3 Beim Verschieben der Figur wurde der Weg der Eckpunkte mitgezeichnet.

a) Miss die Länge der roten Verschiebungspfeile. Was stellst du fest?

b) Wie liegen die Verschiebungspfeile zueinander?

c) Um wie viel Kästchen wurde das Schiff nach rechts und nach oben verschoben?

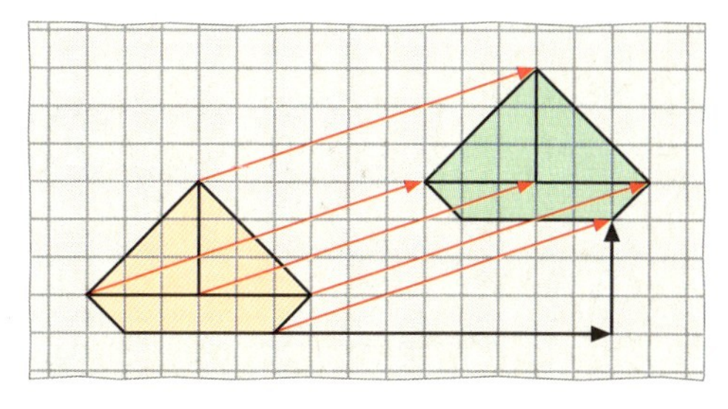

Bei einer **Parallelverschiebung** sind alle Verschiebungspfeile gleich lang und parallel. Sie haben die gleiche Richtung.

Verschiebungsvorschrift:
7 Kästchen nach rechts, 1 Kästchen nach oben

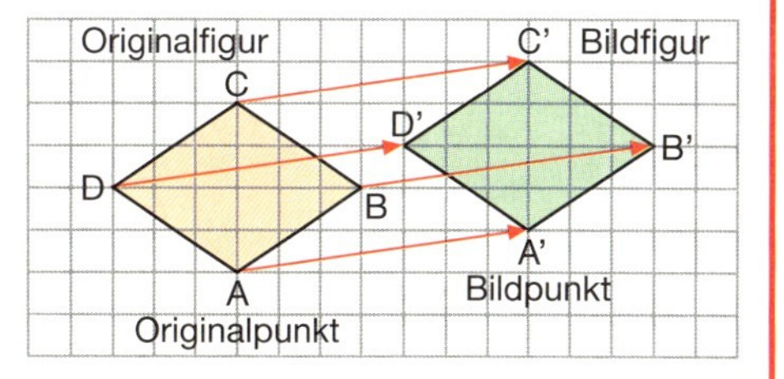

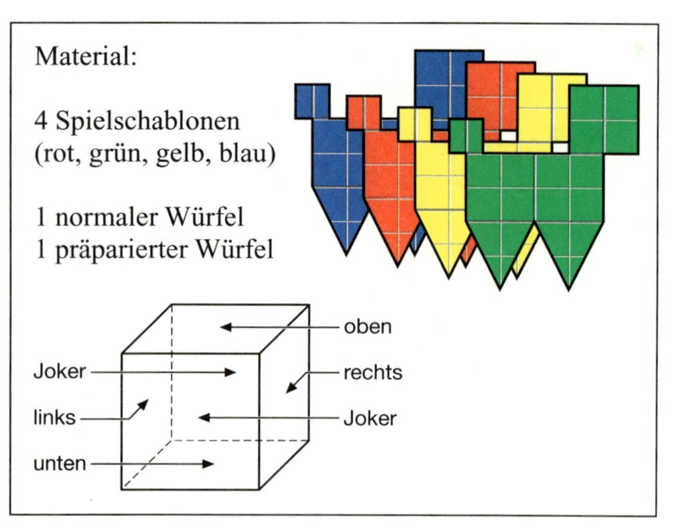

Material:

4 Spielschablonen
(rot, grün, gelb, blau)

1 normaler Würfel
1 präparierter Würfel

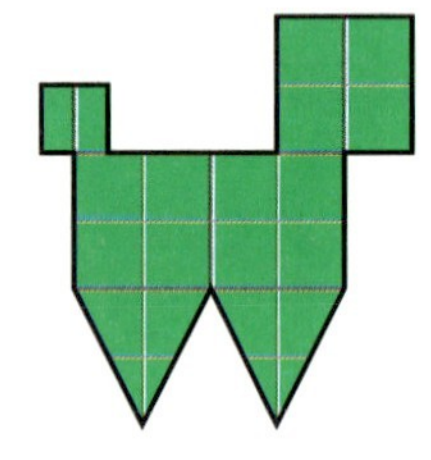

Spielanleitung:
Jeder Spieler bastelt einen Hund und stellt ihn in das entsprechende Starthäuschen.
Jeder Spieler darf zweimal hintereinander würfeln. Gewürfelt wird immer mit beiden Würfeln. Während der eine Würfel die Zahl der Felder angibt, um die man weiterrücken darf, zeigt der präparierte Würfel die Richtung an. Beim Joker bestimmt der Spieler die Richtung selbst.
Ein Beispiel:

1. Wurf

2 Kästchen nach rechts

2. Wurf

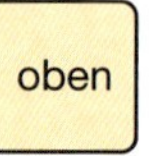

3 Kästchen nach oben

Nach dieser **Verschiebungsvorschrift** verschiebt der Spieler seinen Hund zuerst um 2 Kästchen nach rechts und dann um 3 Kästchen nach oben.
Ziel dieses Spieles ist es den Hund in seine gegenüberliegende Hundehütte zu bringen.
Jedes Spielfeld darf nur von einem Hund besetzt sein. Der Gegner kann also überall hinaus geworfen werden. Eine Ausnahme bilden die Fressnäpfe. Hier dürfen mehrere Hunde gleichzeitig sitzen.
Wenn ein Hund hinaus geworfen wird, muss er zurück ins Starthäuschen.

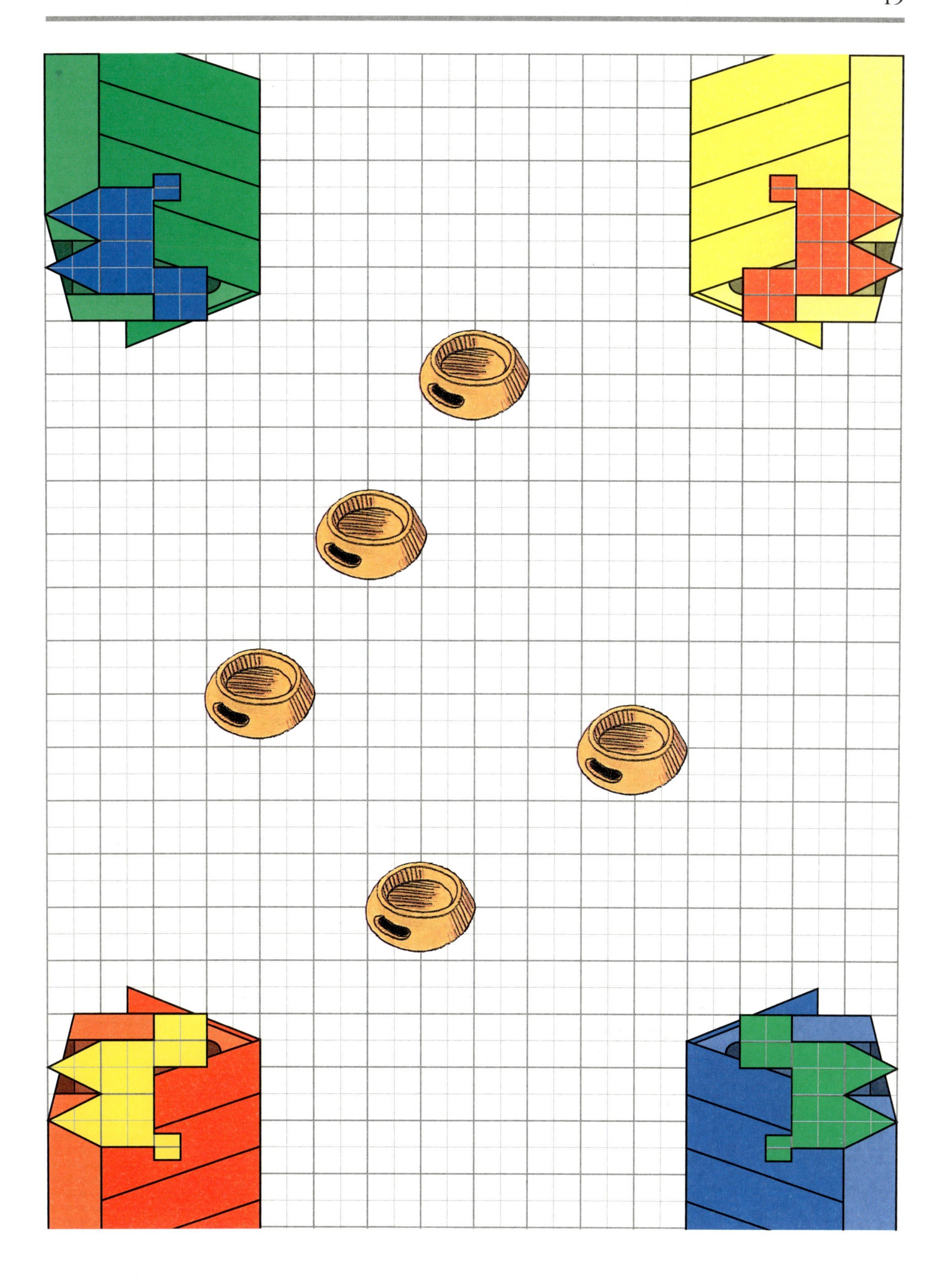

Original	Bild
A	A′
B	B′
C	C′
D	D′

1 a) Übertrage die Zeichnungen in dein Heft.
b) Zeichne die Verschiebungspfeile ein.
c) Bestimme die **Verschiebungsvorschrift.**

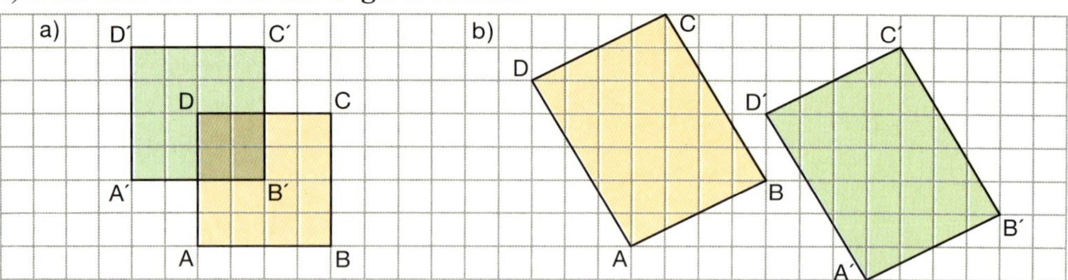

2 Zeichne ein Dreieck (Rechteck, Quadrat). Lege die Eckpunkte der Figur auf Gitterpunkte deines karierten Papiers. Verschiebe die Figur nach folgender Vorschrift:
a) 5 Kästchen nach rechts $\overrightarrow{5}$ b) 6 Kästchen nach rechts und 2 Kästchen nach unten $\overrightarrow{6}\ 2\downarrow$
c) 4 Kästchen nach links und 7 Kästchen nach oben $\overleftarrow{4}\ 7\uparrow$ d) 6 Kästchen nach unten $6\downarrow$.

3 Übertrage die Figur in dein Heft und verschiebe sie mit dem eingezeichneten Pfeil. Kennzeichne die Bildpunkte und gib die Verschiebungsvorschrift an.

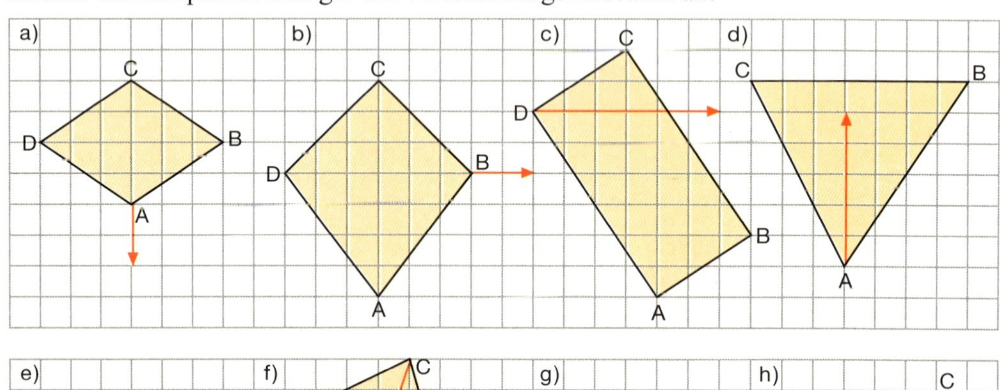

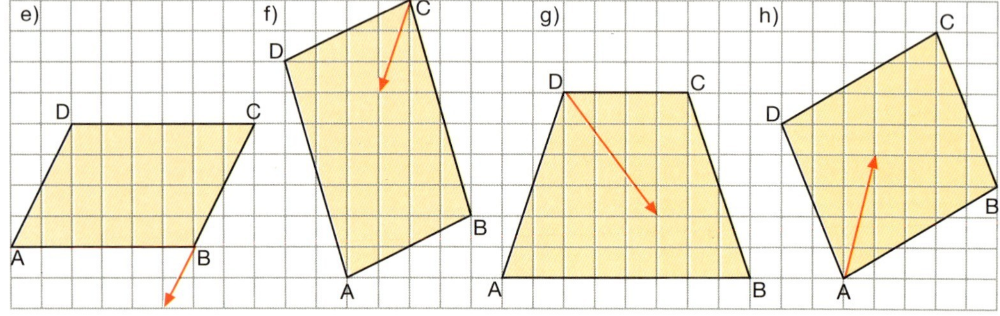

4 a) Zeichne die Figuren mit den angegebenen Eckpunkten jeweils in ein Achsenkreuz (Einheit $\frac{1}{2}$ cm). Verschiebe sie so, dass A auf A′ abgebildet wird.
b) Gib die fehlenden Bildpunkte an. c) Bestimme die Verschiebungsvorschrift.

Rechteck

Originalfigur	Bildfigur
A (12|2)	A′ (20|3)
B (18|4)	
C (17|7)	
D (11|5)	

Parallelogramm

Originalfigur	Bildfigur
A (4|15)	A′ (12|11)
B (11|16)	
C (12|19)	
D (5|18)	

Dreieck

Originalfigur	Bildfigur
A (1|1)	A′ (6|6)
	B′ (11|5)
	C′ (7|8)

1

a) Welche Winkel erkennst du im Bild? Nenne weitere Beispiele für Winkel in deiner Umwelt.

b) Stelle mit dem Meterstab verschiedene Winkel ein.

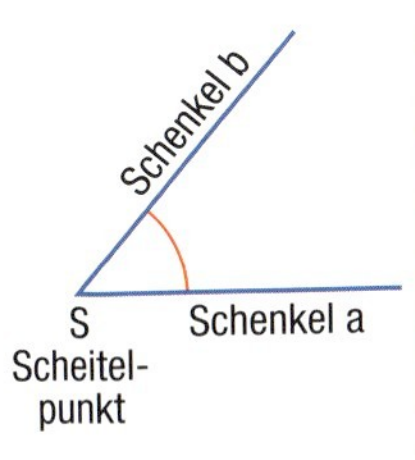

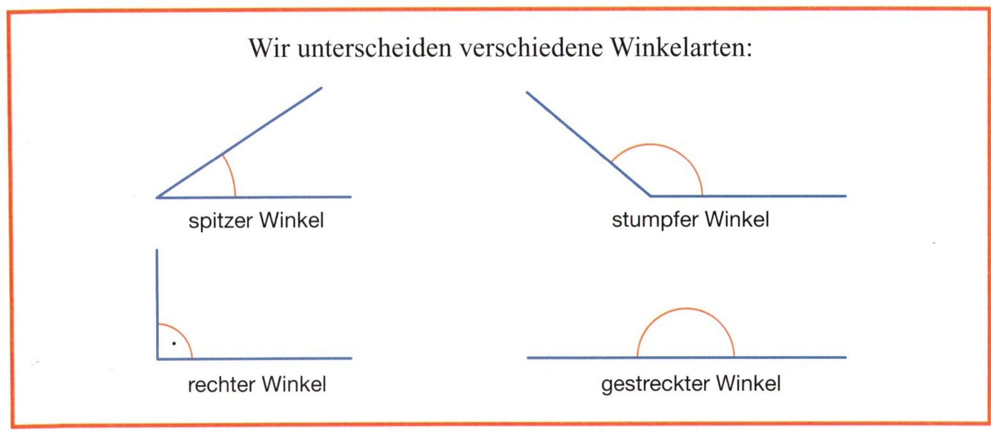

2 a) Falte ein Blatt Papier so, dass Winkel entstehen. Schreibe S an den Scheitelpunkt und ziehe die Schenkel nach.

b) Male die Winkelfelder bunt aus. Gleich große Winkel färbe mit der gleichen Farbe.

(1)

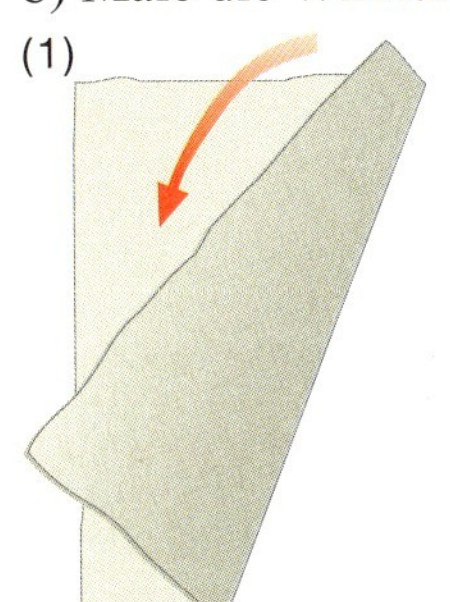

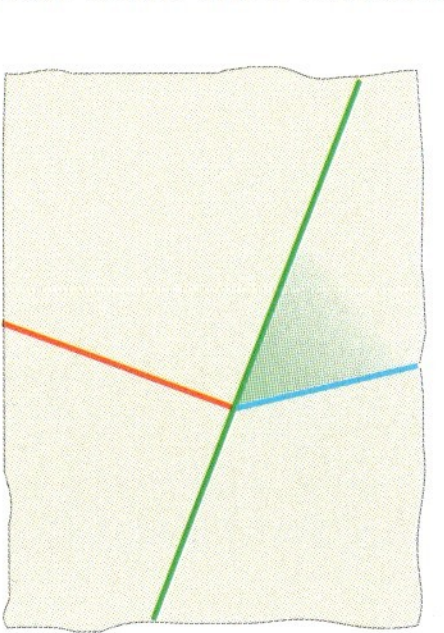

(2)

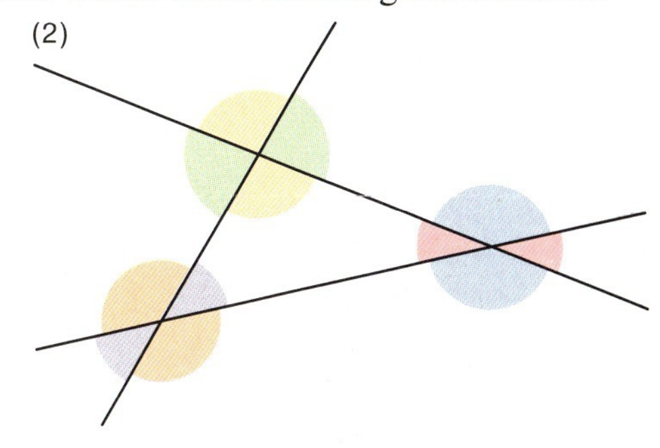

c) Klebe das Blatt in dein Heft und bestimme bei jedem Winkel die Winkelart.

d) Falte ein Blatt Papier so, dass rechte Winkel entstehen.

3 a) Schneide zwei Kreisscheiben aus. Schneide einen Schlitz bis zum Mittelpunkt. Schiebe die Scheiben ineinander und stelle durch Drehen verschiedene Winkel her. Bestimme jeweils die Winkelart.

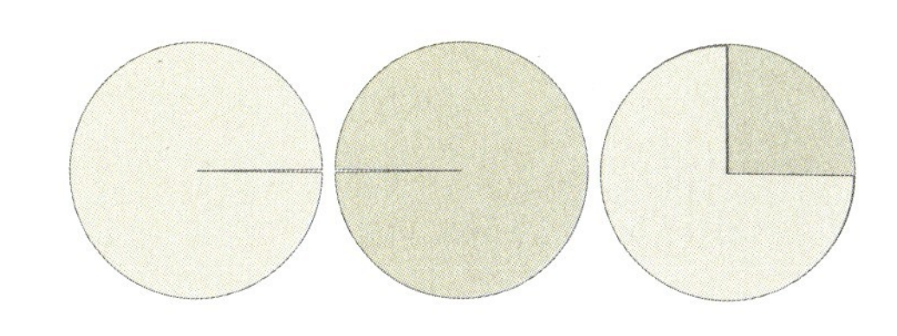

b) Beobachte, wie sich der rote und der blaue Winkel beim Drehen ändern.

Winkel kennzeichnen wir mit einem kleinen griechischen Buchstaben.

alpha	beta	gamma	delta	epsilon
α	β	γ	δ	ε

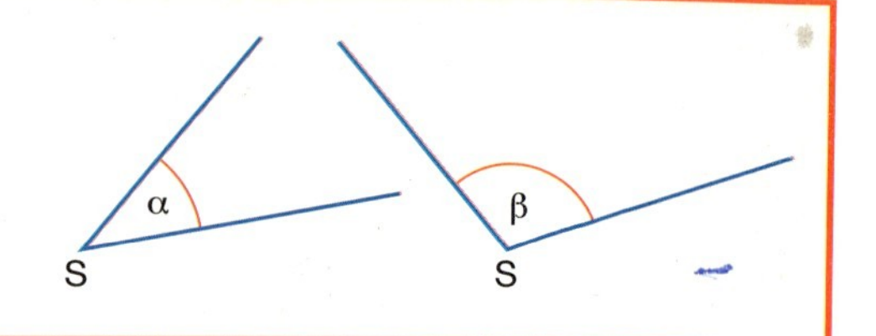

1 a) Schreibe die griechischen Buchstaben für Winkel mehrfach auf.
b) Zeichne mehrere Winkel in dein Heft und beschrifte sie.
c) Bestimme bei jedem Winkel die Winkelart.

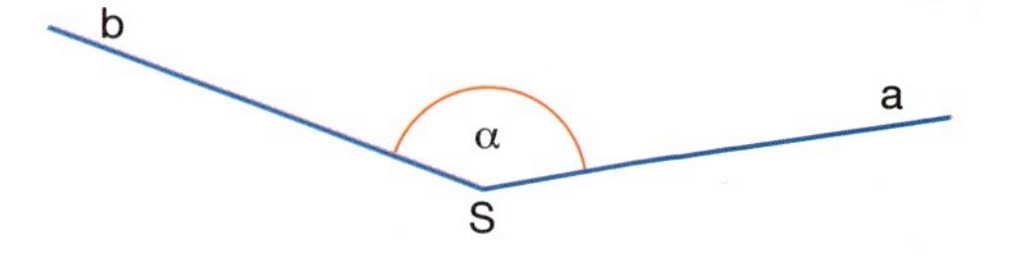

2 a) Zeichne von einem Punkt aus drei Halbgeraden wie im Bild. Beschrifte die Winkel und gib bei jedem Winkel die Winkelart an.
b) Zeichne entsprechend für vier (fünf) Halbgeraden.

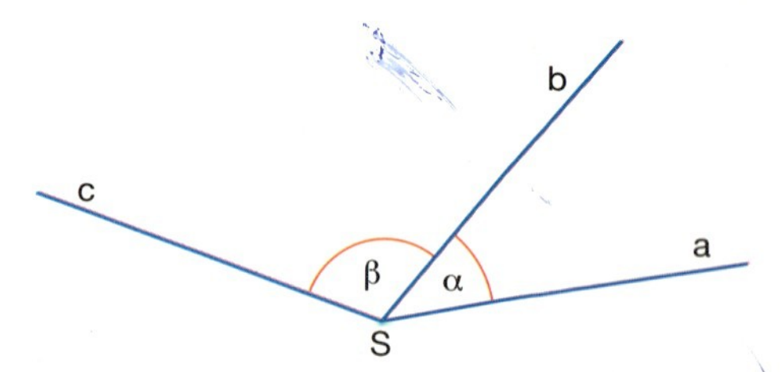

3 Übertrage die Winkel α und β jeweils auf Transparentpapier (Durchpausen!). Schneide die beiden Winkel aus und lege sie übereinander.
Was stellst du fest?

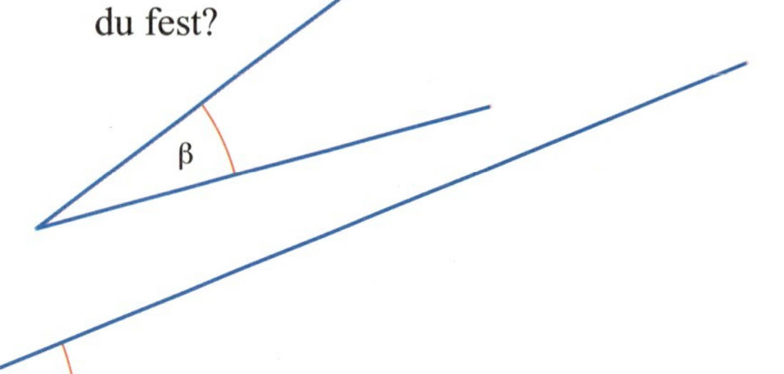

Wir messen die Größe eines Winkels in Grad. Ein Grad (1°) ist der 360. Teil einer Volldrehung.

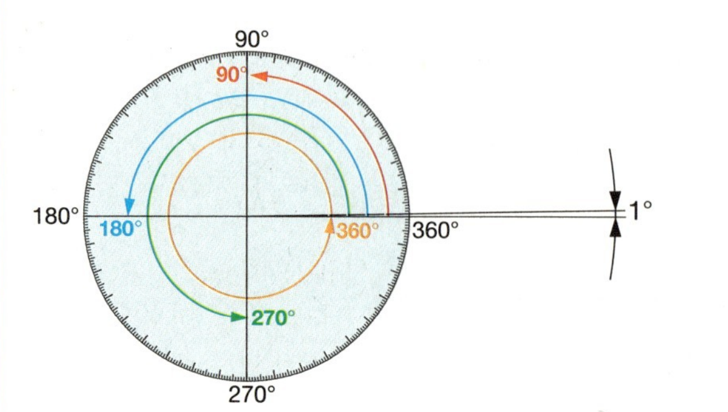

α

$\alpha = 48°$

Maßzahl Maßeinheit

1 So kannst du mit dem Geodreieck die Größe eines Winkels messen. Beschreibe, wie du das Geodreieck anlegen musst.

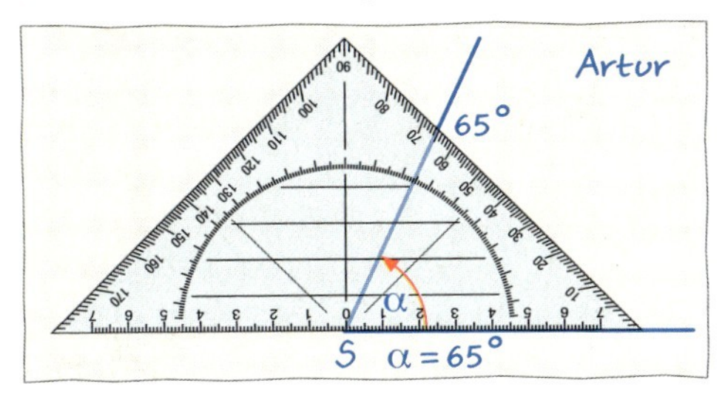

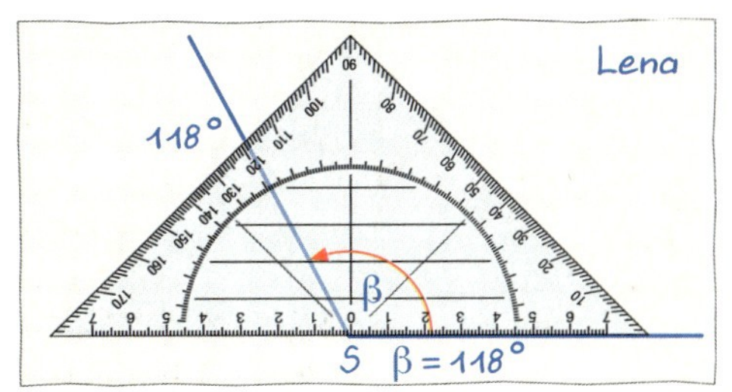

2 Bestimme mit dem Geodreieck die Größe der abgebildeten Winkel. Schätze zunächst.

Winkel	α	β	
geschätzte Größe	65°		
gemessene Größe			

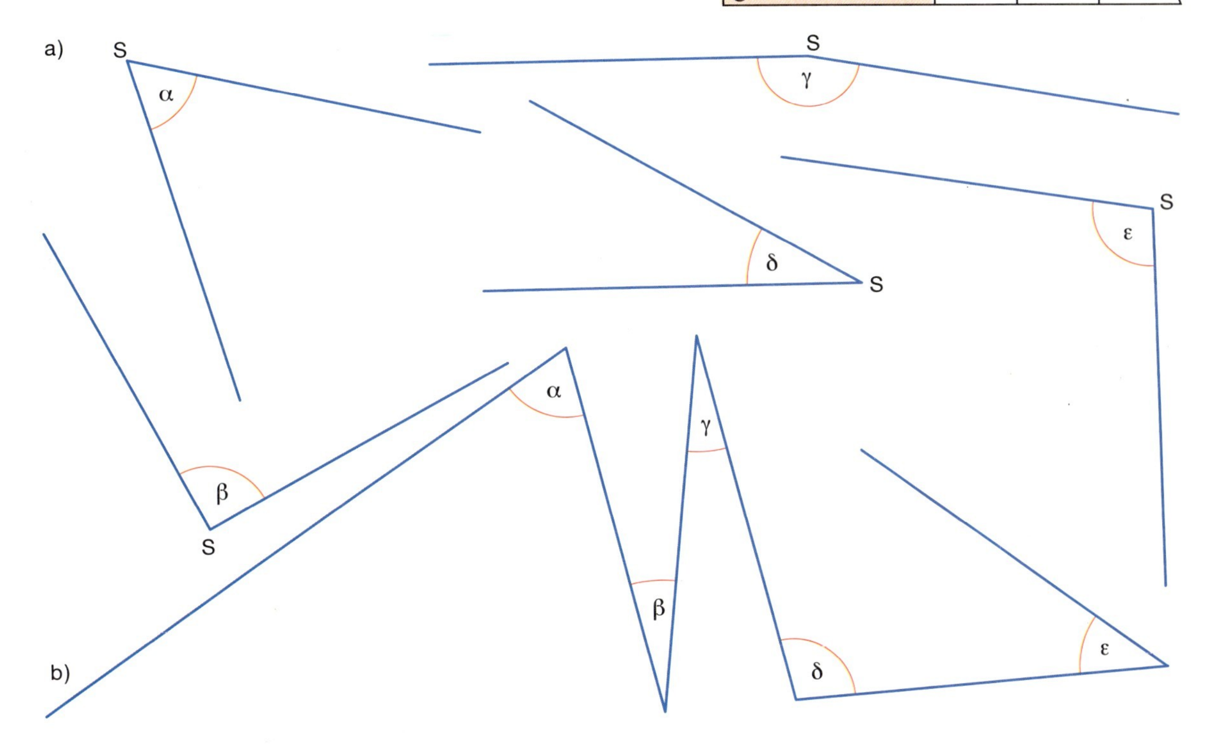

3 Zeichne einen Winkel nach Augenmaß. Überprüfe mit dem Geodreieck.
a) 90° b) 45° c) 60° d) 30° e) 135° f) 120° g) 150° h) 100°

4 Gib jeweils die Winkelart für α, β, γ, δ, ε an. Schätze zunächst ihre Größe und miss genau nach.

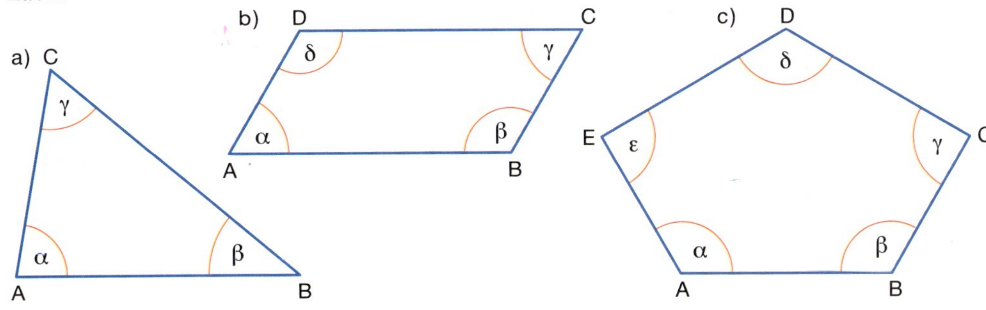

1 So kannst du mit dem Geodreieck Winkel zeichnen:

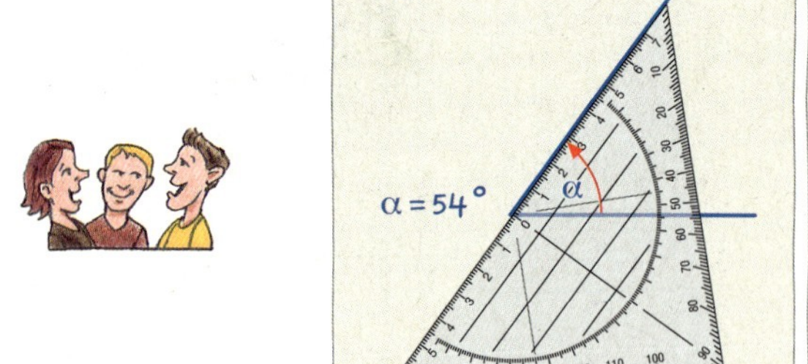

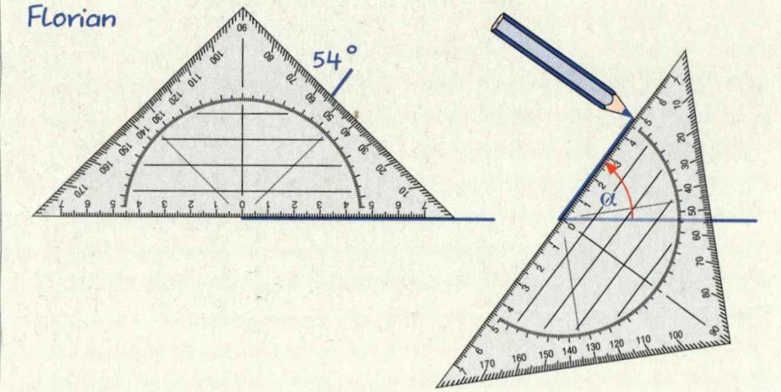

Zeichne drei spitze und drei stumpfe Winkel. Miss ihre Größe.

2 Zeichne mit dem Geodreieck Winkel folgender Größe.

a) 45° 80° 32° c) 105° 13° 122° e) 160° 77° 175°

b) 60° 95° 50° d) 100° 20° 133° f) 165° 99° 180°

3 a) Zwei Geraden bilden einen Winkel von 50°. Zeichne die Geraden.
b) Miss alle Winkel am Schnittpunkt. Was fällt dir auf?

4 Zeichne Geradenkreuzungen wie in der Abbildung.
$a \parallel b$ Abstand 3 cm, $c \parallel d$ Abstand 5 cm

a) $\alpha = 43°$ b) $\alpha = 65°$ c) $\alpha = 110°$

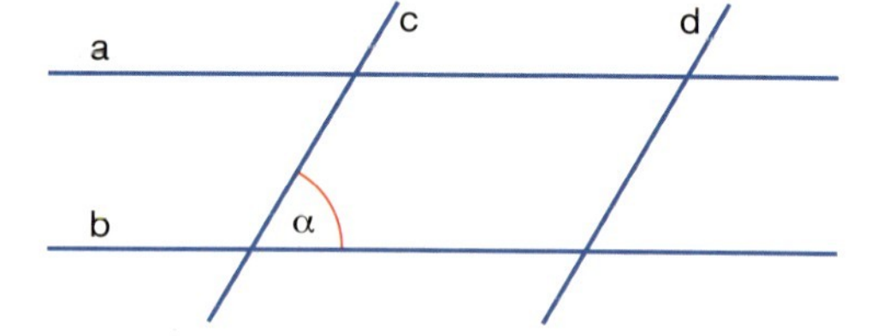

5 a) Übertrage die Figur in Originalgröße in dein Heft.
Zeichne weiter. Was ergibt sich?
b) Zeichne ebenso für $\alpha = 108°$ (135°).

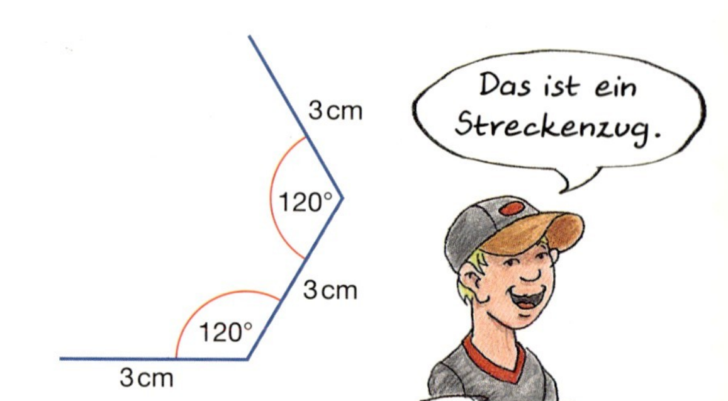

6 Zeichne die Winkelschnecke in Originalgröße in dein Heft und setze sie fort.

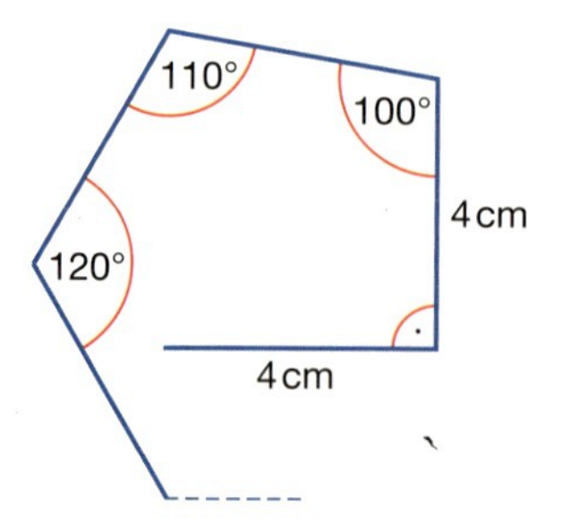

1 Julia hat selbst ein Windrad gezeichnet.
a) Beschreibe, wie Julia vorgegangen ist.
b) Um wie viel Grad kannst du die Figur drehen, sodass sie wieder mit sich selbst zur Deckung kommt? Es gibt mehrere Möglichkeiten.

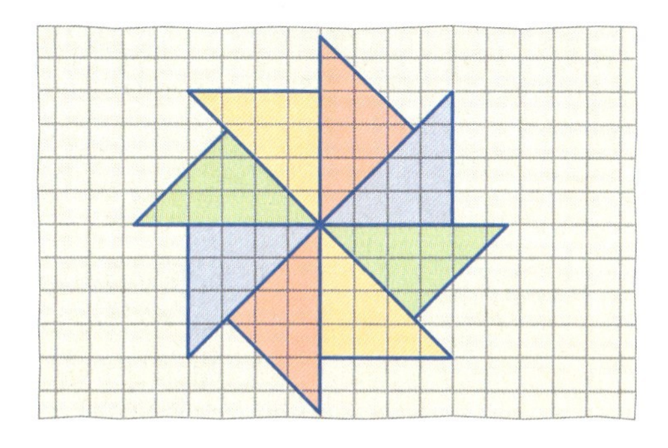

2

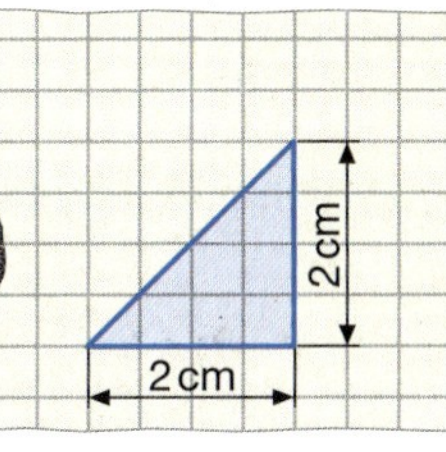

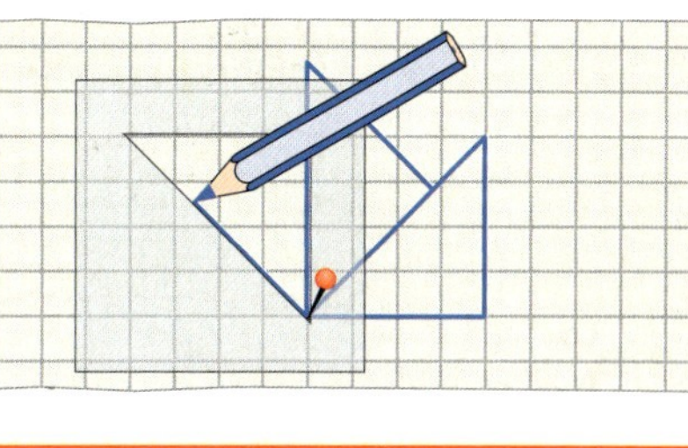

Wenn sich die Teile einer Figur beim Drehen um einen Drehpunkt genau decken, nennt man die Figuren **drehsymmetrisch.**

3 Zeichne drehsymmetrische Figuren. Verwende eine Schablone. Der Drehpunkt soll
a) dabei ein Eckpunkt der Figur sein, b) außerhalb liegen.

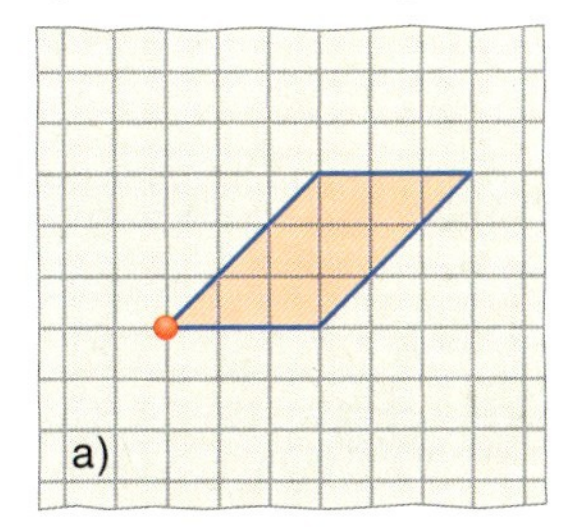

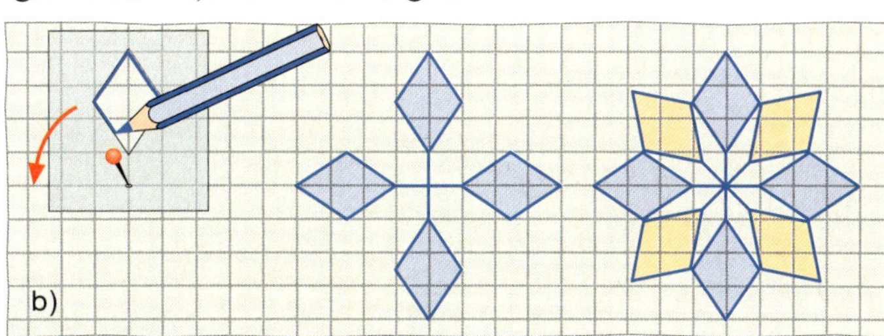

4 Entwirf selbst eine Schablone. Zeichne eine drehsymmetrische Figur.

1 Am Strand hat es Nadine am besten in der Schiffschaukel gefallen. Zu Hause zeichnet sie ihrem Bruder Sebastian auf, wie hoch sie geschaukelt ist.

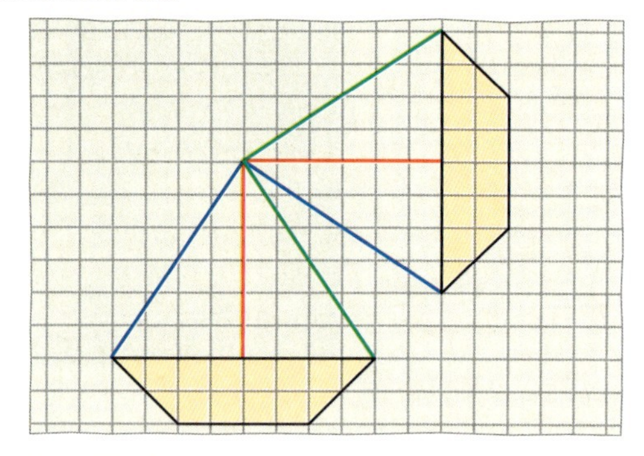

a) Übertrage die Zeichnung auf Karopapier in dein Heft.
b) Um wie viel Grad wurde die Schaukel aus der Ruhelage in die Schräglage gedreht? Miss mit dem Geodreieck die Winkel zwischen den entsprechenden Strecken.

Bei einer Drehung wird jeder Punkt der Figur mit dem gleichen **Drehwinkel** und der gleichen **Drehrichtung** um den **Drehpunkt** gedreht.
Drehwinkel: 90°
Drehrichtung: links
Drehpunkt: Z

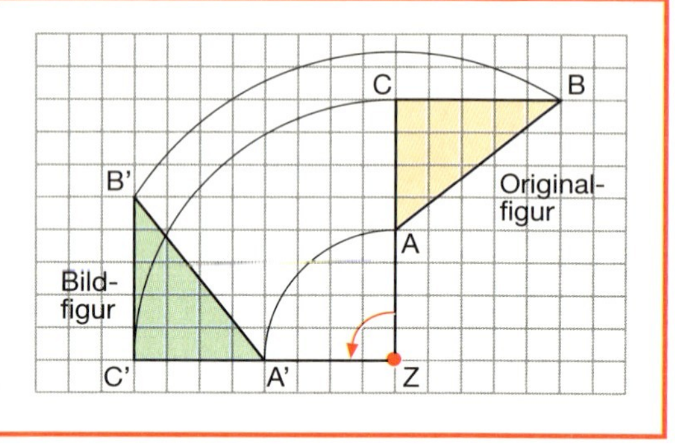

2 Übertrage die Fahnen in dein Heft und drehe sie wie im Beispiel.

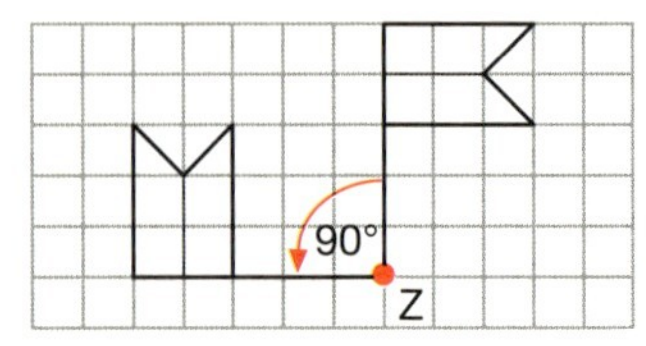

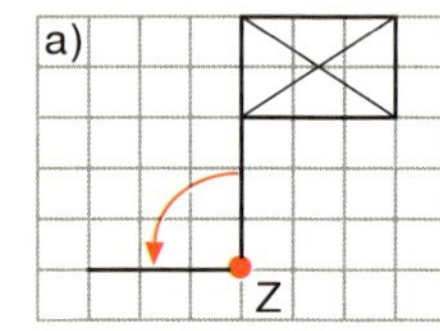

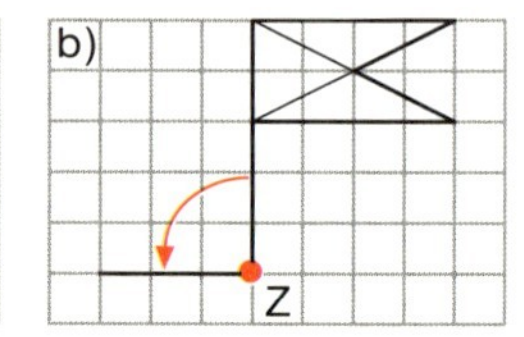

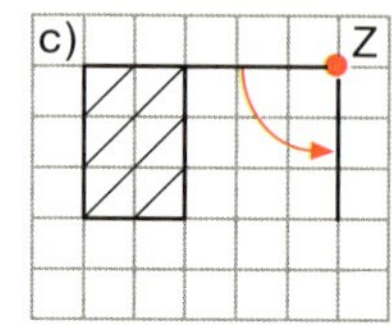

3 Zeichne die Figuren in dein Heft. Drehe die Figuren nacheinander um a) 90°, b) 180°.

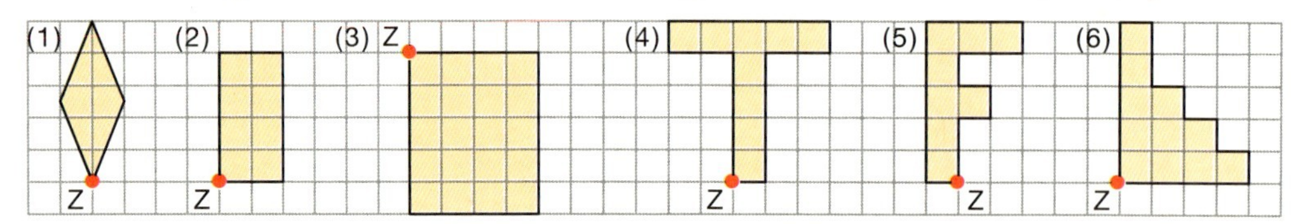

4 Wo liegt meine Brille? Welche Ansicht ergibt sich durch zwei vorgegebene Vierteldrehungen?

1 Wenn man eine kleine Kreisscheibe im Innern eines großen Kreises abrollt, entstehen schöne Kurven und Muster. Diese kannst du mit dem Spirographen zeichnen, der aus mehreren Schablonen besteht. Dabei steckst du die Spitze eines Stiftes durch ein Loch in der kleinen Schablone und rollst am Rand des großen Kreises entlang, bis du wieder am Ausgangspunkt angekommen bist.

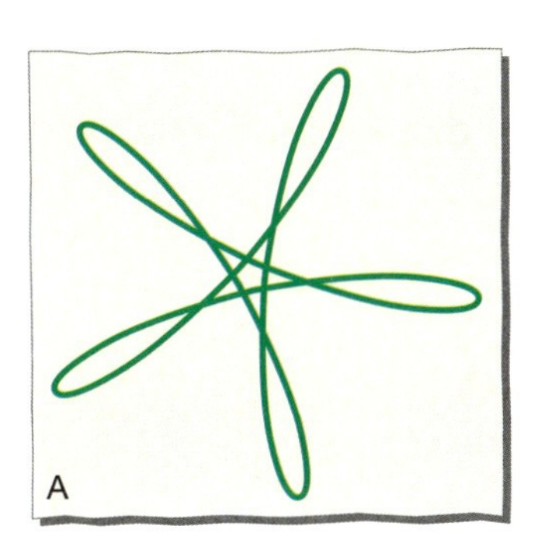
A

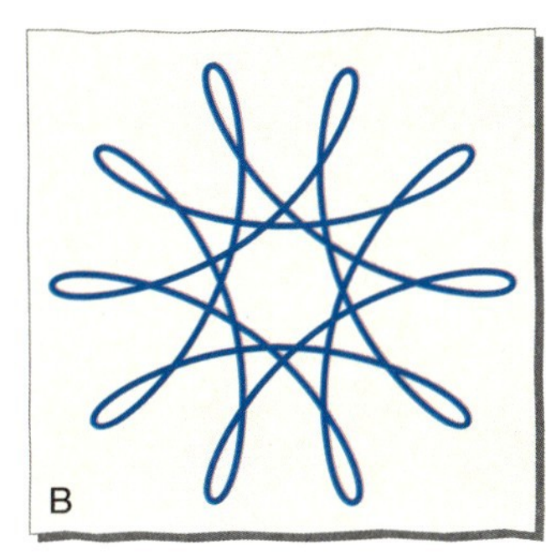
B

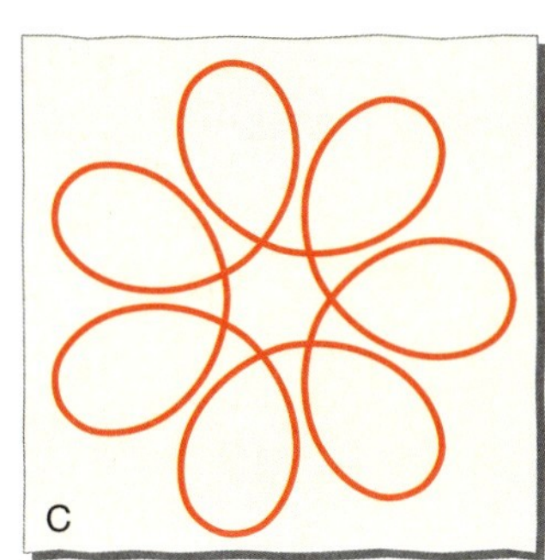
C

2 Diese Muster hat Julia mit dem Computer gezeichnet.
a) Welche Form hat die Grundfigur, die sie mehrere Male gedreht hat?
b) Wo liegt der Drehpunkt? Wie groß ist der Drehwinkel?

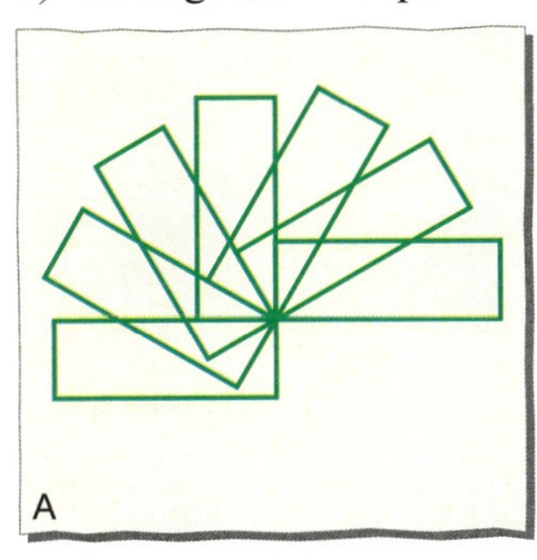
A

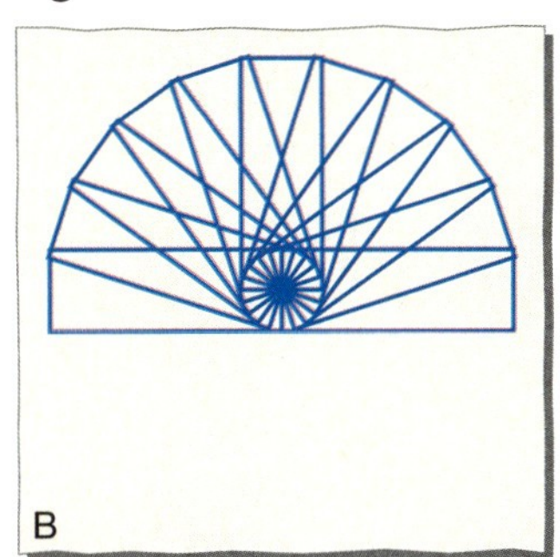
B

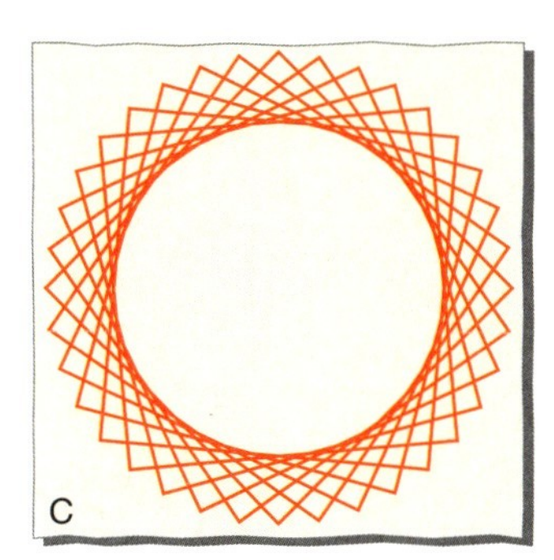
C

3 a) Du kannst am PC auch Figuren verschieben. Übertrage und verschiebe.
b) Erfinde eigene Figuren oder Muster. Verschiebe. Lass die anderen deine Zeichnung erklären.

A

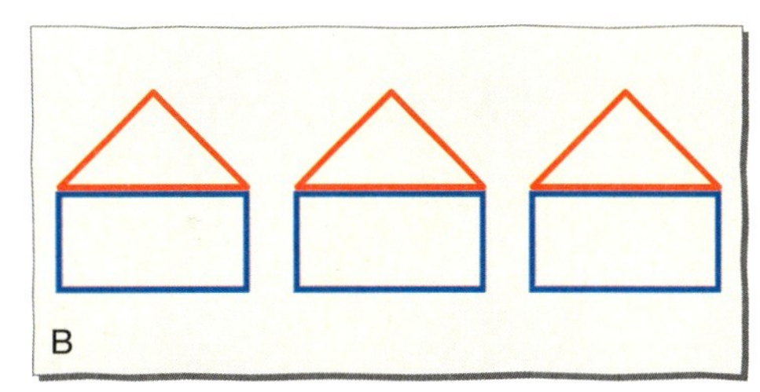
B

Station 1 **Alles dreht sich.**

a) Untersuche, ob die Figuren drehsymmetrisch sind.
b) Bestimme den Drehpunkt und die Drehwinkel.

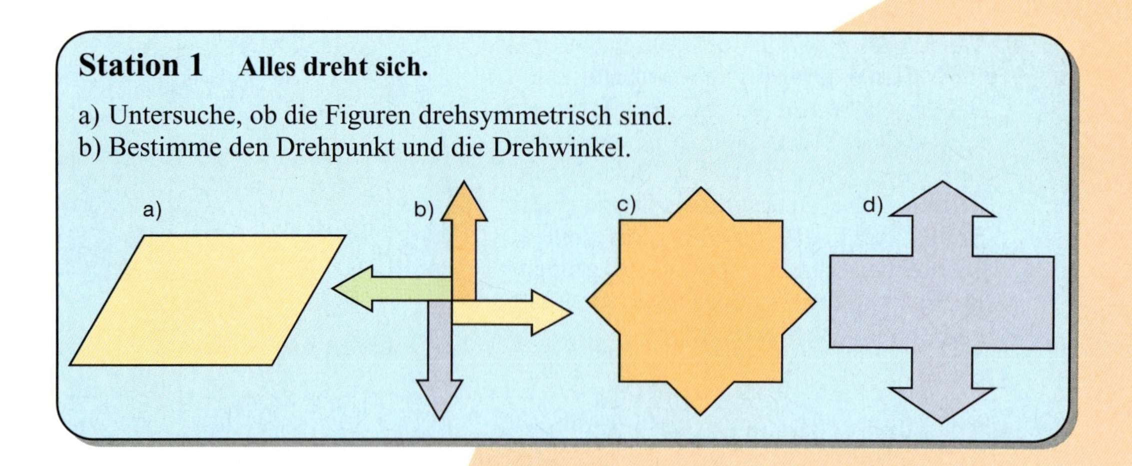

Station 8 **Da kann man sich ganz schön verzählen.**

Wie viele Dreiecke, Rechtecke, Trapeze und Rauten findest du in jeder Figur? Quadrate sind Rechtecke.

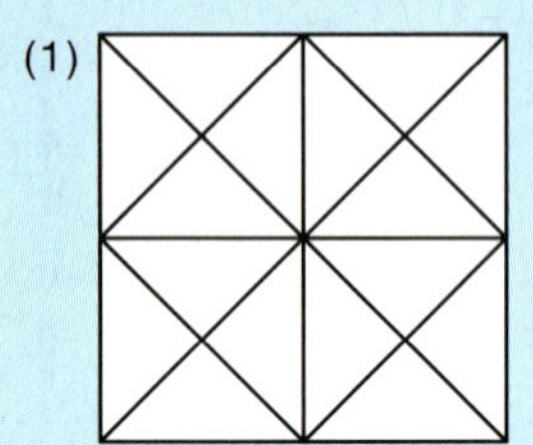

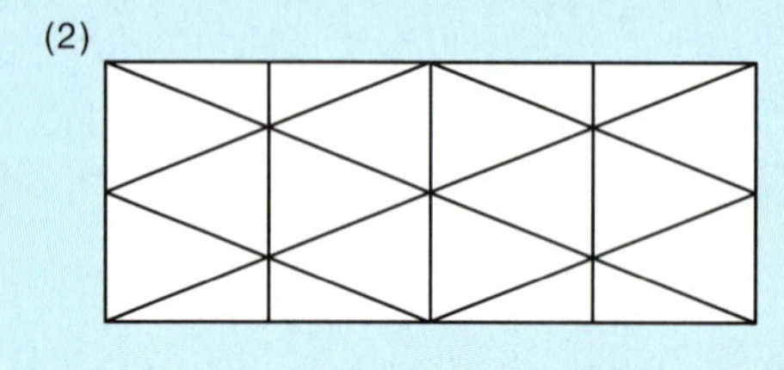

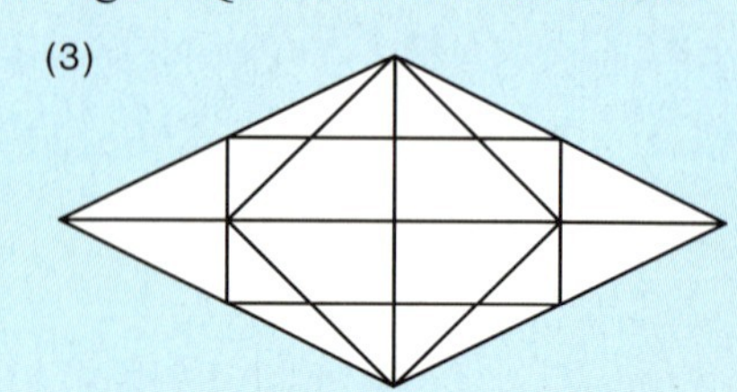

Station 7 **Schneckenhaus und Spirale**

Zeichne die Spirale bis zum 6. Schritt weiter. Füge immer ein neues Quadrat an der langen Seite der alten Figur an.

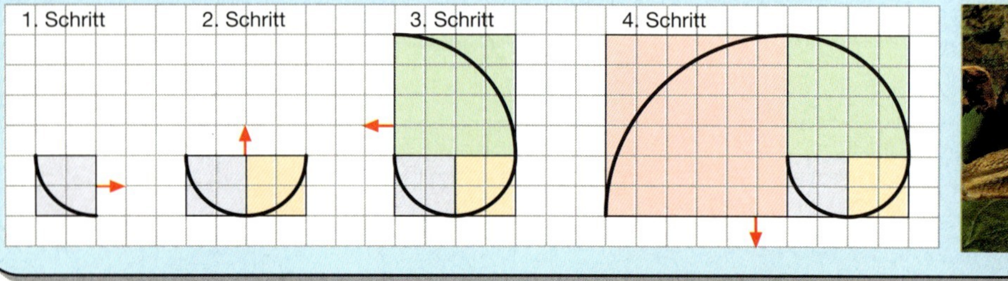

Station 6 **Richtig gesehen?**

Blickt man von vorne, hinten, rechts, links, oben, unten in den Würfel?

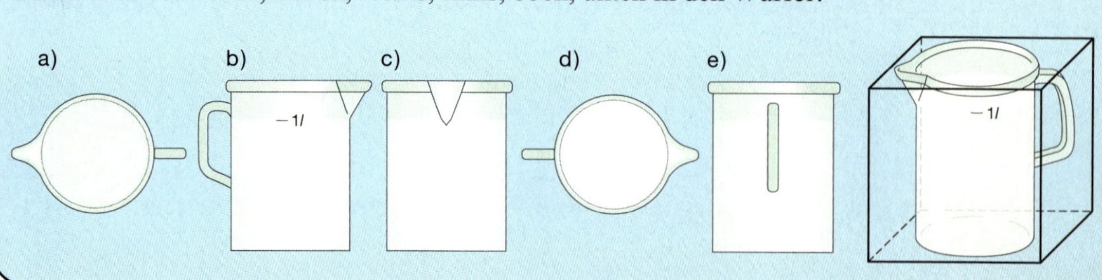

Station 2 Uhrzeiger und Winkel

1) Wie groß ist der Winkel, um den sich der große Zeiger in 30 Minuten gedreht hat?
2) Auf welche Ziffer der Uhr zeigt der große Zeiger, wenn er sich von 12.00 aus um 270° gedreht hat?
3) Wie groß sind die Winkel zwischen den Zeigern um 4 Uhr?
4) Überlege dir selbst solche Fragen und stelle sie deinem Mitschüler bzw. deiner Mitschülerin.

Station 3 Rauf, runter, hin und her.

Übertrage die Figuren in dein Heft und verschiebe sie nach der Verschiebungsvorschrift.

a) 7 Kästchen nach rechts, 2 Kästchen hoch b) 5 Kästchen nach links, 2 Kästchen nach unten

Station 4 Umlegen oder wegnehmen.

Lege drei Streichhölzer so um, dass drei Quadrate entstehen.

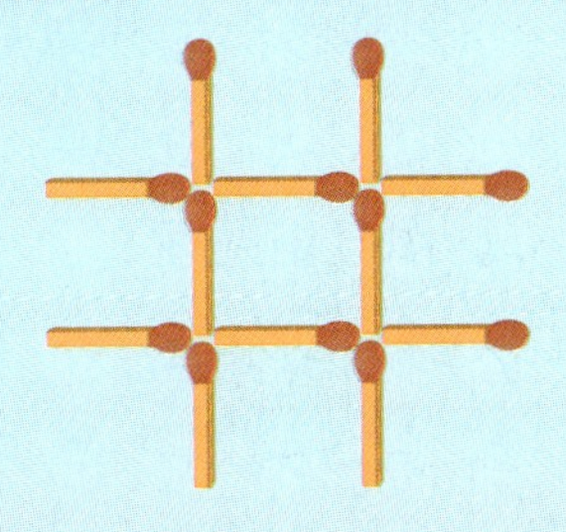

Lege drei Streichhölzer so, dass aus den sechs Dreiecken vier gleich große Vierecke entstehen.

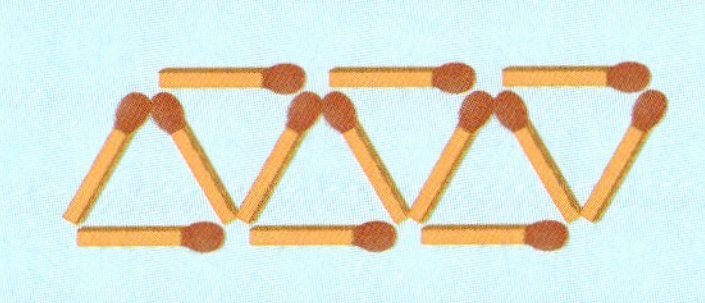

Entferne fünf Streichhölzer, sodass fünf Dreiecke übrig bleiben.

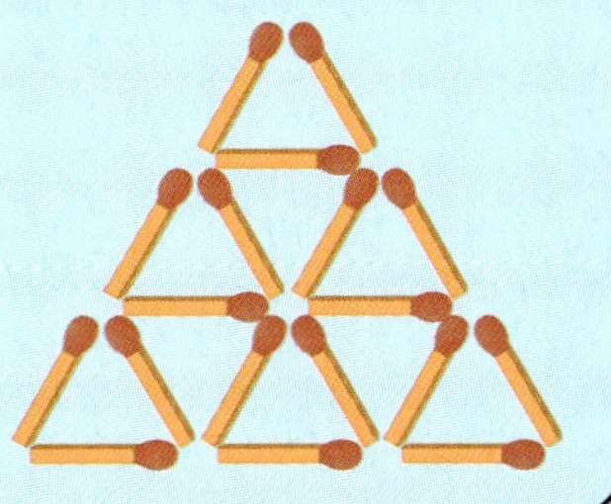

Station 5 Woher kommt der Wind?

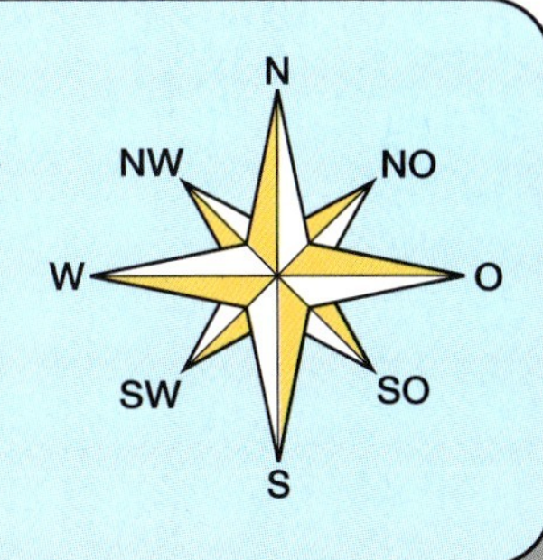

Wie groß ist der Winkel, den die Wetterfahne bei einer Winddrehung von

a) S nach W b) SO nach NW
c) W nach SW d) N nach NO
e) O nach S f) SW nach W

überstrichen hat?

Gib für jede Aufgabe jeweils zwei Lösungen an.

Bleibe fit!

1 a) Benenne jede Figur. Welche Figur hat rechte Winkel?
b) Bestimme die Anzahl der Symmetrieachsen.
c) Wie viele Seiten sind in jeder Figur gleich lang?

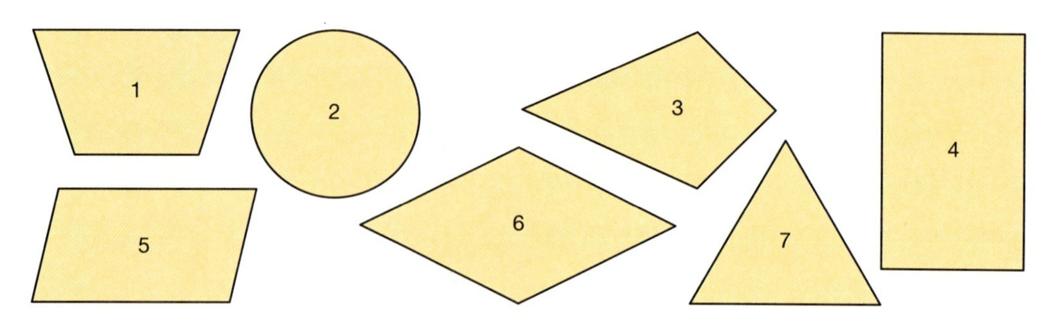

2 Übertrage die Figuren in dein Heft. Verschiebe sie. Gib die Verschiebungsvorschrift an.

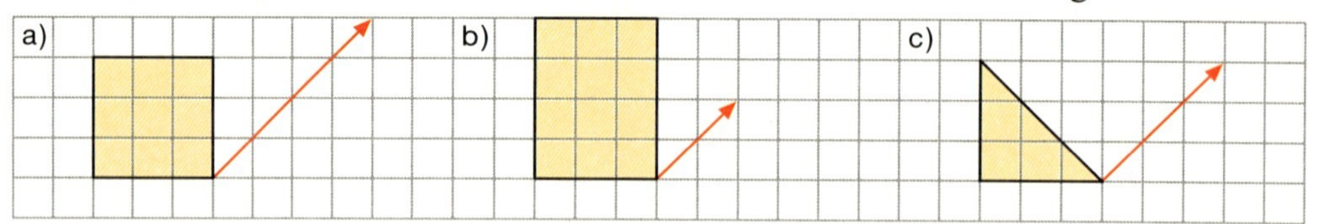

3 Zeichne die Figuren in ein Achsenkreuz und verschiebe sie. Zu einem Punkt ist der Bildpunkt angegeben.
a) A (1|3), B (4|1), C (6|3), D (3|5); A′ (6|5)
b) U (3|2), V (3|6), W (1|4); W′ (6|3)
c) A (5|5), B (9|5), C (7|7), D (3|7); D′ (1|4)
d) U (3|4), V (9|4), W (7|6); W′ (5|3)

4 a) Gib zu jedem Winkel am Pkw an, zu welcher Winkelart er gehört.
b) Schätze und miss den Winkel.
c) Zeichne Winkel mit folgender Größe: 15°, 68°, 45°, 175°.

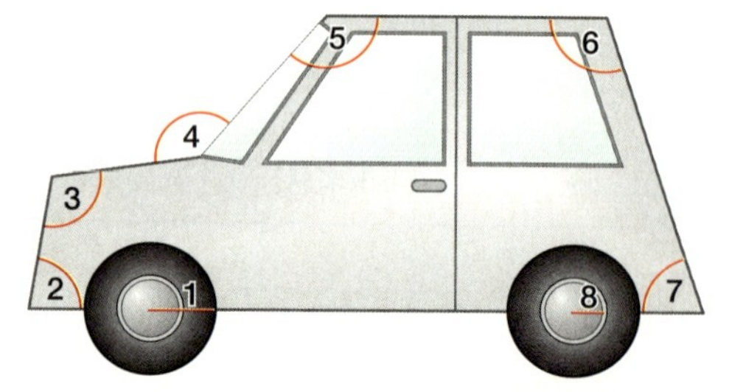

5 Welche der Figuren sind durch Drehungen entstanden? Diskutiere mit anderen.

a)
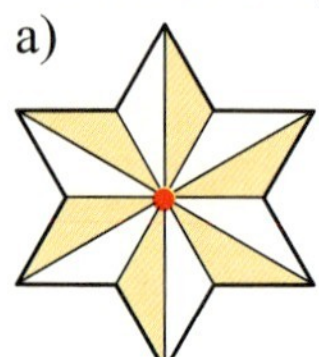

b)
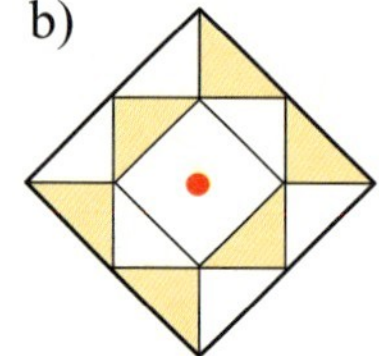

c)
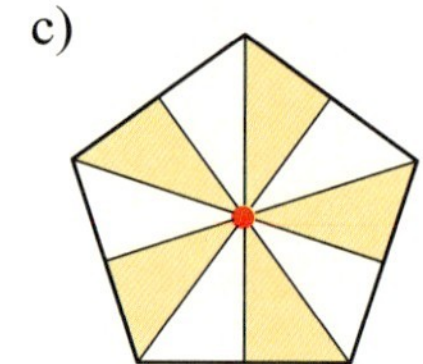

d)
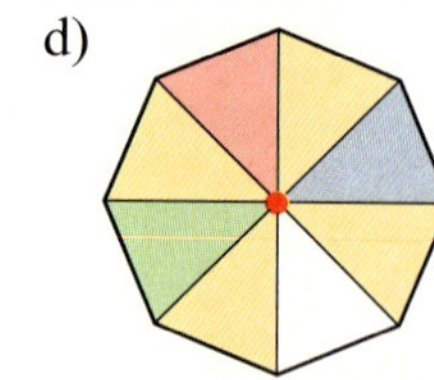

6 Drehe die Figur nacheinander a) um 90° und b) um 180°, sodass eine drehsymmetrische Figur entsteht.

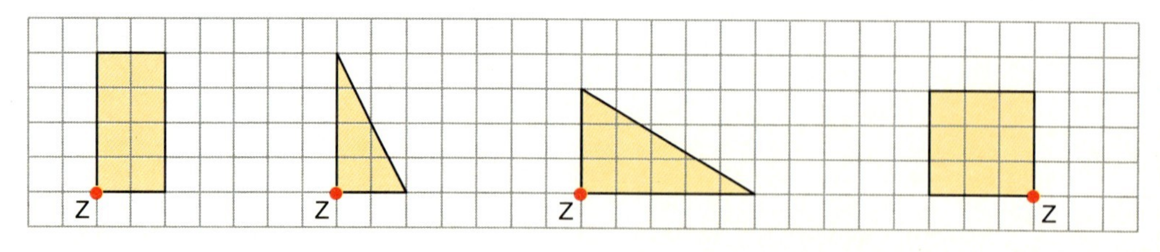

Test

1 Miss die Größe des abgebildeten Winkels. Gib die Winkelart an.

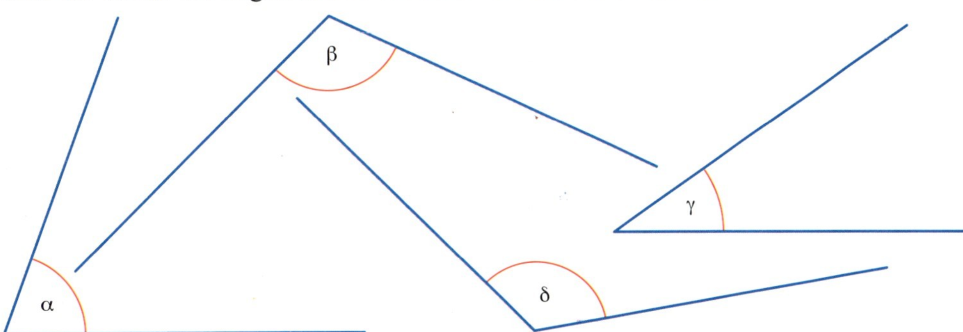

2 Zeichne die Winkel. Markiere den Winkel mit einem Kreisbogen.
a) $\alpha = 72°$ b) $\beta = 45°$ c) $\gamma = 115°$ d) $\delta = 168°$

3 a) Zeichne die Figuren ins Heft.
b) Zeichne an jedem Eckpunkt den Verschiebungspfeil ein und verschiebe die Figur.
c) Gib die Verschiebungsvorschrift an.

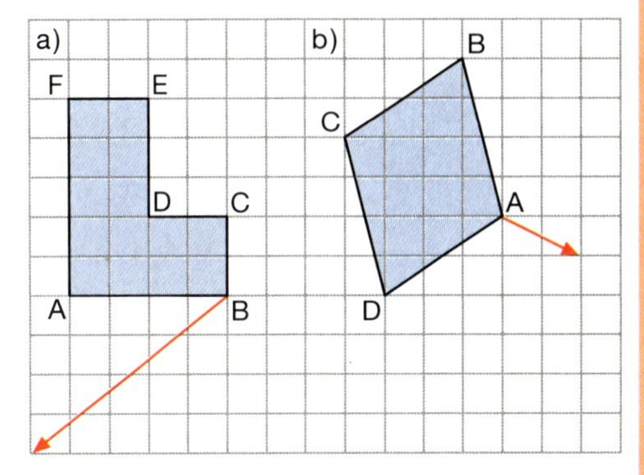

4 Ergänze zu einem Quadrat, einem Rechteck, einer Raute oder einem Parallelogramm.

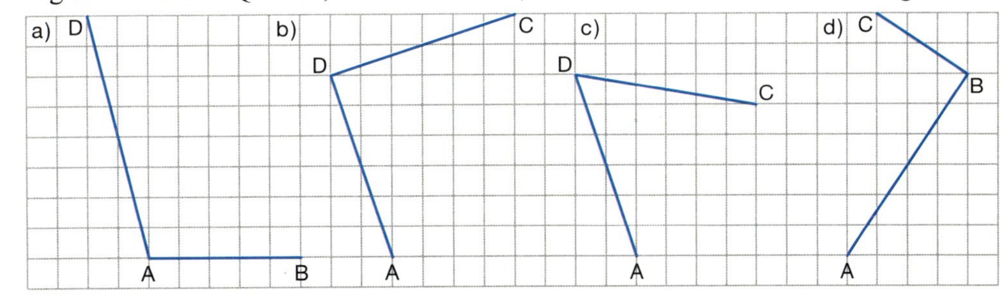

5 a) Drehe jede Figur um 90°. Welche Figur ist dann deckungsgleich mit der Originalfigur?
b) Um wie viel Grad muss man jede Figur drehen, bis sie wieder deckungsgleich mit der Originalfigur ist?

(1)
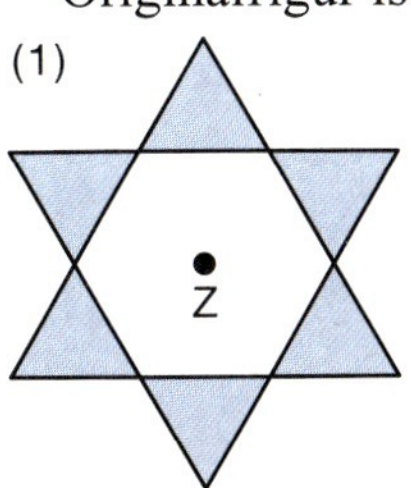

(2)
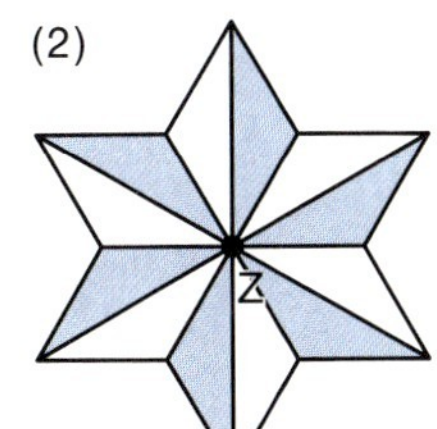

(3)
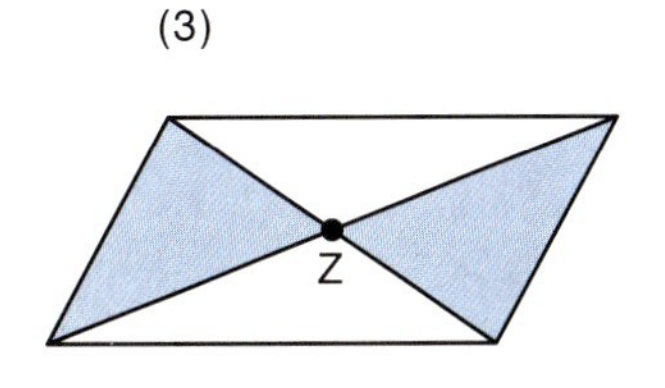

(4)
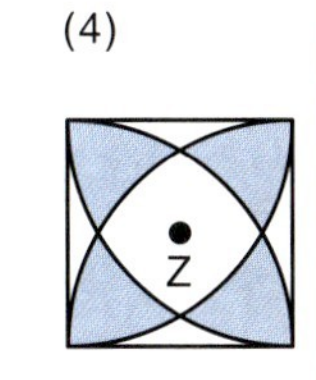

Wiederholen & Sichern

Rechenrallye – 1. Etappe

Auf der 1. Etappe musst du mindestens 50 Punkte sammeln. Dann geht es auf die nächste Etappe. Versuche, mit möglichst vielen Punkten am Ziel anzukommen. Viel Spaß.

Nr.		Punkte
1	Addiere und subtrahiere geschickt. a) 59 + 32 + 41 + 28 b) 197 + 86 + 103 + 14 c) 195 − 99 − 45 − 49 d) 390 − 68 − 110 − 32	2 + 2 3 + 3
2	a) 9 · □ = 72 b) 48 : □ = 6 c) □ · 4 = 24 8 · □ = 56 54 : □ = 9 □ · 12 = 60 11 · □ = 66 63 : □ = 7 □ · 16 = 80	3 3 3
3	Gib in der nächstkleineren Einheit an. a) 4 m; 6 dm; 9 cm; 8,5 cm b) 7 m²; 3,5 dm²; 8,4 cm²; 0,7 cm² c) 3,4 m; 7,5 dm; 0,8 cm; 0,2 dm d) 6 m²; 9,5 dm²; 0,6 cm²; 0,2 m²	4 + 4 4 + 4
4	Gib in der Einheit an, die in der Klammer steht. a) 7 min (s) b) 1 h (s) c) 240 min (h) d) 720 min (h) e) $\frac{1}{4}$ h (min)	5
5	Berechne die Fahrtdauer. a) Braunschweig ab 11.20, Hannover an 12.04 b) Hannover ab 14.31, Köln an 17.35 c) Hannover ab 8.40, Würzburg an 11.06	6
6	Berechne bei den rechteckigen Grundstücken den Flächeninhalt und den Zaun rundum. a) Breite 20 m, Länge 16 m b) Länge 18 m, Breite 18 m c) Länge 25 m, Breite 15 m	6
7	Gib die Länge der fehlenden Seite an. a) 72m²; □ m; 8m b) 480cm²; 12cm; □ cm c) 560cm²; □ cm; 80cm	6
8	Wie viel Grad hat der Winkel zwischen dem großen und kleinen Zeiger? a) b) c) d)	8
9	Bestimme die Winkelart. a) b) c) d)	4
		70

Nur etwa $\frac{1}{8}$ eines Eisberges ist sichtbar.

Ungefähr $\frac{2}{3}$ der Erdoberfläche sind von Wasser bedeckt.
Wo kommen sonst Bruchteile vor?

1

a) Welchen Bruchteil erhält jedes Kind?
b) In wie viele gleich große Teile muss die Pizza geschnitten werden, wenn 2 (3, 4) Kinder hinzukommen? Welchen Bruchteil erhält dann jedes Kind? Fertige eine Zeichnung an.

2 a) Während des Essens möchte Tom den Orangensaft eingießen. Wie viel erhält jedes der vier Kinder, wenn es Tom gelingt, den Saft (1 Liter) gerecht zu verteilen? Gib den Bruchteil an.
b) Wie viel erhält jeder, wenn doppelt so viele Kinder da sind?

3 Sarah hat eine Tafel Schokolade mitgebracht, die sie nach dem Pizzaessen mit ihren Freunden teilen möchte.
a) Wie würdest du teilen?
b) Welchen Bruchteil erhält jedes Kind, wenn sich 6 Kinder die Tafel teilen? Zeichne.
c) Wie teilst du eine Tafel Schokolade auf 12 (24) Kinder auf?

4 Überlege dir selber eine ähnliche Aufgabe. Schreibe den Text auf. Deine Mitschülerinnen und Mitschüler sollen die Aufgabe lösen.

5 Schneide aus Pappe Kreisscheiben. Benutze als Schablone eine CD. Zerschneide nun je eine Kreisscheibe in 2 (3, 4, 5, 6, 8 oder 12) gleiche Teile. Benenne die Bruchteile. Stelle deiner Partnerin oder deinem Partner Aufgaben.

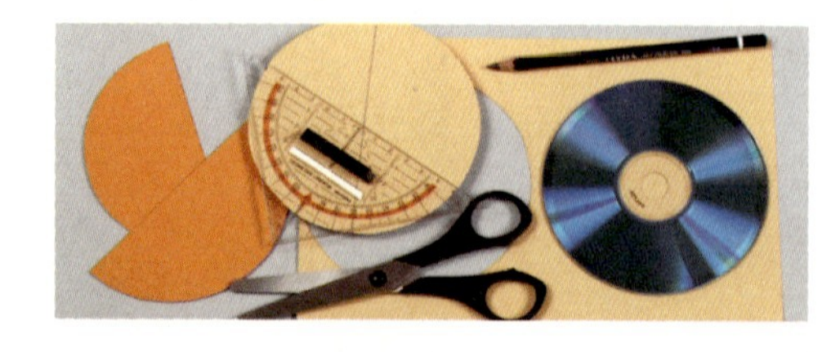

TIPP:

Bewahre die Bruchteile jeweils in einem Briefumschlag auf. Du kannst sie auch für weitere Aufgaben einsetzen.

1 Welcher Bruchteil einer Stunde ist verstrichen?

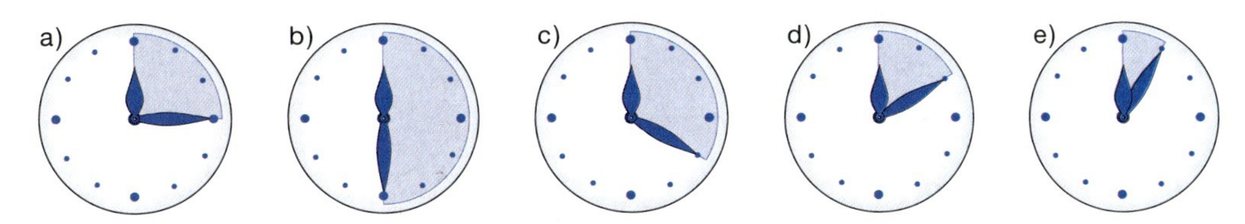

2 a) Falte rechteckige Blätter in gleich große Teile. Male ein Teilstück blau an. Welcher Bruchteil ist blau gefärbt?

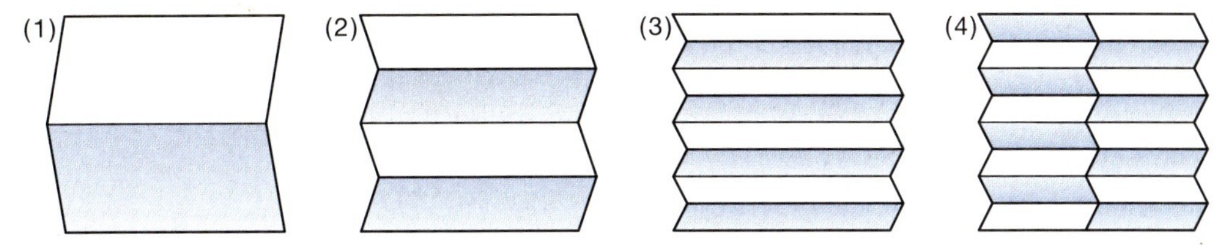

b) Falte auch Drittel, Sechstel und Zwölftel.

3

Welcher Bruchteil eines Liters Saft befindet sich in jedem Glas, wenn du gleichmäßig verteilst?

4 Der Stab ist 1 m lang. In wie viele gleiche Teile ist er unterteilt? Wie heißt ein Teilstück?

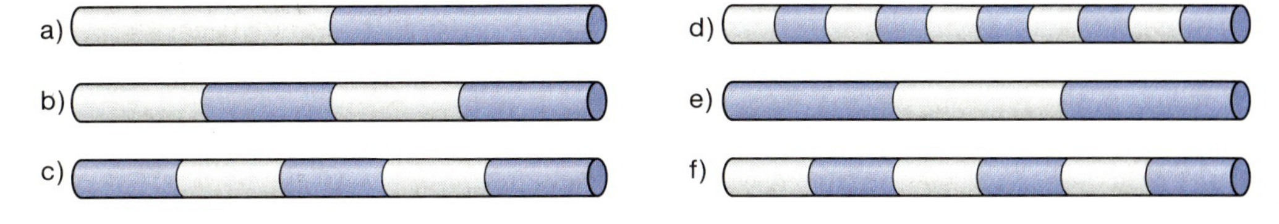

5 Überlege dir selbst Beispiele und stelle Aufgaben. Fertige auch eine Zeichnung dazu an.

6 Zeichne Streifen mit 24 Kästchen. Male den Bruchteil aus wie im Beispiel.

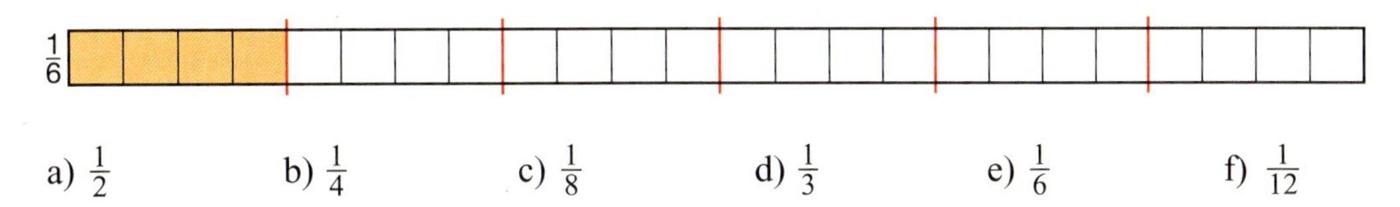

a) $\frac{1}{2}$ b) $\frac{1}{4}$ c) $\frac{1}{8}$ d) $\frac{1}{3}$ e) $\frac{1}{6}$ f) $\frac{1}{12}$

1 a) In wie viele gleich große Stücke hat der Konditor den Kuchen unterteilt?

b) Welcher Teil ist abgetrennt? Wie groß ist das Reststück?
c) Finde ähnliche Beispiele.

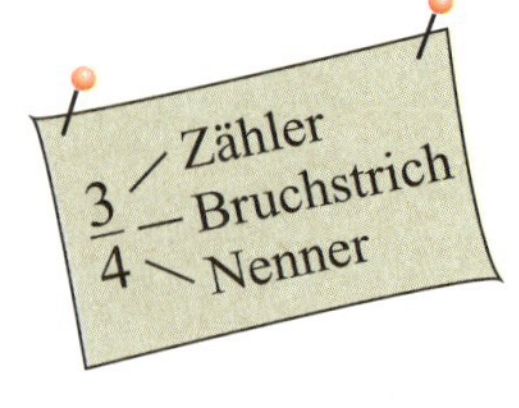

So kannst du drei Viertel herstellen:
Teile ein Ganzes in vier gleich große Teile, nimm drei Teile davon.

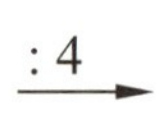

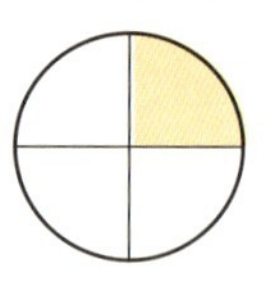
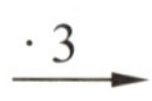

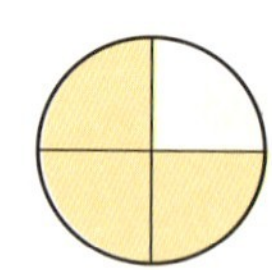

Ein Ganzes Ein Viertel Drei Viertel

2 a) Falte ein Quadrat dreimal. Wie viele Bruchteile entstehen? Wie heißt ein Bruchteil?
b) Zerschneide das Quadrat an den Faltlinien und lege folgende Brüche:

$\frac{3}{8}$, $\frac{8}{8}$, $\frac{4}{8}$, $\frac{3}{4}$, $\frac{1}{2}$

c) Lege deinem Nachbarn Brüche, die er benennen soll.

3 Zeichne Streifen mit 24 Kästchen in dein Heft und male die Bruchteile aus.

Beispiel: $\frac{2}{3}$

a) $\frac{3}{4}$ b) $\frac{5}{6}$ c) $\frac{3}{8}$ d) $\frac{5}{8}$ e) $\frac{7}{12}$ f) $\frac{11}{12}$ g) $\frac{5}{24}$

4 Welche Bruchteile sind dargestellt?

a) 0 1 b) 0 1 c) 0 1

5 Du siehst nur den Bruchteil eines Ganzen. Wie groß ist das Ganze? Ergänze im Heft.

Beispiel: $\frac{3}{5}$ $\frac{1}{5}$ $\frac{5}{5}$

a) $\frac{1}{3}$ b) $\frac{3}{4}$ c) $\frac{3}{8}$ d) $\frac{2}{5}$

6 Welcher Bruchteil der Kugeln ist rot?

Beispiel: 3 Kugeln von 10 Kugeln = $\frac{3}{10}$ der Kugeln

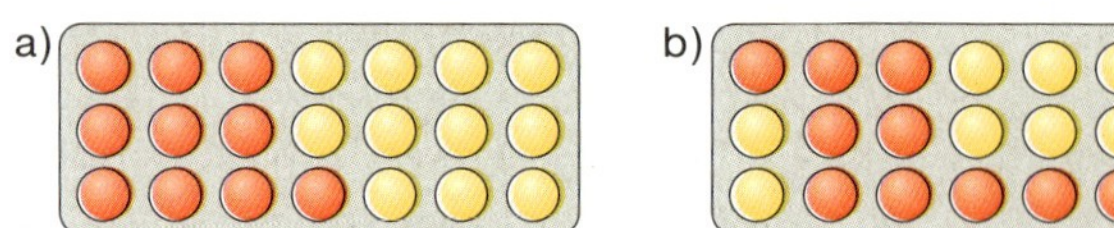

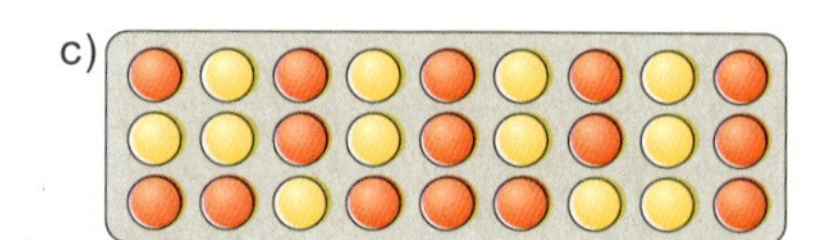

So kannst du einen Bruchteil bestimmen:

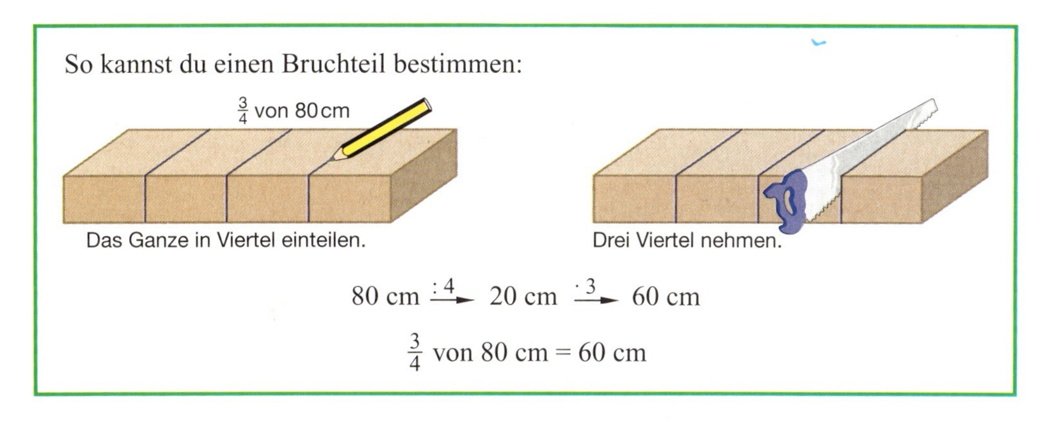

$$80\text{ cm} \xrightarrow{:4} 20\text{ cm} \xrightarrow{\cdot 3} 60\text{ cm}$$

$$\frac{3}{4}\text{ von } 80\text{ cm} = 60\text{ cm}$$

1 Berechne den Bruchteil.

a) $\frac{3}{4}$ von 60 cm b) $\frac{2}{3}$ von 90 cm c) $\frac{2}{5}$ von 40 cm d) $\frac{3}{8}$ von 120 cm e) $\frac{5}{6}$ von 150 cm

2 Berechne.

a) $\frac{3}{4}$ von 8 kg
$\frac{4}{5}$ von 20 kg
$\frac{5}{6}$ von 12 kg
$\frac{7}{8}$ von 32 kg

b) $\frac{2}{3}$ von 75 km
$\frac{3}{5}$ von 100 km
$\frac{3}{8}$ von 200 km
$\frac{7}{10}$ von 500 km

c) $\frac{2}{3}$ von 45 min
$\frac{5}{6}$ von 90 min
$\frac{3}{10}$ von 100 min
$\frac{3}{5}$ von 120 min

d) $\frac{2}{5}$ von 900 *l*
$\frac{5}{8}$ von 1200 *l*
$\frac{2}{3}$ von 1800 *l*
$\frac{9}{10}$ von 2000 *l*

3 Stelle Fragen und erkläre den anderen den Rechenweg.

4 Wie hoch ist die Anzahlung?

Preis	1500 €	1800 €	2400 €	2200 €	3000 €
Anzahlung	$\frac{1}{3}$	$\frac{2}{5}$	$\frac{3}{8}$	$\frac{3}{10}$	$\frac{5}{12}$

5 Herr Müller hat im Laufe des Jahres 500 € für die Autoversicherung gezahlt. Er ist unfallfrei gefahren. Deshalb erhält er $\frac{15}{100}$ des Beitrags zurück.

6 Eine Käsesorte besteht zu $\frac{2}{5}$ aus Fett. Wie viel Gramm Fett sind in

a) 75 g b) 100 g c) 150 g d) 500 g e) 1000 g f) 1500 g?

7 Etwa $\frac{4}{5}$ des Gewichtes eines Apfels sind Wasser und $\frac{1}{12}$ Zucker. Wie viel Gramm Wasser und Zucker enthält ein Apfel von 120 g, 180 g und 240 g?

8 a) Frau Zach knüpft einen Teppich, der aus 48 000 Knoten besteht. Am Muster erkennt sie, dass bereits $\frac{2}{3}$ des Teppichs fertig sind. Wie viele Knoten hat sie schon geknüpft?
b) Ein anderer Teppich hat 75 000 bzw. 96 000 Knoten. Berechne ebenso.

1 a) Stelle die Anzahl der Lampions fest.
b) Welcher Bruchteil der Lampions ist rot, grün, blau, gelb?

2 Welcher Bruchteil der Kugeln ist rot?

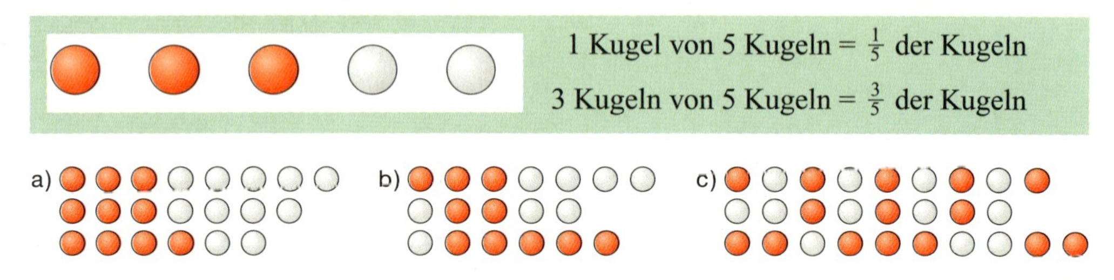

3 Wie viele Knöpfe sind bereits verbraucht? Welcher Bruchteil ist das?

4 Zu welchem Bruchteil sind die Parkplätze belegt? Welcher Bruchteil ist noch frei?

5 Bestimme den Bruchteil.
a) Von 9 Äpfeln sind 2 verdorben.
b) Von 24 Schülern sind 5 krank.
c) Von 1000 Dachziegeln sind 17 zerbrochen.
d) Ein Haus hat 19 Fenster. Davon müssen 3 erneuert werden.
e) Ein Bus hat 54 Sitzplätze. 31 Plätze sind besetzt.
f) Ein Buch hat 140 Seiten. 35 Seiten sind gelesen.

1

a) Anita hat Geburtstag. Wie viele Lutscher hat ihre Mutter eingekauft?
b) Welcher Bruchteil der Lutscher ist gelb (rot, blau)?

2 Welcher Bruchteil der Murmeln ist rot?

1 Murmel von 8 Murmeln = $\frac{1}{8}$ der Murmeln
5 Murmeln von 8 Murmeln = $\frac{5}{8}$ der Murmeln

Welcher Bruchteil der Flaschen ist noch voll (leer)?

3 Gib den Bruchteil an.

a) 4 von 20 Schülern fehlen.
8 von 12 Hotelzimmern sind belegt.
3 von 18 Eimern sind zerbrochen.

b) 36 von 60 Gästen sind Kinder.
75 von 100 Personen haben ein Auto.
80 von 100 Bäumen sind krank.

4 Gib als Bruchteil und Prozent an.

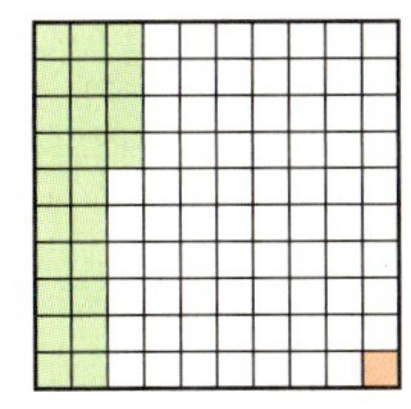

Von 100 Feldern ist 1 Feld rot.
$\frac{1}{100} = 1\,\%$ (*lies:* ein Prozent)
Von 100 Feldern sind 24 Felder grün.
$\frac{24}{100} = 24\,\%$ (*lies:* 24 Prozent)

a) 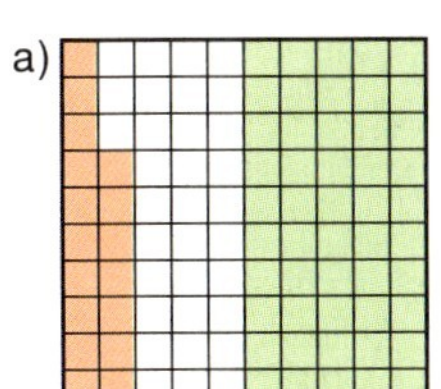
b) 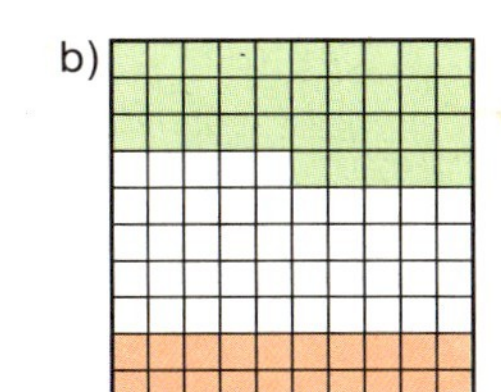
c) 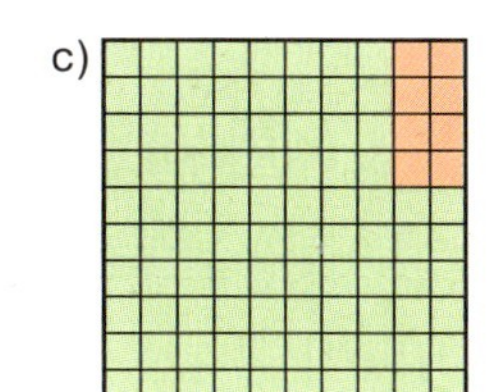
d) 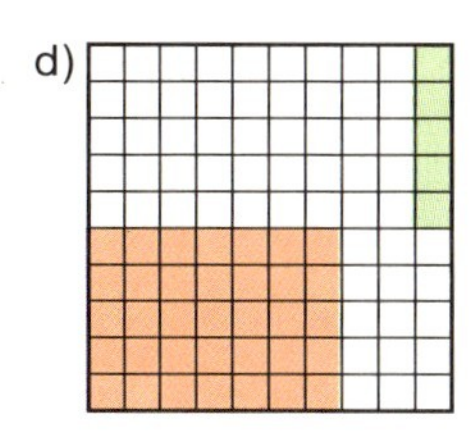

5 Gib als Bruchteil und Prozent an.

a) Von 100 Kindern in der Erlensiedlung haben 65 ein Fahrrad.
b) Von 100 Schülern der Klassen 6 sind 38 in einem Sportverein.
c) Von 100 Pferden im Kreis Münster sind 85 Reitpferde.
d) Von 100 Tieren eines Erlebnisparks leben 75 Tiere im Freien.

6 Zeichne eine Hundertertafel. Trage die Bruchteile ein und gib sie in Prozent an.

a) $\frac{1}{2}$ b) $\frac{1}{4}$ c) $\frac{3}{4}$ d) $\frac{1}{5}$ e) $\frac{4}{5}$ f) $\frac{1}{10}$ g) $\frac{7}{10}$ h) $\frac{1}{20}$

1 Die Klasse 6a plant einen Tagesausflug. Von den 24 Schülerinnen und Schülern möchten zwei Drittel ans Steinhuder Meer fahren. Erkläre den anderen die Zeichnung und den Lösungsweg.

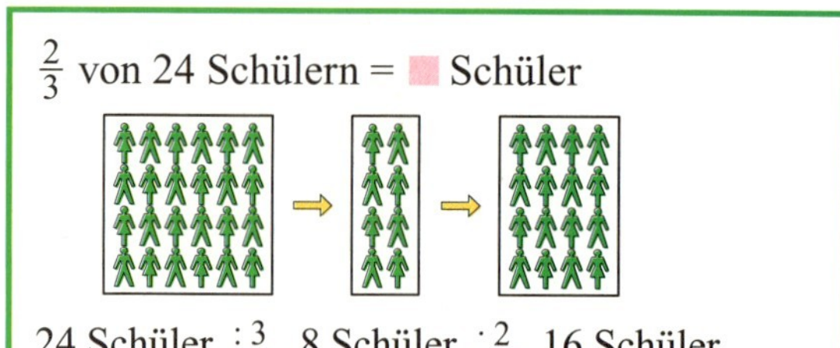

24 Schüler $\xrightarrow{:3}$ 8 Schüler $\xrightarrow{\cdot 2}$ 16 Schüler

Antwort: 16 Schüler möchten ans Steinhuder Meer fahren.

2 a) Drei Achtel der 24 Schüler möchten mit dem Bus fahren.
b) Fünf Sechstel der 24 Schüler freuen sich auf eine Tretbootfahrt.

3 An der Ernst-Moritz-Arndt-Hauptschule interessieren sich die 120 Schülerinnen und Schüler der 5. und 6. Klasse für folgende Projektthemen:

Astronomie: $\frac{2}{15}$	Töpfern: $\frac{7}{30}$	Römer: $\frac{1}{12}$
Italienische Küche: $\frac{11}{40}$	Wasser: $\frac{3}{20}$	Sport und Spiel: $\frac{7}{60}$

4 Gib in Minuten an.

a) $\frac{3}{4}$ Std. b) $\frac{2}{3}$ Std. c) $\frac{3}{5}$ Std. d) $\frac{5}{6}$ Std. e) $\frac{7}{10}$ Std. f) $\frac{5}{12}$ Std.

5 Wie viel Gramm Fett enthalten 150 g jeder Sorte?

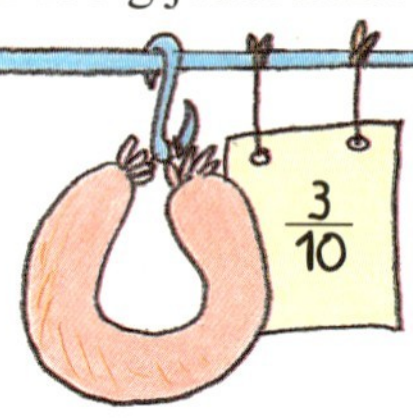

6 Eine Schwalbe fliegt in der Sekunde etwa 54 m weit, eine Brieftaube schafft etwa $\frac{1}{3}$ dieser Strecke, ein Pferd im Galopp $\frac{5}{27}$ und der Mensch im schnellen Lauf $\frac{1}{6}$ der Strecke.

7 Ein Liter Saft kostet 2 €. Wie teuer sind die $\frac{3}{4}$-*l*-Packung und die $\frac{7}{10}$-*l*-Packung?

8 Gib den Inhalt in Litern und in Millilitern an. (1 *l* = 1000 ml)

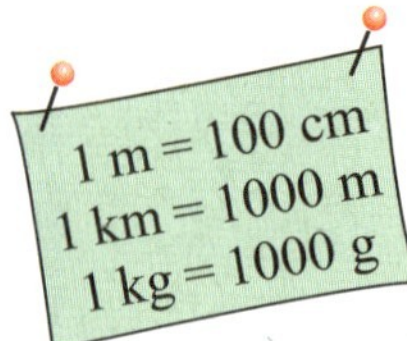

a) 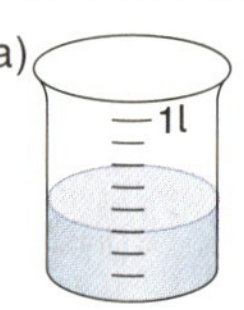

b) 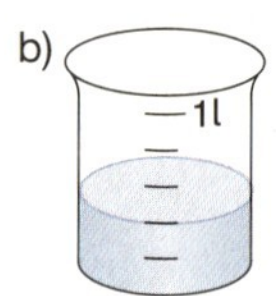

c) 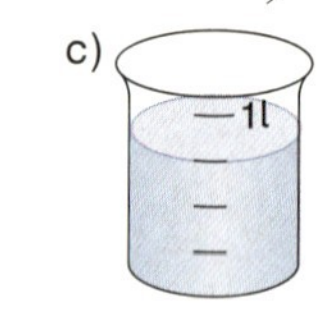

d) 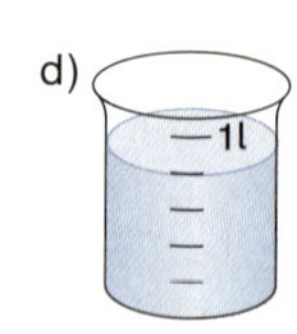

9 Gib in der angegebenen Einheit an.

a)

in cm	
$\frac{1}{4}$ m	$\frac{3}{5}$ m
$\frac{1}{2}$ m	$\frac{9}{10}$ m

b) 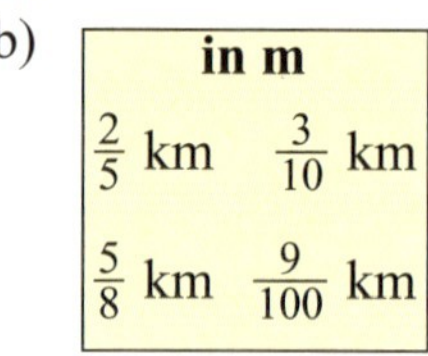

in m	
$\frac{2}{5}$ km	$\frac{3}{10}$ km
$\frac{5}{8}$ km	$\frac{9}{100}$ km

c) 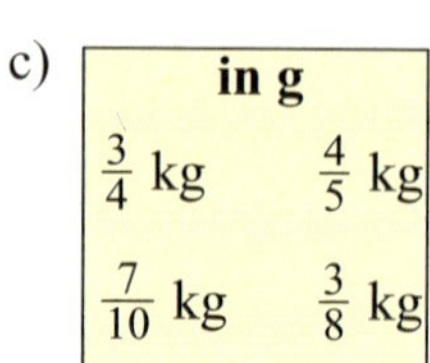

in g	
$\frac{3}{4}$ kg	$\frac{4}{5}$ kg
$\frac{7}{10}$ kg	$\frac{3}{8}$ kg

1

Wie viel Pizza bekommt jeder? Zeichne die Pizzas und teile.

2 a) Verteile vier Pizzas an fünf Personen. Zeichne.
b) Verteile zwei Pizzas an drei Personen. Zeichne.

$\frac{3}{4} = 3 : 4$

3 Welcher Bruch ist das?

a) 3 : 5
5 : 7

b) 7 : 9
2 : 3

c) 7 : 8
5 : 9

d) 11 : 12
9 : 10

e) 75 : 100
97 : 100

4 Schreibe als Divisionsaufgabe.

a) $\frac{2}{3}$ b) $\frac{6}{7}$ c) $\frac{4}{5}$ d) $\frac{8}{9}$ e) $\frac{10}{17}$ f) $\frac{25}{100}$ g) $\frac{555}{1000}$ h) $\frac{29}{30}$

5 Stelle die Domino-Kette zusammen. Die Lösungsbuchstaben ergeben hintereinander gelegt ein Wort.

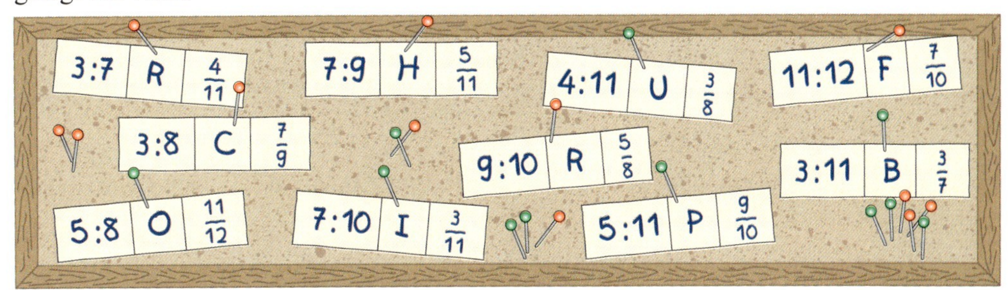

6 Anne, Tim, Sarah und Christoph wollen 12 Mohrenköpfe, 6 Äpfel und 3 Tafeln Schokolade gerecht verteilen.

a) Wie viele Mohrenköpfe und Äpfel erhält jeder? Schreibe jeweils die zugehörige Divisionsaufgabe und das Ergebnis auf.

b) Welche Divisionsaufgabe müsste man beim Verteilen der Schokolade lösen?

Gemischte Zahl und unechter Bruch

1 Erkläre die Angaben auf Franziskas Einkaufszettel.

Gemischte Zahl

$2\,\frac{1}{4}$ $\qquad \frac{4}{4} + \frac{4}{4} + \frac{1}{4} = \frac{9}{4}$

zwei Ganze ein Viertel — Unechter Bruch

2 Schreibe als gemischte Zahl und als unechten Bruch.

a) 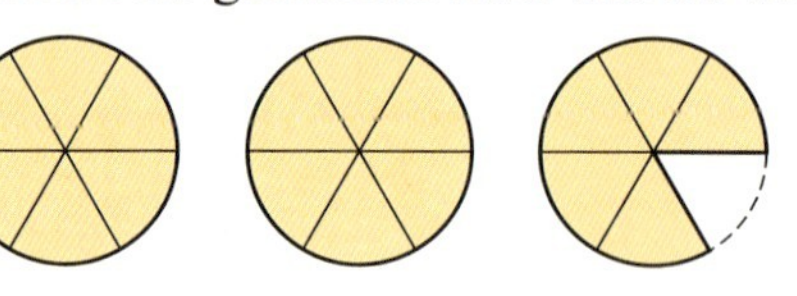

b) 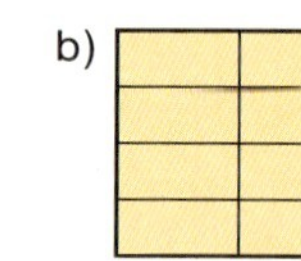 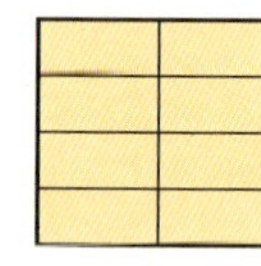 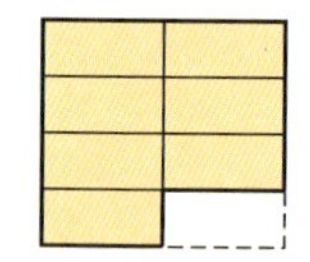

c) 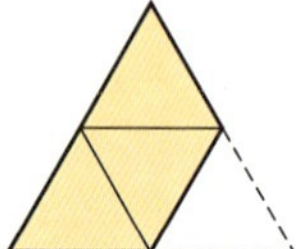

d) 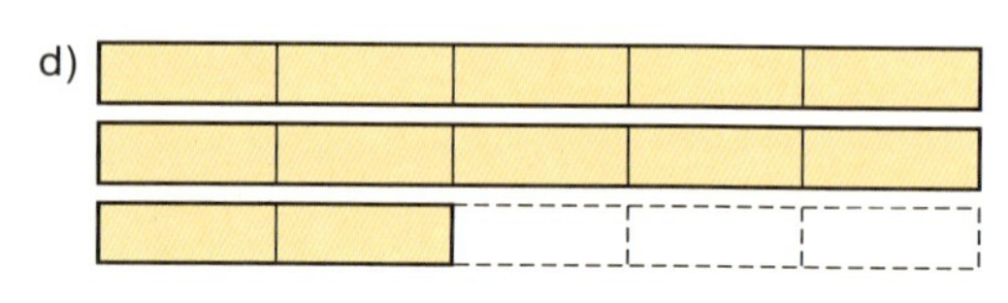

3 Stelle die gemischten Zahlen mit Rechtecken (4 Kästchen lang, 3 Kästchen breit) dar.

a) $1\frac{1}{2}$ b) $2\frac{1}{3}$ c) $3\frac{1}{4}$ d) $2\frac{2}{3}$ e) $1\frac{3}{4}$ f) $2\frac{5}{6}$ g) $1\frac{7}{12}$

4 Verwandle in unechte Brüche.

a) $2\frac{1}{2}$ $3\frac{1}{2}$ $5\frac{1}{2}$ $7\frac{1}{2}$ b) $1\frac{1}{4}$ $2\frac{3}{4}$ $4\frac{1}{4}$ $5\frac{3}{4}$ c) $1\frac{3}{5}$ $2\frac{7}{10}$ $3\frac{5}{8}$ $4\frac{2}{3}$

5 Verwandle die Brüche in gemischte Zahlen oder in natürliche Zahlen.

a) $\frac{19}{2}$ $\frac{31}{2}$ $\frac{46}{2}$ $\frac{53}{2}$ b) $\frac{13}{4}$ $\frac{16}{4}$ $\frac{27}{4}$ $\frac{34}{4}$ c) $\frac{29}{8}$ $\frac{36}{6}$ $\frac{47}{10}$ $\frac{58}{5}$

6 Gib die Flüssigkeitsmenge in gemischter Schreibweise und als Bruch an.

(I) 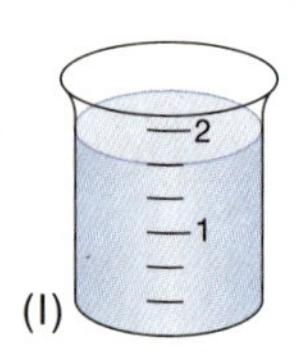

(II) 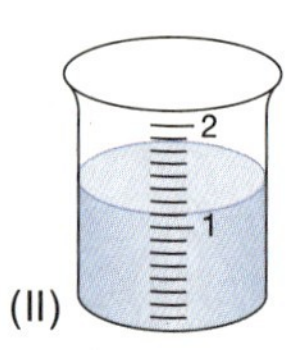

(III) 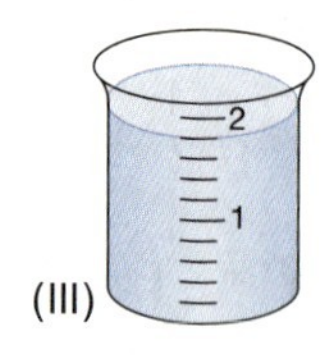

(IV) 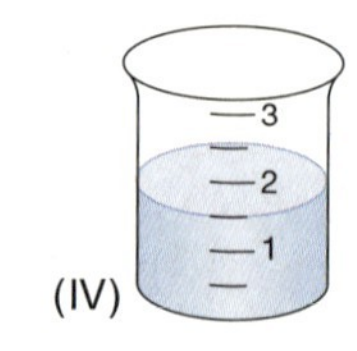

(V) 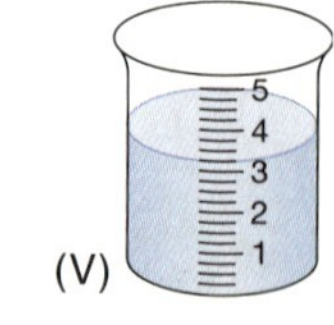

1

Auf zum Gruppenspiel! Ich rufe eine Zahl, und ihr bildet eine Gruppe mit genau so vielen Schülerinnen und Schülern. Wer keine Gruppe findet, scheidet aus.

a) Beim ersten Spiel ruft die Lehrerin „Vier“. Wie viele Gruppen entstehen? Wie viele Schülerinnen und Schüler müssen ausscheiden?
b) Beim zweiten Spiel entstehen 8 Gruppen. Welche Zahl hatte die Lehrerin gerufen?
c) Bei den nächsten drei Spielen ruft die Lehrerin nacheinander die Zahlen 6, 5 und 7 auf. Wie viele Schüler sind noch im Spiel?
d) Führt mit eurer Klasse ein Gruppenspiel so lange aus, bis kein Schüler übrig bleibt.

2 Die Äpfel sollen so verpackt werden, dass in jedem Beutel gleich viele Äpfel sind. Finde alle Möglichkeiten.

Vielfache und Teiler erleichtern das Kürzen und Erweitern.

24 : 8 = 3
24 ist durch 8 teilbar.
8 ist ein **Teiler** von 24.

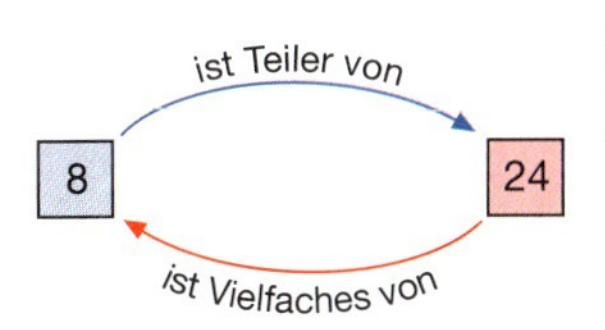

24 = 3 · 8
24 ist ein **Vielfaches** von 8.

24 ist nicht durch 5 teilbar. Beim Teilen bleibt ein Rest.
5 ist **nicht Teiler** von 24.
24 ist **nicht Vielfaches** von 5.

3 Setze „ist Teiler von“ (T) oder „ist nicht Teiler von“ (nT) ein.

a)	b)	c)	d)	e)	f)
3 ■ 12	2 ■ 21	13 ■ 69	13 ■ 31	11 ■ 66	20 ■ 400
17 ■ 17	5 ■ 24	14 ■ 56	8 ■ 96	11 ■ 11	35 ■ 7
7 ■ 56	6 ■ 16	30 ■ 15	9 ■ 99	44 ■ 11	35 ■ 700

4 Setze „ist Vielfaches von“ (V) oder „ist nicht Vielfaches von“ (nV) ein.

a)	b)	c)	d)	e)	f)
24 ■ 8	12 ■ 36	35 ■ 7	135 ■ 15	144 ■ 12	16 ■ 48
27 ■ 6	15 ■ 15	35 ■ 5	42 ■ 13	144 ■ 6	32 ■ 16
40 ■ 10	9 ■ 2	56 ■ 6	42 ■ 14	144 ■ 16	111 ■ 37

5 Schreibe alle Zahlen auf, die Teiler sind
a) von 8 b) von 12 c) von 15 d) von 17 e) von 27 f) von 36 g) von 42.

1 Die Klasse 6b veranstaltet ein Klassenfest. Für Dekoration, Essen und Getränke muss jeder Schüler 5 € bezahlen. Markus sammelt das Geld ein.

2 Welche der folgenden Geldbeträge lassen sich ohne Rest in 10-€-Scheine umwechseln? Gib die Antwort, ohne zu rechnen.

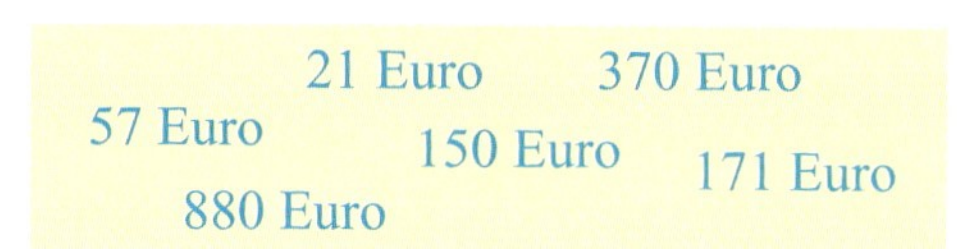

3 a) Welche Ziffern treten bei den Vielfachen von 5 an der Endstelle auf?
b) Welche Ziffern treten bei den Vielfachen von 10 an der Endstelle auf?

> Eine Zahl ist **durch 5 teilbar,** wenn ihre letzte Ziffer 0 oder 5 ist.
> Eine Zahl ist **durch 10 teilbar,** wenn ihre letzte Ziffer 0 ist.

4 Welche Zahlen sind durch 5 teilbar?
a) 35; 81; 153; 210 b) 408; 47; 301; 55 c) 57; 552; 1000; 300

5 Welche Zahlen sind durch 10 teilbar?
a) 43; 90; 264; 5000 b) 390; 105; 171; 150 c) 55; 700; 75; 40

6 Welche Zahlen sind durch 5, welche sind durch 10 teilbar?
a) 25; 91; 56; 60 b) 123; 345; 890; 605 c) 2468; 9735; 8090; 2000

7 Ergänze die fehlenden Ziffern so, dass die Zahlen durch 5 teilbar sind.
a) 6□ 99□ 765□ 23□ b) 123□ 355□ 900□ 405□ c) 2□5 56□80 1010□

8 Ergänze die fehlenden Ziffern so, dass die Zahlen durch 10 teilbar sind.
a) 8□ 77□ 321□ 54□ b) 305□ 417□ 3420□ 579□ c) 99□90 642□□ 9□7□

9 463 Eier werden zu je 10 in einen Karton gepackt. Wie viele Eier bleiben übrig?

10 Auf dem Schulbasar sollen Glückwunschkarten im Päckchen zu je fünf verkauft werden. Marco hat 99 Karten zu verpacken.

11 Suche die Zahlen heraus, die durch 5 teilbar sind. Du erhältst ein Lösungswort. Ordne.

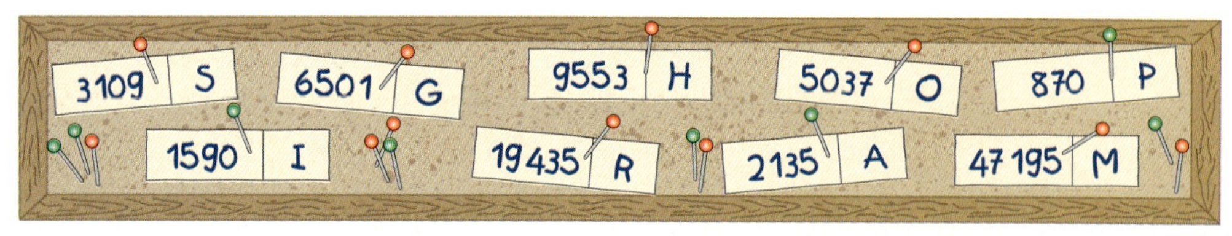

12 Welche Zahlen sind durch 5 teilbar? Sind sie auch durch 10 teilbar?
a) 155 515 551 500 50005 b) 5402 4025 2540 2045 5400
c) 89055 789900 998005 505003 d) 252525 525252 60606 66600

1  

Die Klasse 6 bekommt neue Tische. Zur Auswahl stehen Zweier- oder Vierertische. Es sollen so wenig Tische wie möglich aufgestellt werden.
Können alle Tische voll besetzt werden, wenn die Klasse 26 (32, 29, 28, 30, 25) Schülerinnen und Schüler hat?

2 Welche Geldbeträge zwischen 251 € und 279 € lassen sich ohne Rest in 2-€-Münzen umwechseln?

3 Schreibe die Vielfachen von 2 bis zur Zahl 40 auf. Welche Ziffern treten an der Einerstelle auf?

> Eine Zahl ist **durch 2 teilbar,** wenn ihre letzte Ziffer 0, 2, 4, 6 oder 8 ist.

4 Welche Zahlen sind durch 2 teilbar?
a) 90; 470; 840; 6500; 430; 79 900
b) 33; 47; 54; 46; 136; 286
c) 98 754; 2745; 2346; 3574; 59 738
d) 1 001 001; 7178; 1188; 21 343
e) 2 727 272; 7 272 727; 4 444 444; 2 222 222
f) 123 456; 987 654; 24 680; 97 530

5 Ergänze die fehlenden Ziffern so, dass die Zahlen durch 2 teilbar sind.
a) 7□ 13□ 345□ 890□
b) 222□ 333□ 567□
c) 4□6 39□52 300□□ 5□3□

6 a) Schreibe alle Teiler der Zahlen von 1 bis 20 auf.
b) Suche die Zahlen heraus, die nur zwei Teiler haben.

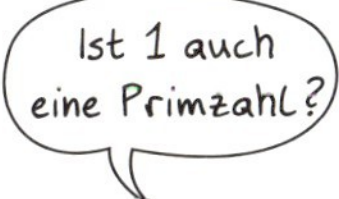

> **Primzahlen** haben genau zwei Teiler.
> Das sind Primzahlen: 2, 3, 5, 7, 11, 13, 17, 19, …

7 Welche Zahlen sind Primzahlen?
a) 21; 31; 51; 71
b) 23; 33; 43; 53; 63
c) 17; 27; 37; 47; 57; 67; 77

8 Schreibe alle Primzahlen auf, die zwischen
a) 20 und 30 b) 30 und 40 c) 40 und 50 d) 50 und 60 e) 60 und 100 liegen.

9 Suche die Primzahlen heraus. Du erhältst ein Lösungswort.

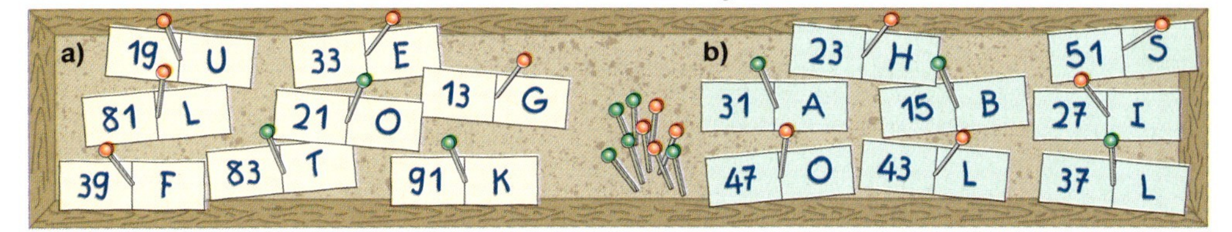

10 Welches ist die
a) kleinste zweistellige b) kleinste dreistellige c) kleinste Primzahl?

1 Auf einer Geburtstagsfeier spielen die Kinder „Schokolade auspacken“. Verena hat Glück, sie hat $\frac{2}{6}$ der Schokolade essen können. Holger sagt: „Das ist doch gar nichts, ich habe $\frac{8}{24}$ geschnappt.“

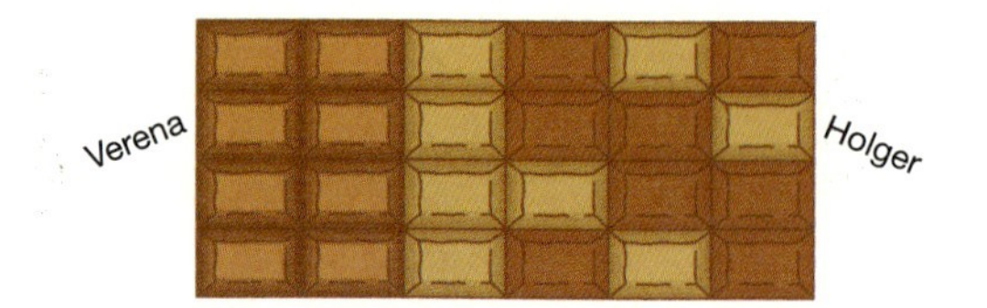

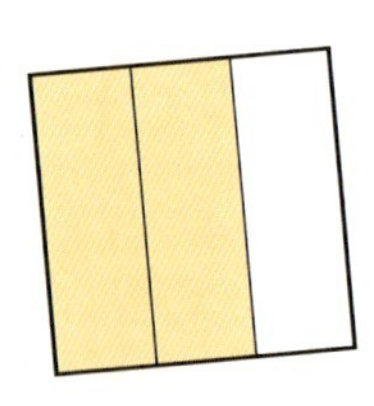

2 Zeichne zwei Quadrate mit der Seitenlänge 10 cm in dein Heft. Färbe die Quadrate wie im Bild.
Schneide aus Transparentpapier vier Quadrate mit der Seitenlänge 10 cm und unterteile sie so, wie es die Abbildung zeigt.

A 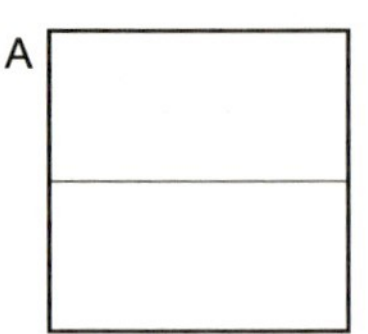 B 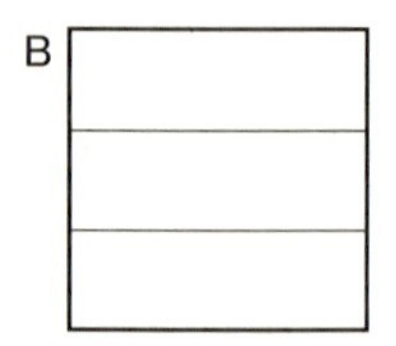 C 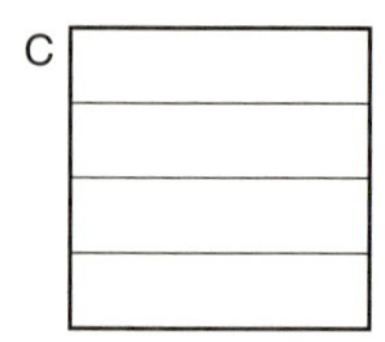 D 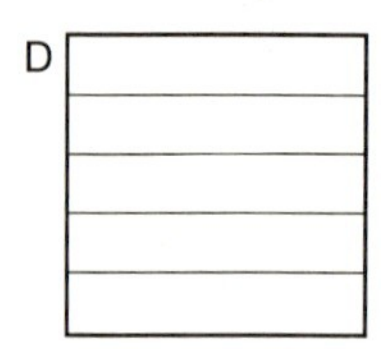

Lege die Transparentquadrate über die gefärbten Quadrate und schreibe die entstandenen Bruchteile auf.
Vergleiche sie mit den gefärbten Bruchteilen.
Vergleiche jeweils die Zähler und die Nenner der Brüche.

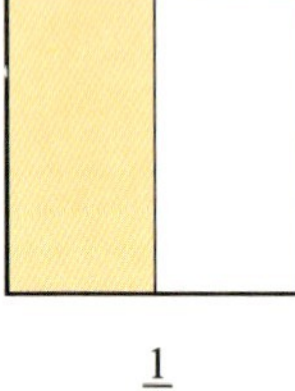 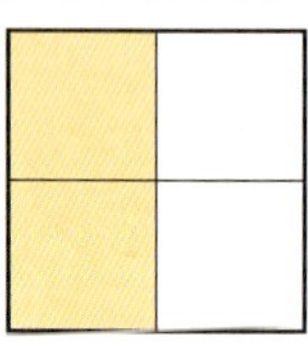 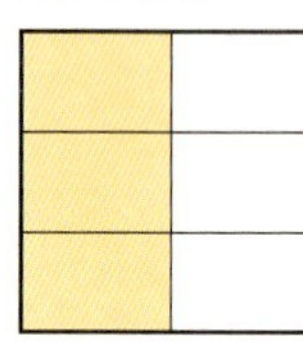 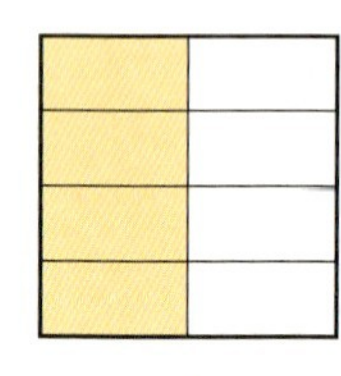

$\frac{1}{2} = \frac{2}{4} = \frac{3}{6} = \frac{4}{8}$

Erweitern von Brüchen

$\frac{2 \cdot 3}{3 \cdot 3} = \frac{6}{9}$

Zähler **und** Nenner werden mit der **gleichen** Zahl multipliziert.

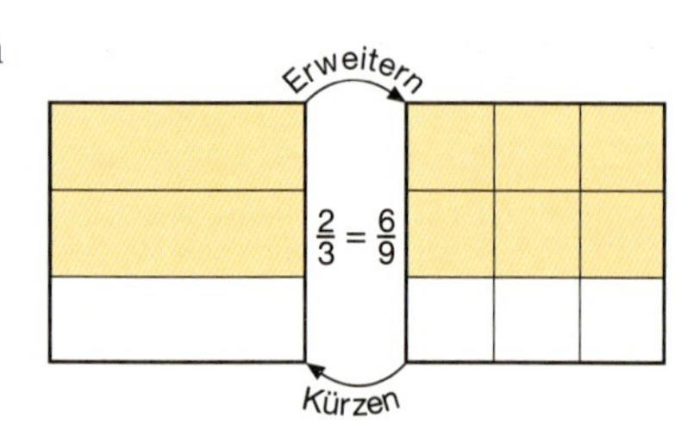

Kürzen von Brüchen

$\frac{6 : 3}{9 : 3} = \frac{2}{3}$

Zähler **und** Nenner werden durch die **gleiche** Zahl dividiert.

Durch Erweitern und Kürzen ändert sich der Wert des Bruches nicht.

3 Benenne die Bruchteile. Mit welcher Zahl wurde gekürzt oder erweitert?

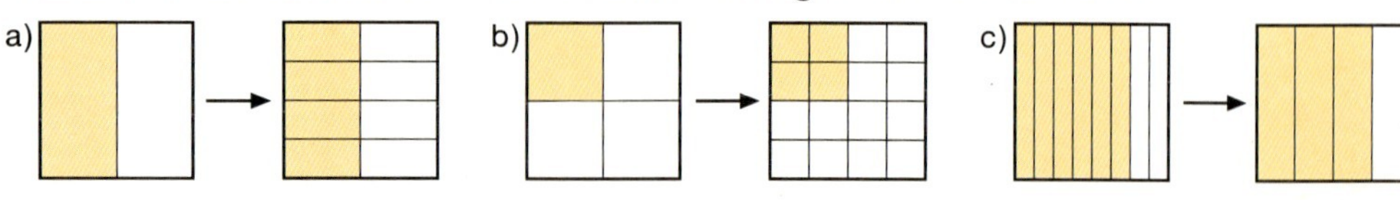

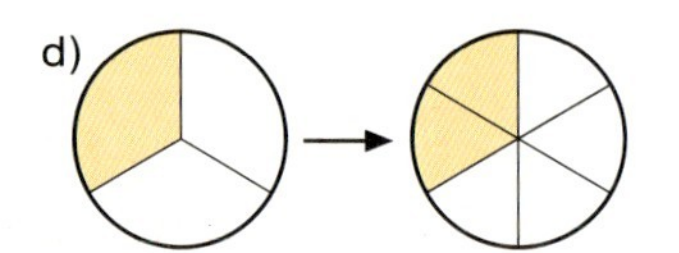

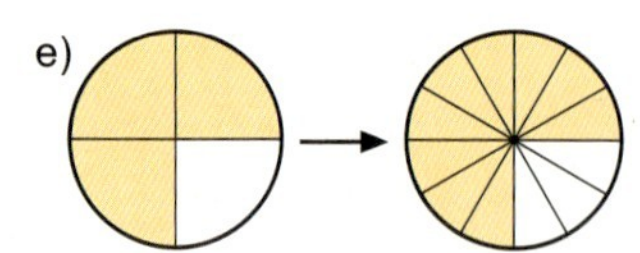

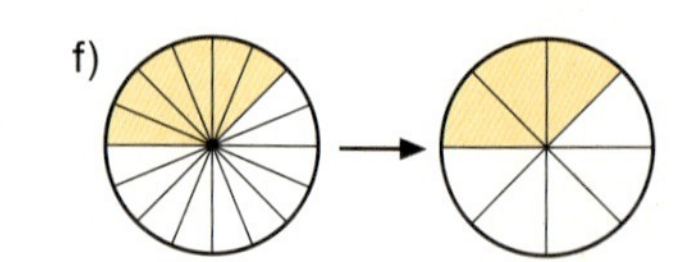

4 Erweitere.

							a)	b)	c)	d)	e)	f)
$\frac{1}{4}$	$\frac{1}{3}$	$\frac{3}{8}$	$\frac{4}{5}$	$\frac{11}{12}$	$\frac{13}{20}$	mit	3	5	6	9	11	20

5 Erweitere auf den angegebenen Nenner.

a) 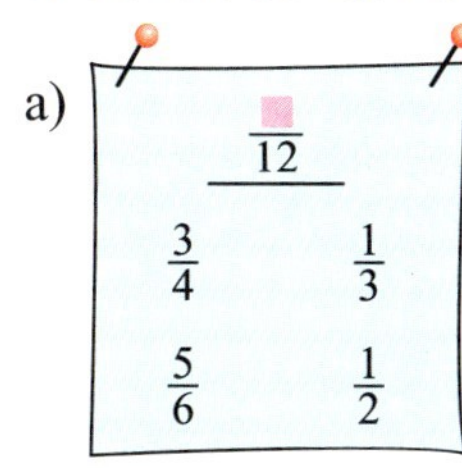

b) $\frac{\square}{20}$: $\frac{2}{5}$, $\frac{1}{4}$, $\frac{1}{2}$, $\frac{3}{10}$

c) $\frac{\square}{24}$: $\frac{5}{8}$, $\frac{3}{4}$, $\frac{1}{6}$, $\frac{2}{3}$

d) 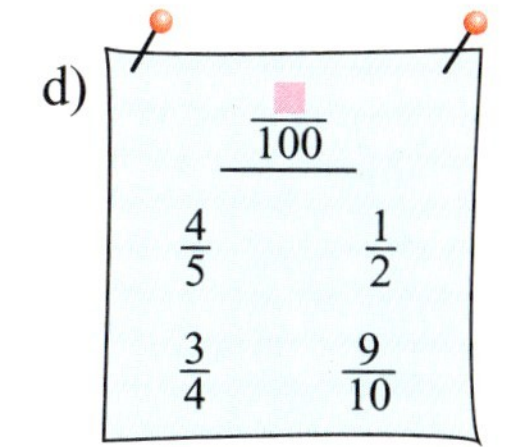

6 Kürze durch die angegebene Zahl.

a) durch 2: $\frac{4}{6}$, $\frac{8}{10}$, $\frac{10}{12}$, $\frac{2}{4}$

b) durch 3: $\frac{12}{15}$, $\frac{6}{9}$, $\frac{21}{24}$, $\frac{3}{12}$

c) durch 4: $\frac{8}{12}$, $\frac{20}{24}$, $\frac{12}{20}$, $\frac{4}{8}$

d) durch 5: $\frac{10}{15}$, $\frac{15}{25}$, $\frac{25}{30}$, $\frac{5}{20}$

7 Dominik und Steffi haben die Brüche auf verschiedene Arten gekürzt.

Dominik $\frac{72}{96} = \frac{36}{48} = \frac{18}{24} = \frac{9}{12} = \frac{3}{4}$

Steffi $\frac{72}{96} = \frac{36}{48} = \frac{6}{8} = \frac{3}{4}$

Beschreibe wie Dominik und Steffi vorgegangen sind. Wie würdest du kürzen?

8 Kürze so weit wie möglich.

a) $\frac{36}{72}$, $\frac{12}{48}$, $\frac{8}{24}$, $\frac{20}{100}$, $\frac{7}{42}$, $\frac{4}{32}$

b) $\frac{12}{30}$, $\frac{18}{24}$, $\frac{20}{32}$, $\frac{30}{36}$, $\frac{30}{45}$, $\frac{25}{60}$

c) $\frac{100}{1000}$, $\frac{125}{1000}$, $\frac{500}{1000}$, $\frac{375}{1000}$, $\frac{400}{1000}$, $\frac{750}{1000}$

d) $\frac{90}{225}$, $\frac{75}{195}$, $\frac{36}{108}$, $\frac{35}{180}$, $\frac{80}{200}$, $\frac{72}{120}$

9 Ersetze den Platzhalter.

a) $\frac{3}{4} = \frac{\square}{20}$; $\frac{1}{2} = \frac{\square}{10}$; $\frac{2}{3} = \frac{\square}{9}$

b) $\frac{2}{5} = \frac{6}{\square}$; $\frac{3}{8} = \frac{12}{\square}$; $\frac{1}{4} = \frac{3}{\square}$

c) 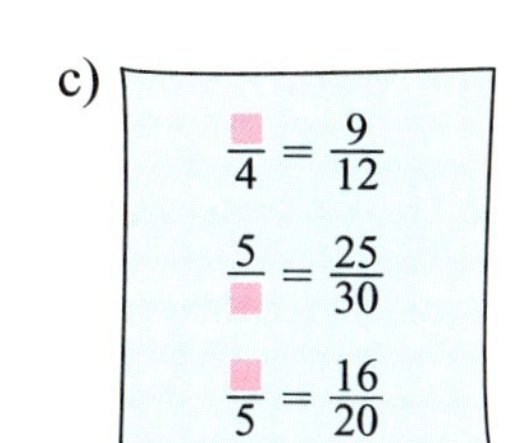

d) 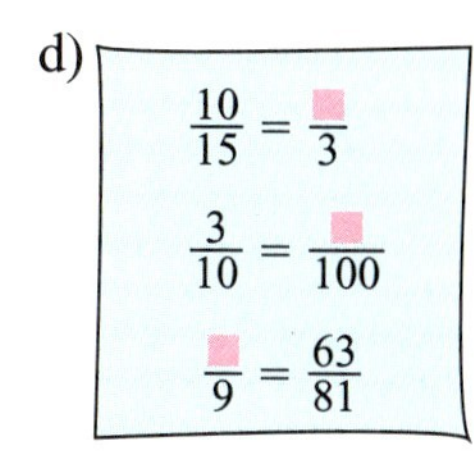

$\frac{12}{16}$	$\frac{5}{10}$

$\frac{9}{30}$	$\frac{3}{15}$

$\frac{25}{40}$	$\frac{1}{4}$

10 Fertige acht Dominokarten an und spiele mit deinem Nachbarn. Wenn du die Karten richtig angelegt hast, entsteht ein Ring.

$\frac{1}{5}$	$\frac{2}{3}$

$\frac{1}{2}$	$\frac{5}{6}$

$\frac{4}{6}$	$\frac{3}{4}$

$\frac{25}{100}$	$\frac{3}{10}$

$\frac{10}{12}$	$\frac{5}{8}$

1 Bestimme die Bruchteile und ordne sie der Größe nach.

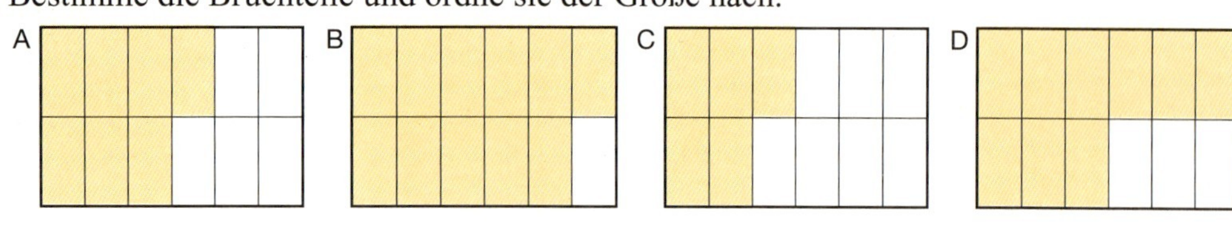

2 Vergleiche die Brüche. Setze die Zeichen < und > richtig ein.

a) $\frac{2}{5}$ ■ $\frac{3}{5}$ b) $\frac{3}{7}$ ■ $\frac{4}{7}$ c) $\frac{7}{8}$ ■ $\frac{5}{8}$ d) $\frac{4}{9}$ ■ $\frac{5}{9}$ e) $\frac{10}{11}$ ■ $\frac{9}{11}$ f) $\frac{7}{15}$ ■ $\frac{8}{15}$ g) $\frac{13}{20}$ ■ $\frac{19}{20}$

3 Bestimme die Bruchteile und ordne sie der Größe nach.

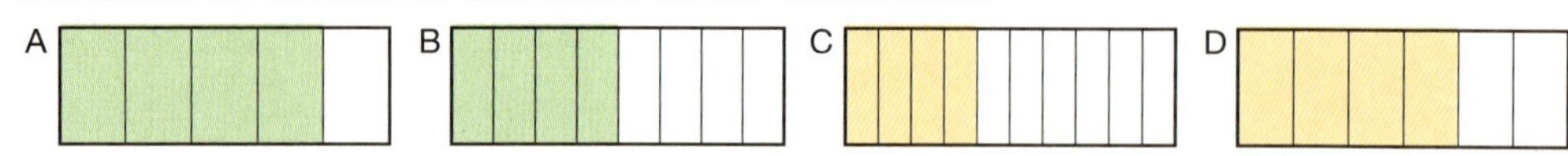

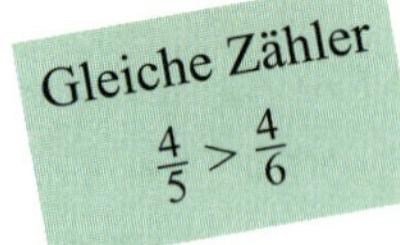

4 Die Brüche haben jeweils den gleichen Zähler. Vergleiche die Nenner und setze die Zeichen < und > richtig ein.

a) $\frac{3}{4}$ ■ $\frac{3}{5}$ b) $\frac{5}{6}$ ■ $\frac{5}{8}$ c) $\frac{2}{3}$ ■ $\frac{2}{5}$ d) $\frac{7}{10}$ ■ $\frac{7}{8}$ e) $\frac{3}{5}$ ■ $\frac{3}{6}$ f) $\frac{5}{8}$ ■ $\frac{5}{4}$ g) $\frac{4}{2}$ ■ $\frac{4}{5}$

5 Bestimme die gefärbten Bruchteile und ordne sie. Vergleiche danach die ungefärbten Bruchteile.

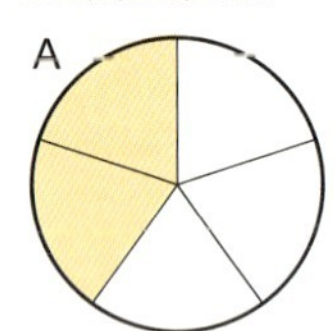

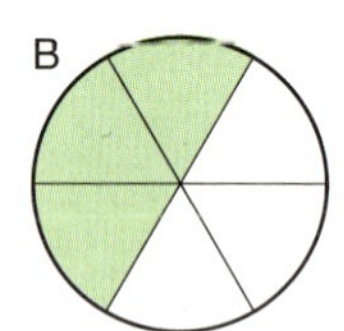

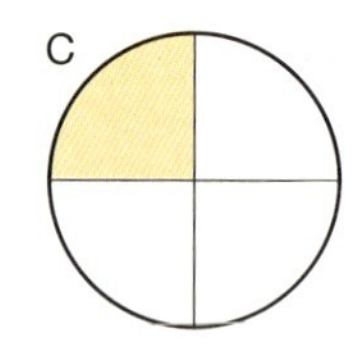

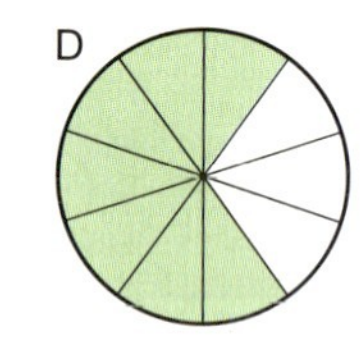

6 Vergleiche die Brüche. Setze die Zeichen < und > richtig ein.

a) $\frac{3}{4}$ ■ $\frac{2}{3}$ b) $\frac{4}{6}$ ■ $\frac{3}{5}$ c) $\frac{3}{4}$ ■ $\frac{4}{5}$ d) $\frac{6}{9}$ ■ $\frac{5}{8}$ e) $\frac{2}{5}$ ■ $\frac{3}{6}$ f) $\frac{2}{4}$ ■ $\frac{6}{8}$ g) $\frac{2}{3}$ ■ $\frac{4}{5}$

7 Zeichne den Zahlenstrahl in dein Heft und ordne die angegebenen Bruchteile zu. Vergleiche die Bruchteile.

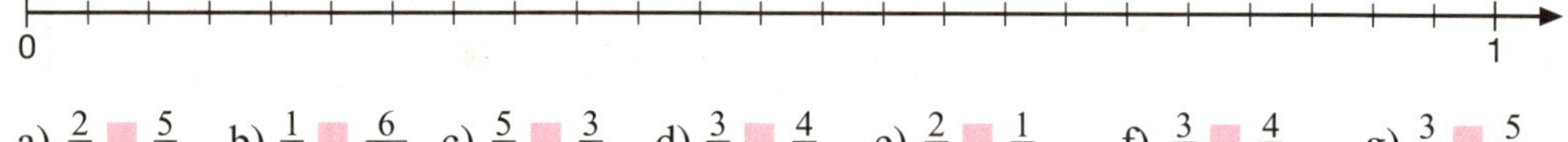

a) $\frac{2}{3}$ ■ $\frac{5}{8}$ b) $\frac{1}{2}$ ■ $\frac{6}{12}$ c) $\frac{5}{8}$ ■ $\frac{3}{4}$ d) $\frac{3}{8}$ ■ $\frac{4}{6}$ e) $\frac{2}{8}$ ■ $\frac{1}{3}$ f) $\frac{3}{6}$ ■ $\frac{4}{8}$ g) $\frac{3}{4}$ ■ $\frac{5}{6}$

8 Zeichne einen Zahlenstrahl von 0 bis 1 (Länge 120 mm). Trage darauf die folgenden Bruchzahlen ein und ordne sie der Größe nach.

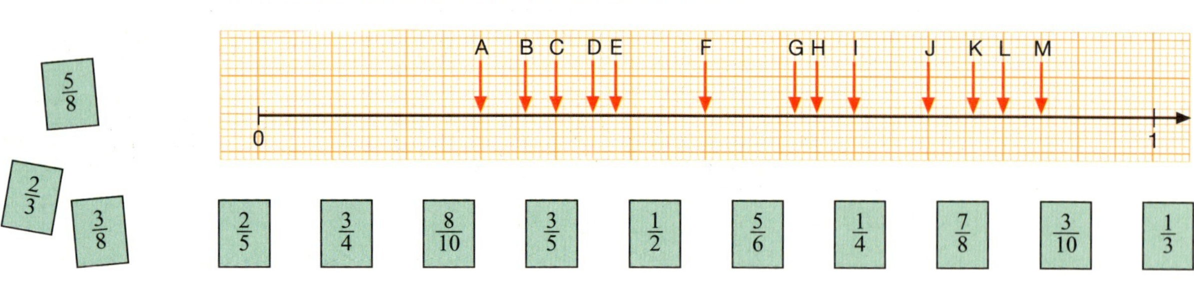

1 Nach den Bundesjugendspielen möchte die Rektorin wissen, welche Klasse die beste „Sportklasse" ist.
Sie bestimmt den Bruchteil der Sieger- und der Ehrenurkunden in jeder Klasse.

Klasse	Schüler	Urkunden
6a	30	18
6b	32	20

Vergleiche das Fünfer- und das Achter-Einmaleins
...35, 40, 45 ...
...32, 40, 48 ...

6a: $\frac{18}{30} = \frac{3}{5}$ 6b: $\frac{20}{32} = \frac{5}{8}$

Vergleiche die gekürzten Brüche, indem du sie auf den gleichen Nenner erweiterst.
Welcher Bruchteil ist größer, $\frac{3}{5}$ oder $\frac{5}{8}$? Erkläre den Lösungsweg.

$\frac{3}{5} = \frac{24}{40}$

$\frac{24}{40} < \frac{25}{40}$ also: $\frac{3}{5} < \frac{5}{8}$

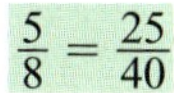

$\frac{5}{8} = \frac{25}{40}$

Der kleinste gemeinsame Nenner heißt **Hauptnenner.**

2 Kleiner, größer oder gleich (<; >; =)? Erweitere zunächst auf einen gemeinsamen Nenner.

a) $\frac{2}{3}$ ■ $\frac{4}{6}$ b) $\frac{3}{4}$ ■ $\frac{7}{8}$ c) $\frac{17}{24}$ ■ $\frac{2}{3}$ d) $\frac{15}{36}$ ■ $\frac{4}{9}$ e) $\frac{5}{60}$ ■ $\frac{1}{12}$ f) $\frac{15}{100}$ ■ $\frac{3}{20}$

3 Vergleiche.

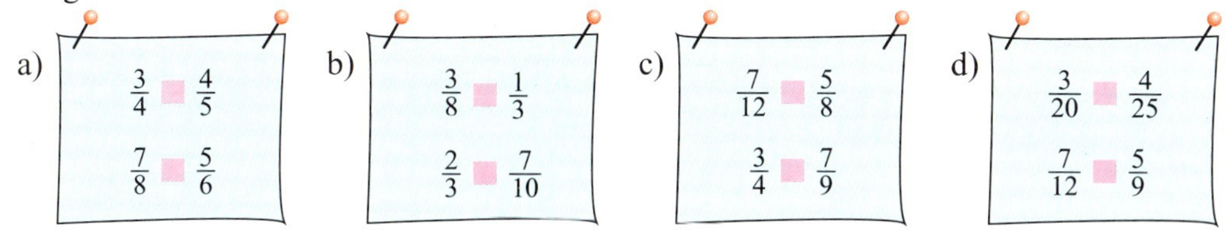

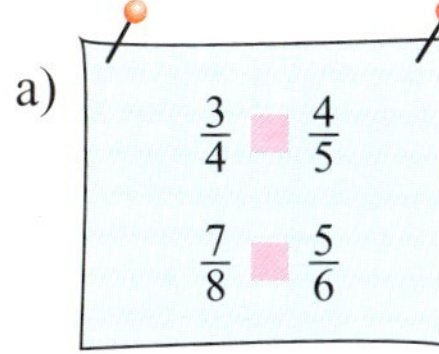

a) $\frac{3}{4}$ ■ $\frac{4}{5}$ $\frac{7}{8}$ ■ $\frac{5}{6}$

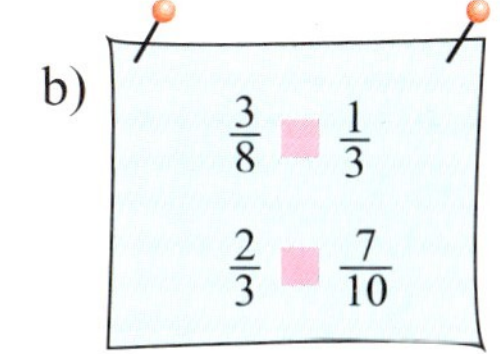

b) $\frac{3}{8}$ ■ $\frac{1}{3}$ $\frac{2}{3}$ ■ $\frac{7}{10}$

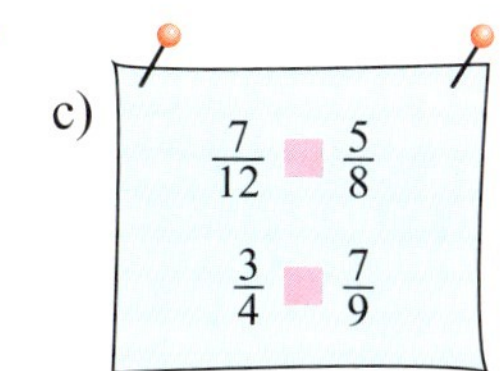

c) $\frac{7}{12}$ ■ $\frac{5}{8}$ $\frac{3}{4}$ ■ $\frac{7}{9}$

d) $\frac{3}{20}$ ■ $\frac{4}{25}$ $\frac{7}{12}$ ■ $\frac{5}{9}$

4 Stelle die Karten mit den Brüchen aus Pappe her.

a) Mische die Karten und bilde zwei gleich große Stapel. Spiele mit deinem Partner „Bruchräuber". Jeder Mitspieler zieht von seinem Stapel die obere Karte. Wer den größeren Bruch gezogen hat, bekommt beide Karten. Wer am Spielende die meisten Karten hat, hat gewonnen.

1/3

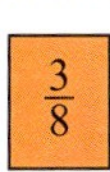

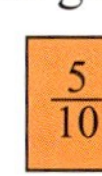

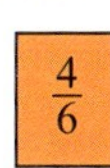

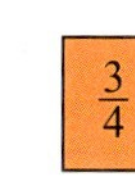

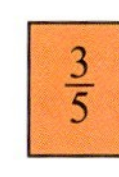

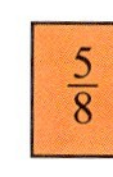

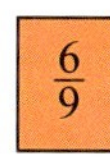

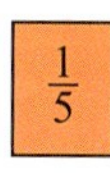

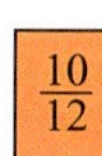

b) Ordne alle Karten des Spiels der Größe nach.

5 a) Ordne die losen Kärtchen den Kärtchen am Zahlenstrahl zu. Welche Brüche gehören zusammen?

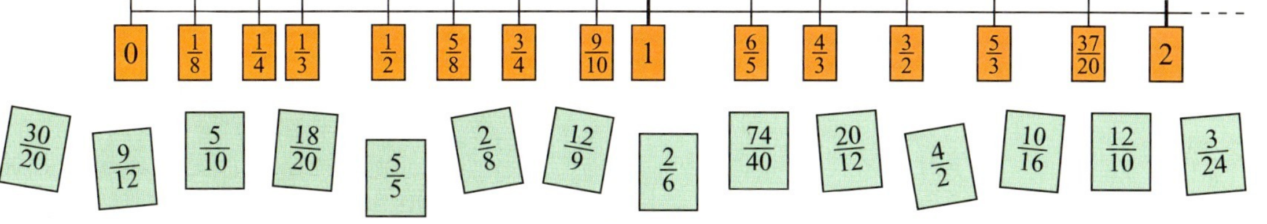

b) Welches Kärtchen hängt bei 1, welches bei 2?
c) Gib zu jedem Bruch am Zahlenstrahl einen weiteren Bruch an.

1 Falte eine Kreisscheibe. Es sollen Achtel entstehen. Zerschneide sie an den Faltlinien.
a) Lege drei Achtel und zwei Achtel aneinander. Was erhältst du?
b) Nimm von drei Achteln zwei Achtel weg. Wie viel bleibt übrig?

c) Lege zehn weitere Additionsaufgaben (Subtraktionsaufgaben) und notiere sie.

2 a) $\frac{3}{4} + \frac{3}{4}$ b) $\frac{7}{8} - \frac{5}{8}$ c) $\frac{4}{9} + \frac{8}{9}$ d) $\frac{11}{12} - \frac{5}{12}$ e) $\frac{5}{6} + \frac{1}{6}$ f) $\frac{9}{10} - \frac{7}{10}$

3 Berechne und kürze wenn möglich.

a) $\frac{1}{6} + \frac{2}{6}$ b) $\frac{8}{9} - \frac{2}{9}$ c) $\frac{5}{7} + \frac{2}{7}$ d) $\frac{55}{100} + \frac{5}{100}$ e) $\frac{17}{20} - \frac{2}{20}$

$\frac{9}{16} + \frac{5}{16}$ $\frac{9}{10} - \frac{4}{10}$ $\frac{1}{3} + \frac{2}{3}$ $\frac{36}{100} + \frac{9}{100}$ $\frac{11}{18} - \frac{3}{18}$

$1 - \frac{1}{3} = \frac{2}{3}$

4 Schreibe die Subtraktionsaufgabe und berechne.

a) 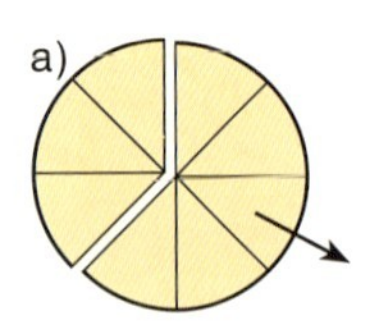
b) 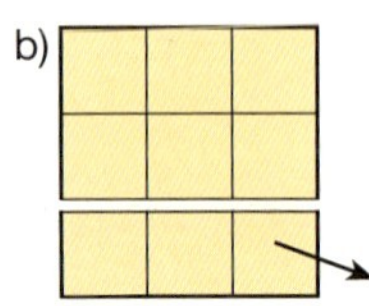
c) 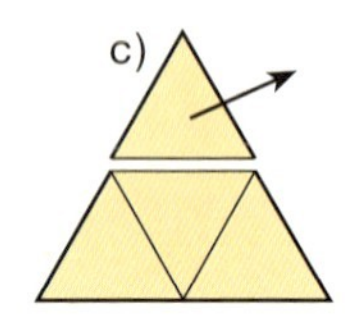
d) 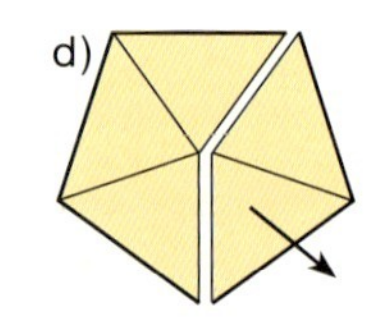
e) 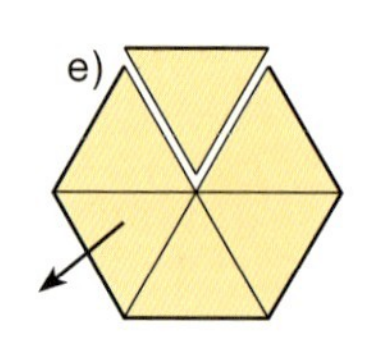

5 a) $1 - \frac{1}{8}$ b) $1 - \frac{3}{5}$ c) $2 - \frac{5}{6}$ d) $5 - \frac{5}{12}$ e) $10 - \frac{27}{100}$

6 Berechne und kürze wenn möglich.

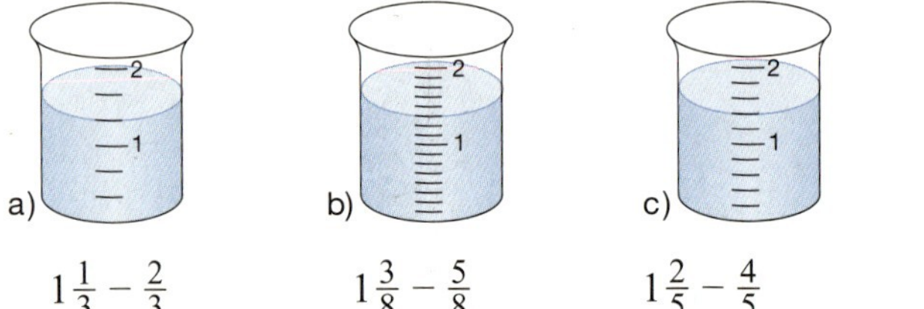
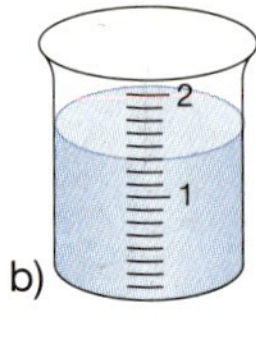
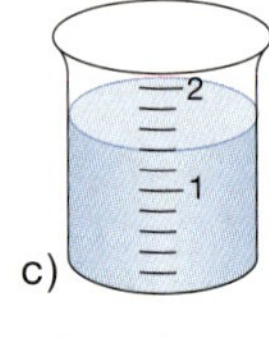
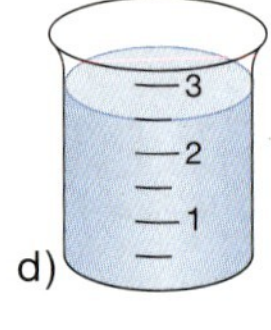
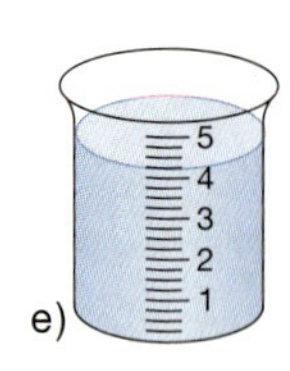
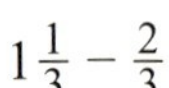

a) $1\frac{1}{3} - \frac{2}{3}$ b) $1\frac{3}{8} - \frac{5}{8}$ c) $1\frac{2}{5} - \frac{4}{5}$ d) $2\frac{1}{2} - 1\frac{1}{2}$ e) $4\frac{1}{4} - 2\frac{3}{4}$

7 a) $2\frac{3}{10} - \frac{7}{10}$ b) $3\frac{1}{6} - 1\frac{5}{6}$ c) $7\frac{2}{9} - 2\frac{5}{9}$ d) $11\frac{3}{8} - 10\frac{7}{8}$ e) $5\frac{7}{12} - 4\frac{11}{12}$

8 a) Landwirt Härtlein hat $\frac{3}{7}$ seiner Bodenfläche mit Getreide, $\frac{2}{7}$ mit Kohl und den Rest mit Kartoffeln bebaut. Welcher Bruchteil entfällt auf Kartoffeln?
b) Landwirt Rupp verwendet $\frac{5}{8}$ seiner Bodenfläche für Getreideanbau und $\frac{2}{8}$ für Weideland. Der Rest ist Wald.

1 Maxi möchte $\frac{3}{8}$ ihrer Schokolade essen. Ihrem Bruder bietet sie $\frac{1}{6}$ der Schokolade an. Welcher Bruchteil fehlt dann insgesamt an der Schokolade?

2 Löse die Aufgaben mithilfe der Zeichnung.

a) 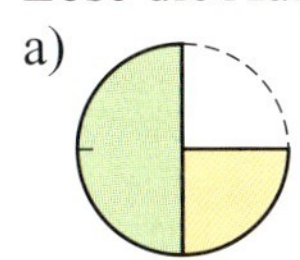
$\frac{1}{2} + \frac{1}{4}$

b) $\frac{2}{3} + \frac{1}{6}$

c) 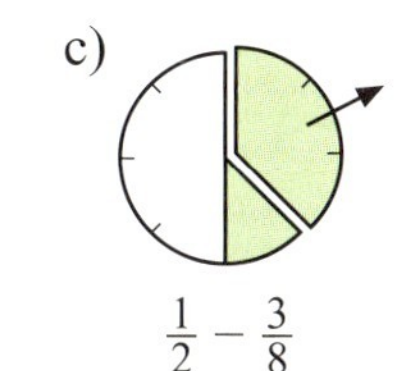
$\frac{1}{2} - \frac{3}{8}$

d) 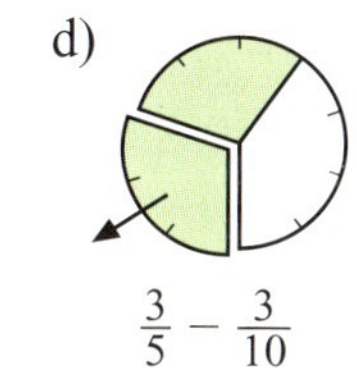
$\frac{3}{5} - \frac{3}{10}$

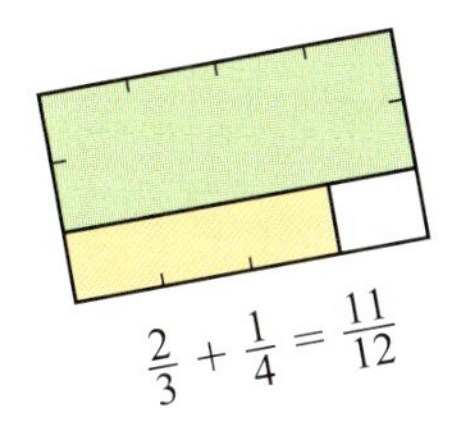
$\frac{2}{3} + \frac{1}{4} = \frac{11}{12}$

e) 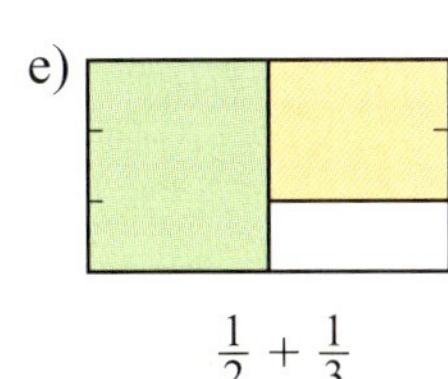
$\frac{1}{2} + \frac{1}{3}$

f) 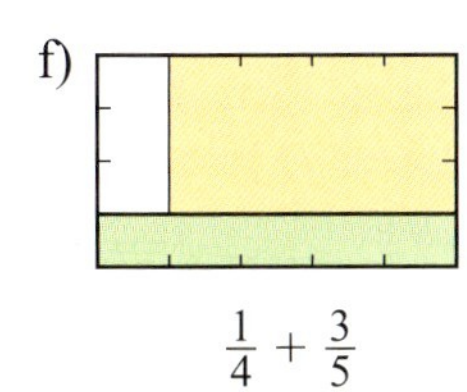
$\frac{1}{4} + \frac{3}{5}$

g) 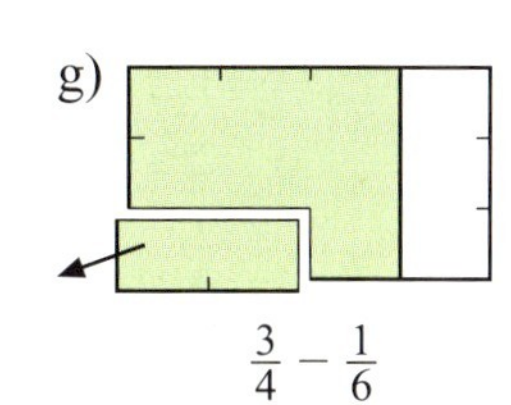
$\frac{3}{4} - \frac{1}{6}$

h) 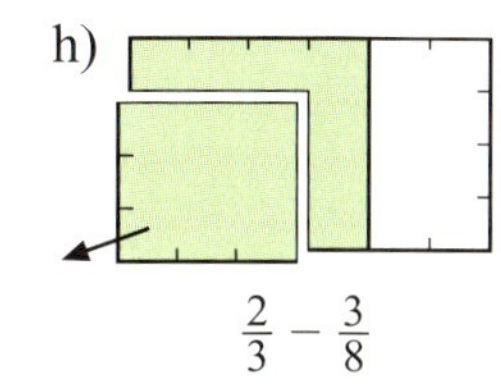
$\frac{2}{3} - \frac{3}{8}$

3 Philip rechnet die Aufgabe $\frac{4}{9} + \frac{1}{6}$ an der Tafel.
Beschreibe den Rechenweg.

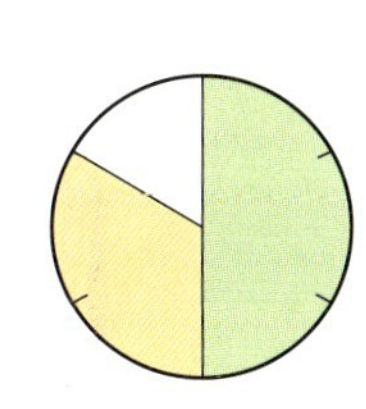

$\frac{1}{2} + \frac{1}{3} = \frac{3}{6} + \frac{2}{6} = \frac{5}{6}$

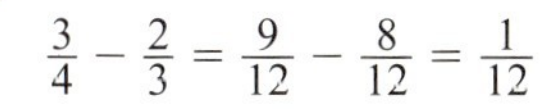

$\frac{3}{4} - \frac{2}{3} = \frac{9}{12} - \frac{8}{12} = \frac{1}{12}$

4 Bringe die Brüche zunächst auf den gleichen Nenner und kürze anschließend.

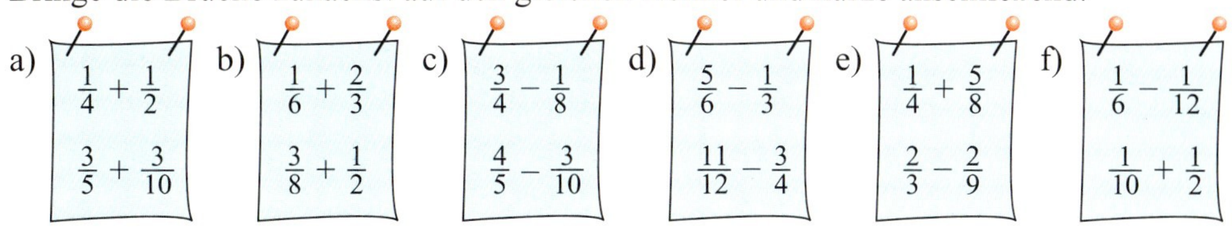

a) $\frac{1}{4} + \frac{1}{2}$; $\frac{3}{5} + \frac{3}{10}$

b) $\frac{1}{6} + \frac{2}{3}$; $\frac{3}{8} + \frac{1}{2}$

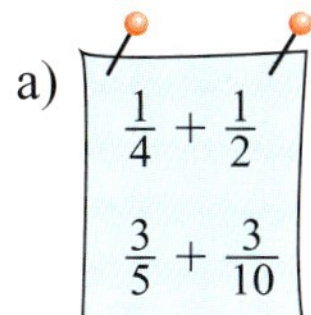

c) $\frac{3}{4} - \frac{1}{8}$; $\frac{4}{5} - \frac{3}{10}$

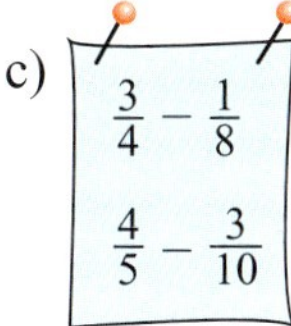

d) $\frac{5}{6} - \frac{1}{3}$; $\frac{11}{12} - \frac{3}{4}$

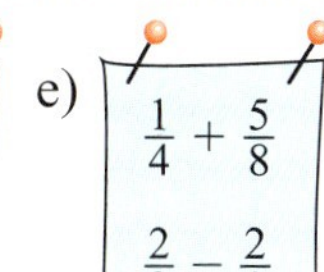

e) $\frac{1}{4} + \frac{5}{8}$; $\frac{2}{3} - \frac{2}{9}$

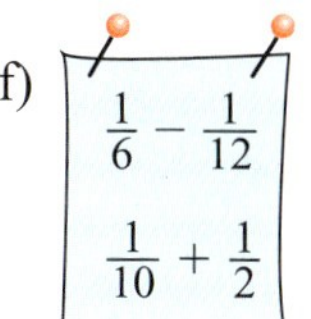

f) $\frac{1}{6} - \frac{1}{12}$; $\frac{1}{10} + \frac{1}{2}$

5

a) $\frac{1}{3} + \frac{1}{2}$; $\frac{1}{4} + \frac{2}{3}$; $\frac{1}{5} + \frac{1}{2}$

b) $\frac{3}{4} + \frac{1}{6}$; $\frac{3}{10} + \frac{1}{4}$; $\frac{4}{5} + \frac{3}{4}$

c) $\frac{3}{4} - \frac{1}{3}$; $\frac{4}{5} - \frac{3}{4}$; $\frac{7}{10} - \frac{3}{4}$

d) $\frac{5}{6} - \frac{3}{8}$; $\frac{3}{4} - \frac{7}{10}$; $\frac{1}{3} - \frac{1}{5}$

e) $\frac{1}{10} + \frac{5}{8}$; $\frac{2}{3} - \frac{3}{5}$; $\frac{3}{10} + \frac{5}{8}$

f) $\frac{7}{8} - \frac{1}{12}$; $\frac{3}{8} + \frac{1}{3}$; $\frac{2}{3} - \frac{5}{8}$

1 a) $\frac{1}{4} + \frac{1}{6}$ b) $\frac{3}{4} - \frac{1}{10}$ c) $\frac{1}{6} + \frac{4}{9}$ d) $\frac{7}{8} - \frac{7}{10}$ e) $\frac{3}{10} + \frac{1}{6}$ f) $\frac{5}{6} - \frac{1}{4}$

$\frac{1}{6} + \frac{5}{8}$ $\frac{9}{10} - \frac{5}{6}$ $\frac{2}{9} + \frac{5}{12}$ $\frac{7}{12} - \frac{3}{8}$ $\frac{11}{12} - \frac{5}{9}$ $\frac{7}{10} + \frac{1}{4}$

2 Gib das Ergebnis als gemischte Zahl an.

a) $\frac{3}{4} + \frac{2}{3}$ b) $\frac{7}{8} + \frac{1}{2}$ c) $\frac{5}{6} + \frac{5}{8}$ d) $\frac{7}{10} + \frac{1}{3}$ e) $\frac{14}{15} + \frac{2}{5}$ f) $\frac{9}{10} + \frac{11}{100}$

$\frac{11}{12} + \frac{1}{3}$ $\frac{3}{4} + \frac{4}{5}$ $\frac{5}{6} + \frac{5}{24}$ $\frac{8}{9} + \frac{1}{4}$ $\frac{3}{10} + \frac{7}{8}$ $\frac{81}{100} + \frac{19}{25}$

3 a) $\frac{1}{2} + \frac{3}{4} + \frac{5}{8}$; $\frac{5}{6} + \frac{1}{2} + \frac{1}{3}$

b) $\frac{1}{2} + \frac{1}{3} + \frac{1}{4}$; $\frac{1}{5} + \frac{1}{10} + \frac{1}{4}$

c) 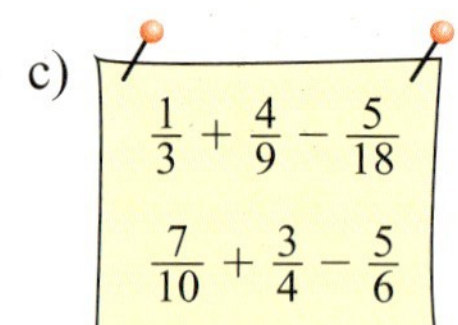
$\frac{1}{3} + \frac{4}{9} - \frac{5}{18}$; $\frac{7}{10} + \frac{3}{4} - \frac{5}{6}$

d) 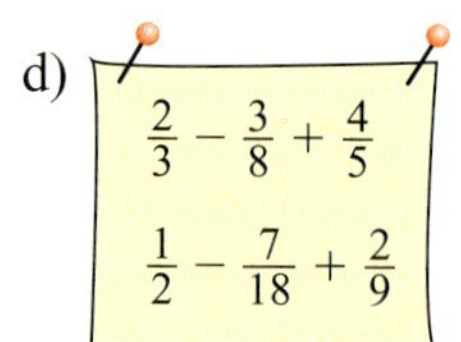
$\frac{2}{3} - \frac{3}{8} + \frac{4}{5}$; $\frac{1}{2} - \frac{7}{18} + \frac{2}{9}$

4 

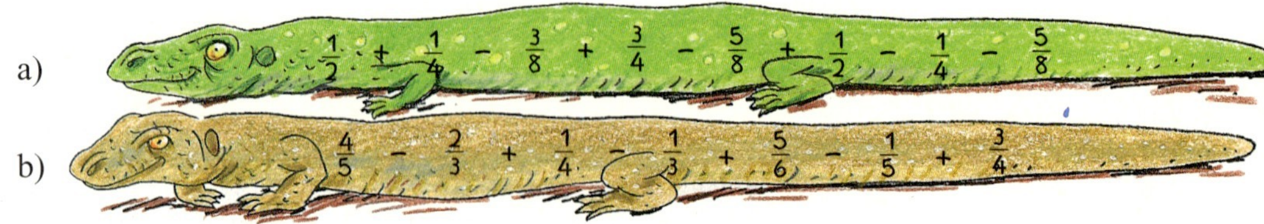

5 a) Die Erdoberfläche wird folgendermaßen verteilt: Welcher Bruchteil ist Ödland?

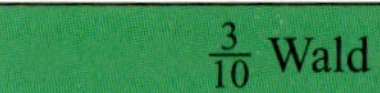

$\frac{3}{10}$ Wald	$\frac{1}{5}$ Grünland	$\frac{7}{50}$ Ackerland	$\frac{3}{10}$ bebaute Fläche	Ödland

b) Hier siehst du die Verteilung in Deutschland. Vergleiche.

$\frac{3}{10}$ Wald	$\frac{1}{5}$ Grünland	$\frac{2}{5}$ Ackerland	$\frac{2}{25}$ Gebäude	Ödland

6 Bäume werden neu gepflanzt. Welcher Bruchteil entfällt auf die Lärchen?

$\frac{1}{3}$ sind Fichten

$\frac{3}{10}$ sind Buchen

$\frac{1}{5}$ sind Eichen

Lärchen

7 a) Waldsterben im Harz. $\frac{3}{10}$ des Waldes sind nicht geschädigt, $\frac{2}{5}$ sind schwach geschädigt. Welcher Bruchteil ist deutlich geschädigt?

b) Im Vorjahr waren $\frac{9}{25}$ nicht geschädigt. Vergleiche.

8 Beginne die Rechenrallye mit irgendeiner Aufgabe. Das Ergebnis sagt dir, wie es weiter geht. Wenn du alles richtig gerechnet hast, kommst du wieder beim Start an.

$4\frac{1}{2} + \frac{1}{3}$	$2\frac{1}{12} + 1\frac{1}{6}$	$4\frac{5}{12} - 1\frac{1}{4}$	$1\frac{3}{10} + 3\frac{1}{5}$	$4\frac{5}{6} - 2\frac{3}{4}$
$5\frac{1}{2} - 3\frac{1}{10}$	$2\frac{3}{4} - 1\frac{9}{20}$	$3\frac{1}{6} + 2\frac{1}{3}$	$3\frac{1}{4} + 1\frac{1}{6}$	$2\frac{2}{5} + \frac{7}{20}$

Christiane und Daniel bereiten auf einem Zeltlager Gulaschsuppe zu. Sie haben fünf Dosen eingekauft. Wie viel Liter Wasser müssen sie abmessen?

$5 \cdot \frac{3}{4}\,l = \frac{3}{4}\,l + \frac{3}{4}\,l + \frac{3}{4}\,l + \frac{3}{4}\,l + \frac{3}{4}\,l = \frac{15}{4}\,l = 3\frac{3}{4}\,l$
Daniel

$5 \cdot \frac{3}{4}\,l = \frac{5 \cdot 3}{4}\,l = \frac{15}{4}\,l = 3\frac{3}{4}\,l$
Christiane

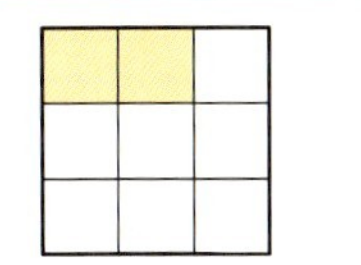 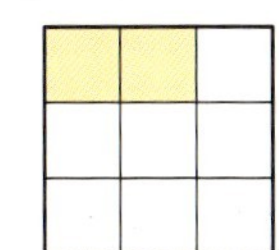

$2 \cdot \frac{2}{9} = \frac{2 \cdot 2}{9} = \frac{4}{9}$

1 Schreibe die zugehörigen Multiplikationsaufgaben und berechne sie.

a) 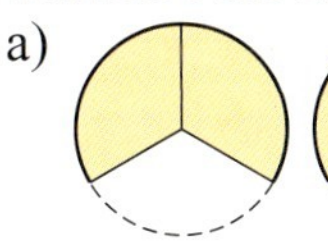 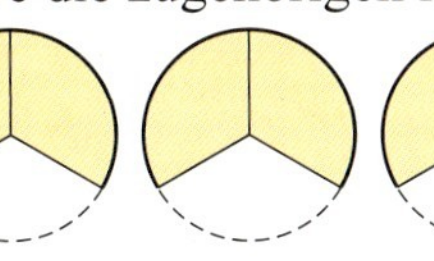 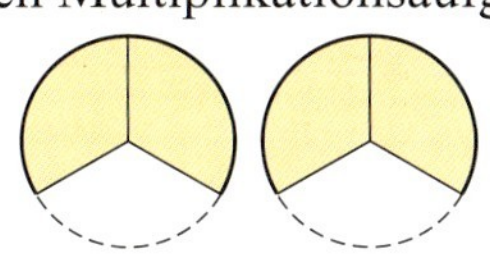

b) 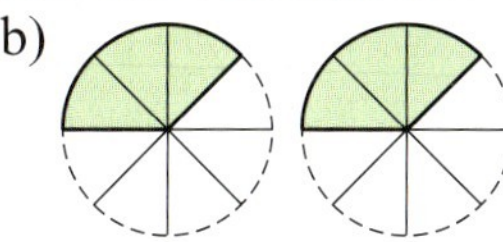

2 a) $5 \cdot \frac{1}{4}$ b) $6 \cdot \frac{2}{5}$ c) $5 \cdot \frac{7}{12}$ d) $4 \cdot \frac{1}{3}$ e) $3 \cdot \frac{7}{10}$ f) $5 \cdot \frac{1}{6}$

$8 \cdot \frac{2}{9}$ $7 \cdot \frac{2}{3}$ $10 \cdot \frac{5}{7}$ $7 \cdot \frac{3}{50}$ $9 \cdot \frac{3}{5}$ $4 \cdot \frac{7}{9}$

3 Verdopple (verdreifache) die Brüche im Kopf.

a) $\frac{1}{4}$ $\frac{1}{3}$ $\frac{1}{6}$ $\frac{1}{5}$ $\frac{1}{9}$

b) $\frac{5}{9}$ $\frac{2}{5}$ $\frac{3}{8}$ $\frac{3}{10}$ $\frac{5}{6}$

4 Rechne wie im Beispiel.

$\frac{7}{12} \cdot 18 = \frac{7 \cdot \cancel{18}^{3}}{\cancel{12}_{2}} = \frac{21}{2} = 10\frac{1}{2}$

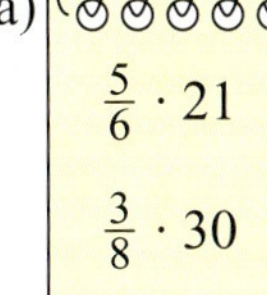

a) $\frac{5}{6} \cdot 21$; $\frac{3}{8} \cdot 30$

b) $\frac{9}{10} \cdot 8$; $\frac{3}{4} \cdot 18$

c) $\frac{5}{8} \cdot 100$; $\frac{8}{15} \cdot 35$

d) $\frac{4}{9} \cdot 9$; $\frac{7}{10} \cdot 15$

e) $\frac{5}{12} \cdot 6$; $\frac{2}{3} \cdot 12$

5 a) Im Zeltlager gibt es viele Aufgaben. Silvia, Tobias und Stefanie sind für das Mittagessen verantwortlich. Sie bereiten fünf Packungen Flockenpüree zu. Für eine Packung benötigen sie $\frac{3}{8}$ *l* Wasser und $\frac{1}{4}$ *l* Milch. Wie viel Liter Wasser und wie viel Liter Milch müssen sie abmessen?

b) Tim ist für die Getränke zuständig. In jedes Zelt stellt er eine Kiste Limonade. In jeder Kiste befinden sich 12 Flaschen mit $\frac{1}{3}$ *l* Inhalt. Wie viel Liter Limonade sind vorrätig?

c) Florian und Susi bereiten zum Abendessen 45 Portionen Zitronentee zu. Für ein Glas benötigen sie $\frac{1}{4}$ ($\frac{1}{5}$) *l* Wasser.

Alexander, Christian und Daniel teilen sich die restlichen $\frac{6}{8}$ der Pizza. Welchen Bruchteil der ganzen Pizza erhält jeder?

$\frac{6}{8} : 3 = \frac{2}{8}$

Julia verzehrt mit ihren Freundinnen Sandra und Nina das letzte Viertel des Geburtstagskuchens. Welchen Bruchteil des ganzen Kuchens bekommt jede von ihnen?

$\frac{1}{4} : 3 = \frac{3}{12} : 3 = \frac{1}{12}$

1 Löse die Aufgabe mithilfe der Zeichnung. Überprüfe die Regel. Erkläre.

a) 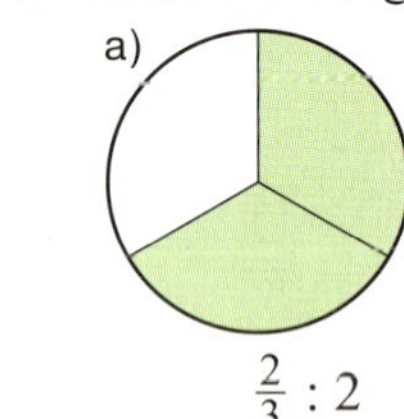 $\frac{2}{3} : 2$

b) 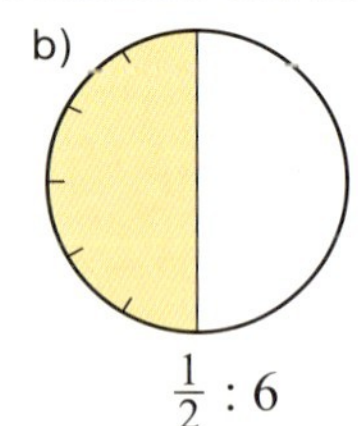 $\frac{1}{2} : 6$

c) 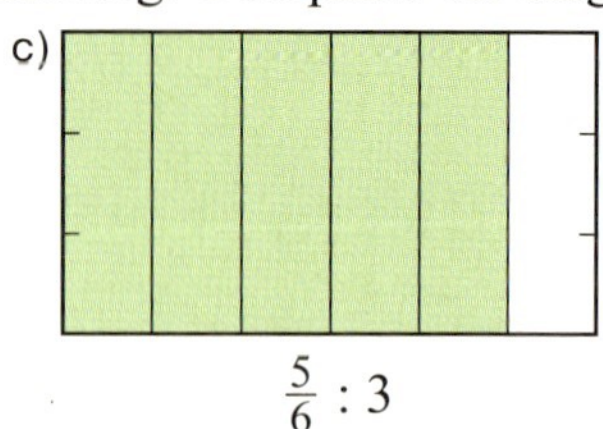 $\frac{5}{6} : 3$

d) 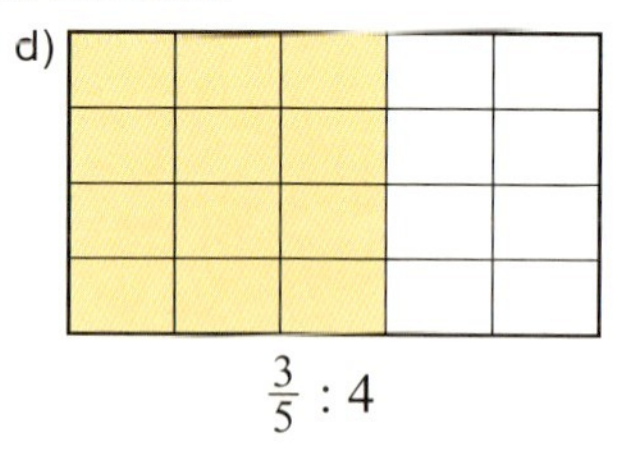 $\frac{3}{5} : 4$

2 Zeichne Quadrate, die 6 Kästchen breit sind. Löse die Aufgaben mit der Zeichnung.

a) $\frac{1}{2} : 3$ b) $\frac{2}{3} : 2$ c) $\frac{5}{6} : 2$ d) $\frac{2}{3} : 3$ e) $\frac{1}{6} : 6$ f) $\frac{3}{4} : 9$

3 a) $\frac{9}{10} : 3$ b) $\frac{3}{5} : 2$ c) $\frac{5}{7} : 10$ d) $\frac{3}{20} : 12$ e) $\frac{9}{20} : 6$ f) $\frac{8}{9} : 12$

$\frac{3}{4} : 5$ $\frac{8}{9} : 4$ $\frac{7}{10} : 14$ $\frac{5}{9} : 15$ $\frac{12}{25} : 16$ $\frac{27}{50} : 18$

4 a) $1\frac{1}{4} : 5$ b) $4\frac{1}{2} : 3$ c) $4\frac{4}{15} : 24$ d) $1\frac{3}{10} : 10$ e) $5\frac{5}{6} : 10$ f) $6\frac{3}{8} : 3$

5 Für das Schulfest haben Sara, Stefanie und Pia gemeinsam fünf Kuchen gebacken. Sie verbrauchten dazu $1\frac{7}{8}$ kg Zucker. Wie viel kg waren für jeden Kuchen nötig?

6 Aus einem $1\frac{1}{2}$ m langen Draht werden die folgenden Figuren gebogen. Sämtliche Seiten einer Figur sind gleich lang. Berechne jeweils die Länge einer Seite.

a) 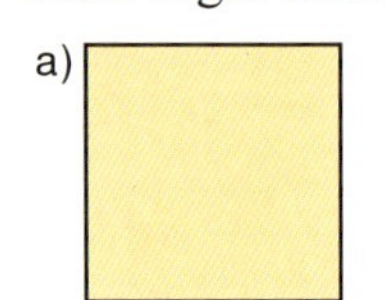

b) 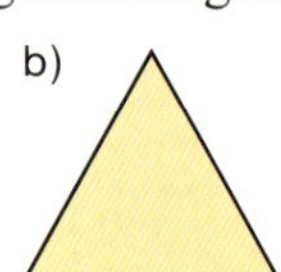

c) 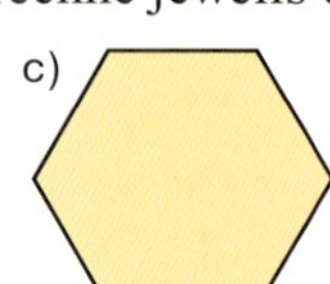

d) 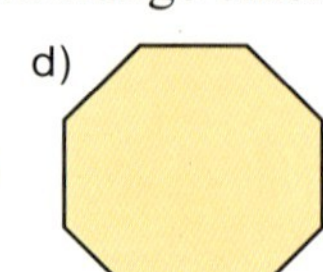

e) 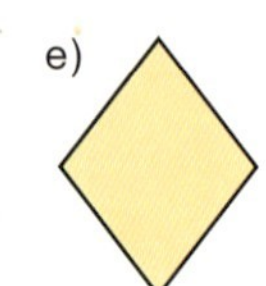

f) 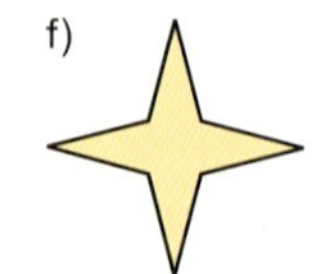

1 Daniela und Isabel haben aufgeschrieben, wie viel Zeit sie für regelmäßige Tätigkeiten verplant haben. Vergleiche Ihre Notizen.

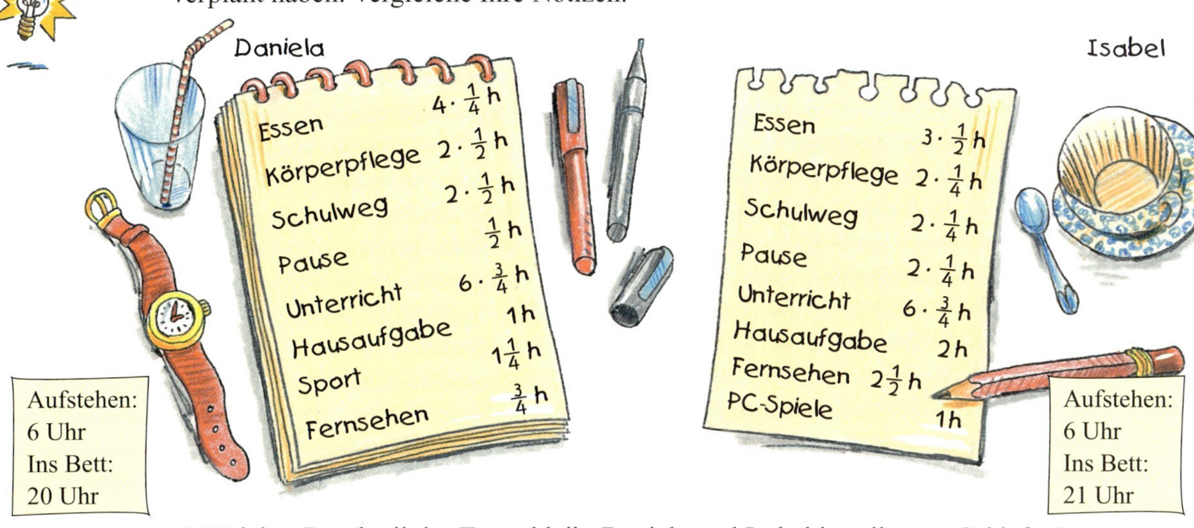

a) Welcher Bruchteil des Tages bleibt Daniela und Isabel jeweils zum Schlafen?
b) Welchen Bruchteil des Tages haben sie jeweils auf ihren Zetteln schon fest verplant? Gib auch in Stunden an.
c) Welchen Bruchteil des Tages haben sie jeweils übrig für Freunde, Spielen usw.?
d) Wie verbringst du deine Zeit? Schreibe auf. Vergleiche.

2 Für die 240 Schülerinnen und Schüler der Pestalozzi-Hauptschule soll ein zusätzliches Freizeitangebot eingerichtet werden. Es wurden folgende Lieblingssportarten genannt:

Inline-Skating	Streetball	Tennis	Schwimmen	Rad fahren
$\frac{5}{24}$	$\frac{1}{8}$	$\frac{1}{12}$	$\frac{3}{16}$	$\frac{5}{48}$

a) Wie viele Schüler sind das jeweils?
b) Die anderen Schüler spielen am liebsten Fußball. Wie viele Fußballer sind es? Wie hoch ist der Anteil der Fußballspieler? Erkläre deinen Rechenweg.
c) Die drei beliebtesten Sportarten sollen in das Freizeitangebot aufgenommen werden.

3 Auf die Weihnachts-, Oster- und Pfingstferien fallen zu gleichen Teilen $\frac{3}{7}$ der gesamten Freizeit. Die Herbstferien nehmen etwa $\frac{1}{13}$ ein. Insgesamt gibt es 91 unterrichtsfreie Tage.

	1. Ferientag
Herbstferien	27. 10.
Weihnachtsferien	23. 12.
Osterferien	06. 04.
Pfingstferien	02. 06.
Sommerferien	15. 07.

a) Wie viele Tage dauern jeweils die Ferien?
b) Wie könnte der Ferienplan für Niedersachsen aussehen?
c) Tatsächlich sind die Herbstferien zwei Tage kürzer, die Sommerferien dafür um zwei Tage länger.

4 In den Sommerferien machen Carina, Lisa und Helen mit ihren Eltern eine achttägige Radtour durch die Lüneburger Heide. Am ersten Tag legen sie $\frac{3}{16}$, am zweiten Tag $\frac{1}{4}$, am dritten Tag $\frac{1}{20}$, am vierten Tag $\frac{1}{8}$, am fünften Tag $\frac{3}{20}$ und am sechsten Tag $\frac{1}{16}$ der Fahrt zurück.
a) Welcher Bruchteil bleibt für die beiden letzten Tage?
b) Die Fahrt ist 360 km lang. Wie viel Kilometer schaffen sie an den einzelnen Tagen?

Station 1 Primzahlen

Eratosthenes (275 bis 195 v. Chr.) hat so die Primzahlen gefunden **(Sieb des Eratosthenes):**
Schreibe alle Zahlen von 2 bis 100 auf. 2 ist die erste Primzahl. Streiche nun alle Vielfachen von 2 durch. 3 ist die nächste Primzahl. Streiche nun alle Vielfachen von 3 durch. 5 ist die nächste Primzahl. Setze das Verfahren fort.

Schreibe alle Primzahlen bis 100 auf.

Station 7 Teiler

So kannst du die Teiler einer Zahl bestimmen:

$48 = 1 \cdot 48$
$48 = 2 \cdot 24$
$48 = 3 \cdot 16$
$48 = 4 \cdot 12$
$48 = 6 \cdot 8$

Teiler von 48: 1, 2, 3, 4, 6, 8, 12, 16, 24, 48

Bestimme ebenso die Teiler von:
18, 20, 24, 40, 60, 90, 100, 144, 200

Station 6 Platten legen

a) Mit 12 Platten kann man verschiedene Rechteckmuster legen.
Wie viele Möglichkeiten ergeben sich für 13 Platten?

b) Kann man mit 17 (18, 19, 24, 31, 32) Platten verschiedene Rechteckmuster legen?

c) Gib alle Plattenzahlen zwischen 1 und 20 an, mit denen man nur eine Reihe legen kann.

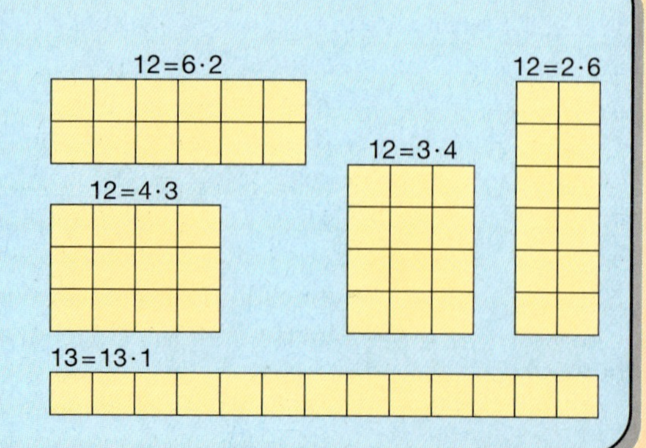

Station 2 Würfelspiel: Brüche vergleichen

Spiele mit deinem Partner „Brüche vergleichen“. Jeder würfelt zweimal. Die kleinere Augenzahl bestimmt den Zähler, die größere den Nenner des Bruches. Schreibe die Brüche auf. Wer den größeren Bruch gewürfelt hat, bekommt einen Punkt. Gewinner ist, wer am Schluss die meisten Punkte hat.

Beispiel: Christina: ⚅ ⚃ Vanessa: ⚃ ⚄

$\frac{4}{6} < \frac{4}{5}$ Vanessa hat gewonnen.

Station 3 Zeichnen und Denken

Zeichne ein Rechteck (9 cm lang und 4 cm breit) mehrmals. Färbe den angegebenen Teil.

a) $\frac{3}{4}$ b) $\frac{2}{3}$ c) $\frac{5}{6}$

d) $\frac{11}{12}$ e) $\frac{7}{9}$ f) $\frac{7}{36}$

Station 4 Zauberquadrate

Zeichne ab und ergänze zu einem Zauberquadrat.

a)

$\frac{4}{9}$	?	?
$\frac{1}{3}$	$\frac{5}{9}$	?
$\frac{8}{9}$	?	?

Summe: ?

b)

?	$\frac{7}{10}$	?
?	$\frac{1}{2}$	?
$\frac{2}{5}$	$\frac{3}{10}$	?

Summe: ?

Station 5 Vier ist Sieger – ein Spiel für zwei Personen

Jeder Mitspieler schreibt zu jedem Bruch auf dem Spielfeld einen wertgleichen Bruch auf farbige Kärtchen.
Übertragt den Spielplan auf Pappe. Die Mitspieler legen abwechselnd ihre farbigen Kärtchen auf die entsprechenden Ergebnisfelder. Ziel ist es, vier eigene Kärtchen zusammenhängend in eine Reihe zu legen (waagerecht, senkrecht oder diagonal).

$\frac{2}{24}$	$\frac{2}{5}$	$\frac{5}{30}$	$\frac{7}{20}$	$\frac{6}{18}$
$\frac{9}{20}$	$\frac{8}{18}$	$\frac{3}{8}$	$\frac{20}{24}$	$\frac{1}{5}$
$\frac{25}{100}$	$\frac{5}{16}$	$\frac{9}{15}$	$\frac{3}{10}$	$\frac{20}{30}$
$\frac{5}{8}$	$\frac{8}{10}$	$\frac{3}{6}$	$\frac{4}{12}$	$\frac{2}{15}$
$\frac{2}{16}$	$\frac{5}{12}$	$\frac{90}{100}$	$\frac{3}{20}$	$\frac{6}{8}$

$\frac{1}{12}$

$\frac{4}{48}$

Bleibe fit!

1 Bestimme den Bruchteil.
a) Von 9 Äpfeln sind 2 verdorben.
b) Ein Bus hat 54 Sitzplätze. 31 Plätze sind besetzt.
c) Ein Buch hat 140 Seiten. 35 Seiten sind gelesen.
d) 75 Teile eines 100-teiligen Puzzles sind zusammengefügt.

2 Kürze so weit wie möglich.
a) $\frac{36}{48}$; $\frac{45}{75}$; $\frac{750}{1000}$; $\frac{32}{160}$
b) $\frac{48}{72}$; $\frac{64}{80}$; $\frac{72}{120}$; $\frac{625}{1000}$
c) $\frac{80}{100}$; $\frac{54}{90}$; $\frac{108}{144}$; $\frac{180}{216}$

3 Ordne die Brüche der Größe nach.
a) $\frac{3}{4}$; $\frac{11}{12}$; $\frac{2}{3}$; $\frac{5}{6}$
b) $\frac{4}{5}$; $\frac{5}{6}$; $\frac{7}{8}$; $\frac{3}{4}$
c) $\frac{2}{3}$; $\frac{5}{8}$; $\frac{7}{12}$; $\frac{5}{9}$

4 Gib das Ergebnis, wenn möglich, als gemischte Zahl an.

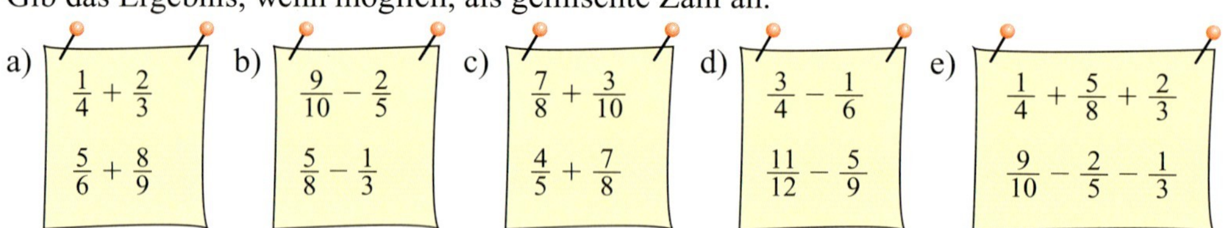

5 Christine gibt $\frac{1}{12}$ ihres Taschengeldes für Süßigkeiten aus, $\frac{1}{4}$ für Bücher und Zeitschriften, $\frac{1}{6}$ legt sie für CDs zurück.
a) Welcher Bruchteil bleibt übrig?
b) Sie bekommt 18 € Taschengeld. Wie viel Euro kann sie sparen?

6 Familie Mohr erwartet Besuch. Jenny soll 1 kg Wurst für das Abendessen besorgen. Sie hat bereits $\frac{1}{2}$ kg Aufschnitt, $\frac{1}{4}$ kg Schinken und $\frac{1}{8}$ kg Teewurst gekauft. Wie viel Kilogramm Leberwurst kann sie noch kaufen?

7

					a)	b)	c)	d)
$\frac{2}{3}$	$\frac{3}{4}$	$\frac{4}{5}$	$\frac{7}{8}$	·	3	7	6	12

					e)	f)	g)	h)
$1\frac{1}{3}$	$2\frac{2}{5}$	$4\frac{3}{8}$	$6\frac{9}{10}$	·	5	4	9	3

8 a) $\frac{1}{4}$ von 8 kg b) $\frac{2}{3}$ von 9 kg c) $\frac{3}{4}$ von 14 kg d) $\frac{2}{3}$ von 45 kg

9 a) $\frac{4}{9} : 4$ b) $\frac{2}{5} : 3$ c) $\frac{5}{6} : 2$ d) $3 : 5$ e) $1\frac{7}{9} : 3$

10 Marion übt täglich $\frac{3}{4}$ Stunden Klavier. Wie viele Stunden sind das in der Woche?

11 Herr Schmidt will für sechs Personen einen Rollbraten kaufen. Die Verkäuferin rät ihm, $1\frac{1}{2}$ kg zu nehmen. Von welcher Portionsgröße geht sie aus?

12 a) Schreibe die ersten 15 Vielfachen auf für die Zahlen 6, 7, 12, 16 und 25.
b) Schreibe alle Teiler auf für die Zahlen 16, 67, 35, 48 und 98.

13 Welche Zahlen sind durch 5 teilbar? Sind sie auch durch 10 teilbar?
a) 1579 b) 78 970 c) 6385 d) 45 350 e) 19 865 f) 37

Test 1

1 Welcher Bruchteil ist rot, gelb, blau oder grün gefärbt?

a)

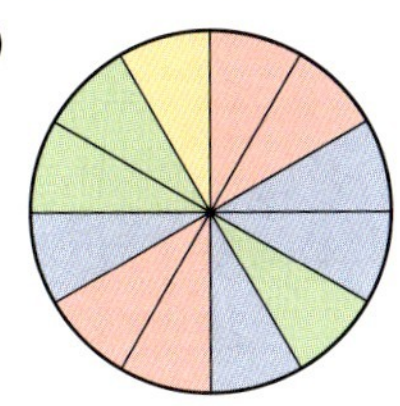

b)

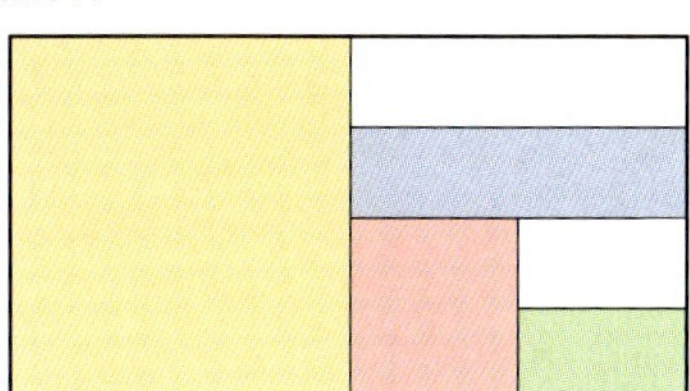

2 Kürze soweit wie möglich: a) $\frac{14}{28}$ b) $\frac{24}{60}$

3 Vergleiche die Brüche. Verwende die Zeichen < oder >.

a) $\frac{1}{5} \square \frac{1}{6}$ b) $\frac{3}{4} \square \frac{5}{8}$ c) $\frac{1}{4} \square \frac{3}{20}$ d) $\frac{4}{7} \square \frac{3}{5}$

4 a) $\frac{3}{14} + \frac{5}{14}$ b) $\frac{10}{11} - \frac{5}{11}$ c) $\frac{5}{6} + \frac{1}{4}$ d) $\frac{13}{20} - \frac{17}{30}$

5 a) $\frac{1}{8}$ von 18 kg b) $\frac{7}{10}$ von 50 *l* c) $\frac{5}{9}$ von 12 €

6 a) $\frac{4}{9} \cdot 3$ b) $\frac{11}{12} \cdot 9$ c) $\frac{8}{7} : 2$ d) $\frac{4}{5} : 6$

7 Landwirt Biehler hat $\frac{1}{2}$ seiner Bodenfläche mit Hopfen, $\frac{1}{5}$ mit Weizen und $\frac{1}{10}$ mit Kartoffeln bebaut. Welcher Bruchteil seiner Bodenfläche ist Wiese?

8 Frau Biehler trinkt jeden Tag $\frac{3}{8}$ *l* Vitaminsaft. Wie viel trinkt sie in einer Woche?

Test 2

1 Ordne nach der Größe. Beginnc mit dem größten Bruch. $\frac{1}{21}$; $\frac{3}{7}$; $\frac{5}{6}$; $\frac{7}{3}$; $\frac{1}{2}$

2 Bestimme fehlende Zähler oder Nenner.

a) $\frac{3}{4} = \frac{\square}{12}$ b) $\frac{4}{5} = \frac{100}{\square}$ c) $\frac{8}{9} + \frac{32}{\square}$ d) $\frac{11}{12} = \frac{44}{\square}$

3 a) $\frac{3}{21} + \frac{5}{7}$ b) $\frac{18}{20} - \frac{4}{10}$ c) $3\frac{3}{5} + 4\frac{2}{3}$ d) $3\frac{2}{3} - 3\frac{1}{4}$

e) $\frac{3}{19} + 7$ f) $2\frac{1}{6} + \frac{5}{9}$ g) $\frac{3}{4} \cdot 8$ h) $\frac{4}{5} \cdot 15$

i) $\frac{4}{5} : 6$ k) $\frac{5}{6} : 3$ l) $1\frac{7}{9} : 2$ m) $4\frac{2}{3} : 7$

4 Anja und Michael bereiten für eine Geburtstagsfeier Schokoladenpudding zu. Sie haben 7 Päckchen Puddingpulver gekauft. Für ein Päckchen brauchen sie $\frac{5}{8}$ *l* Milch.

5 Sarah macht Hausaufgaben. Für Englisch braucht sie $\frac{2}{3}$ h und für Mathematik $\frac{1}{4}$ h. Ihr Bruder Christoph sitzt an einem Aufsatz $\frac{3}{4}$ h, hat aber die Mathematikaufgaben in $\frac{1}{6}$ h geschafft. Wer ist schneller fertig?

6 Der Mensch besteht zu etwa $\frac{3}{5}$ aus Wasser.

a) Frau Heitmann weigt 60 kg. b) Herr Heitmann bringt 75 kg auf die Waage.

Wiederholen & Sichern

Rechenrallye – 2. Etappe

Bei der 2. Rechenrallye sollst du mit möglichst vielen Punkten am Ziel ankommen. Auf der 2. Etappe musst du mindestens 65 Punkte sammeln. Dann geht es auf die nächste Etappe. Viel Spaß

Nr.		Punkte
1	Addiere und subtrahiere im Kopf. a) 13 + 7 24 + 6 b) 35 − 22 46 − 14 c) 45 +55 63 + 37 d) 26 +18 17 + 25 e) 48 − 32 53 − 29	10
2	a) 46 + □ = 60 b) 100 − □ = 15 c) □ − 14 = 34 53 + □ = 100 300 − □ = 154 □ − 26 = 63 69 + □ = 80 500 − □ = 251 □ − 45 = 6	3 3 3
3	Schreibe untereinander und berechne. a) 12 546 + 23 813 b) 5478 − 1265 9403 + 11 048 20 319 − 8387	4 4
4	a) Addiere zur Summe der Zahlen 17 und 45 die Zahl 9. b) Subtrahiere von der Differenz der Zahlen 35 und 18 die Zahl 2. c) Addiere zur Differenz der Zahlen 87 und 29 die Zahl 32. d) Subtrahiere von der Summe der Zahlen 91 und 19 die Zahl 12.	2 2 2 2
5	Wandle in Euro um. a) 567 ct 702 ct b) 3456 ct 2002 ct c) 87 ct 72 ct d) 8 ct 3 ct e) 4070 ct 14 570 ct	10
6	Folgende Beträge müssen an der Kasse bezahlt werden. Wie viel Euro und Cent gibt die Kassiererin auf einen 20-€-Schein zurück? a) 17 € 15 € 20 ct b) 16 € 40 ct 12 € 35 ct c) 5 € 30 ct 3 € 25 ct d) 9 € 45 ct 7 € 6 ct	8
7	Von den 71 Schülern der 6. Klassen spielen 18 nur Baseball, 25 nur Basketball und 12 Schüler beide Sportarten. Wie viele Schüler nehmen an keiner Sportart teil?	3
8	a) Welcher Bruchteil ist dargestellt? b) Ordne nach der Größe. (1) (2) (3) (4) (5)	5 5
9	Bestimme den Bruchteil. a) Von sieben Orangen sind zwei verdorben. b) Ein Buch hat 180 Seiten. 65 Seiten sind schon gelesen. c) Von 38 Autos auf dem Parkplatz sind 4 rot.	2 2 2
10	a) $\frac{4}{7}+\frac{2}{7}$ $\frac{5}{13}+\frac{3}{13}$ b) $\frac{8}{25}-\frac{9}{25}$ $\frac{56}{100}-\frac{35}{100}$ c) $\frac{3}{8}+\frac{7}{16}$ $\frac{1}{12}+\frac{4}{9}$ d) $\frac{4}{7}-\frac{1}{3}$ $\frac{3}{4}-\frac{2}{5}$	2 2 2 2 80

Was bedeuten die Stellen vor und hinter dem Komma?

Olympische Spiele Athen 2004 400-m-Lauf der Frauen			
Name	**Bahn**	**Land**	**Zeit**
Antjuch, N.	1	RUS	49,89
Trotter, D.	2	USA	50,00
Amertil, C.	3	BAH	50,37
Williams-Darling, T.	4	BAH	49,41
Hennagan, M.	5	USA	49,97
Guevara, A.	6	MEX	49,56
Nasarowa, N.	7	RUS	50,65
Richards, S.	8	USA	50,19

neunundvierzig Komma acht neun

1 a) In welcher Reihenfolge haben die Endlaufteilnehmerinnen das Ziel erreicht?
b) Lies die Zeiten richtig. Was bedeuten die Stellen vor und hinter dem Komma?
c) Der Weltrekord in dieser Disziplin liegt bei 47,60 s (Marita Koch, 1985). Vergleiche. Wie viele Meter läufst du in dieser Zeit?
d) Übertrage die Tabelle in dein Heft und schreibe die Zeiten wie im Beispiel.

$49{,}89\text{ s} = 49\text{ s} + \frac{8}{10}\text{ s} + \frac{9}{100}\text{ s}$

Zehner	Einer	Zehntel	Hundertstel
10	1	$\frac{1}{10}$	$\frac{1}{100}$
4	9	8	9

Einen Bruch mit dem Nenner 10, 100, 1000 ... kann man auch in Kommaschreibweise angeben (Dezimalbruch).

$0{,}1 = \frac{1}{10}$ — *lies:* null Komma eins

$0{,}01 = \frac{1}{100}$ — *lies:* null Komma null eins

$0{,}001 = \frac{1}{1000}$ — *lies:* null Komma null null eins

2 Schreibe mit Zehnerbrüchen.
a) 1,5 cm 3,2 cm 7,6 cm 9,8 cm 11,4 cm
b) 12,5 s 45,67 s 3,42 s 12,03 s 100,05 s
c) 2,14 m 4,25 m 7,48 m 8,72 m 10,16 m
d) 3,004 km 7,018 km 8,072 km 19,156 km
e) 1,90 m 4,68 m 10,045 m 32,684 m
f) 5,306 g 7,034 g 8,009 g 13,203 g

3 Schreibe wie im Beispiel.

$0{,}48\text{ m} = \frac{4}{10}\text{ m} + \frac{8}{100}\text{ m} = \frac{48}{100}\text{ m}$

a) 0,12 dm 0,75 dm 0,80 dm 0,3 dm 0,9 dm
b) 0,42 m 0,94 m 0,06 m 0,07 m 0,90 m
c) 0,003 km 0,005 km 0,057 km 0,118 km
d) 0,134 kg 0,507 kg 0,059 kg 0,752 kg

4 Notiere die gefärbten Bruchteile. Schreibe als Zehner- und Dezimalbruch.

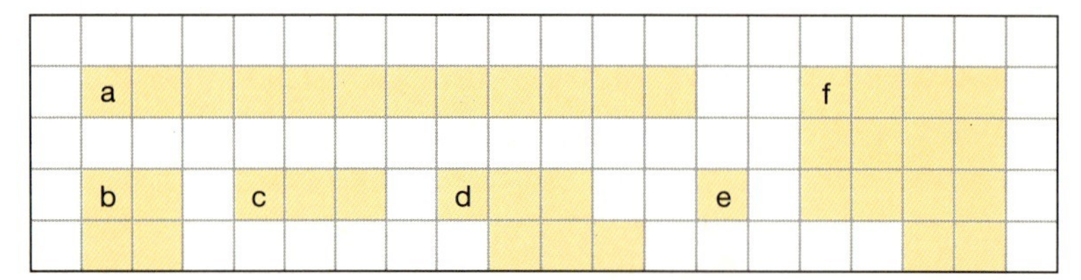

1 Schreibe als Dezimalbruch.

a) $\frac{8}{10}$	b) $\frac{89}{100}$	c) $\frac{12}{10}$	d) $\frac{5}{100}$	e) $5\frac{501}{1000}$
$\frac{45}{100}$	$\frac{7}{100}$	$\frac{224}{100}$	$\frac{13}{1000}$	$9\frac{7}{100}$
$\frac{762}{1000}$	$\frac{49}{1000}$	$\frac{413}{100}$	$\frac{4}{1000}$	$11\frac{107}{1000}$
$3\frac{4}{10}$	$6\frac{45}{1000}$	$\frac{5146}{1000}$	$2\frac{1}{1000}$	$23\frac{8}{1000}$

2 Die Stellenwerttafel lässt sich erweitern.

…	H	Z	E	z	h	t	zt	ht	…
…	100	10	1	$\frac{1}{10}$	$\frac{1}{100}$	$\frac{1}{1000}$	$\frac{1}{10000}$	$\frac{1}{100000}$	…
		3	6	0	4				
			9	6	5	0	1		

$36{,}04 = 36 + \frac{4}{100} = 36\frac{4}{100}$ $\qquad$ $9{,}6501 = 9 + \frac{6}{10} + \frac{5}{100} + \frac{1}{10000} = 9\frac{6501}{10000}$

a) Übertrage die Stellenwerttafel in dein Heft.
b) Trage folgende Zahlen ein und schreibe wie im Beispiel.
45,901 60,7008 103,012 3,12065 206,00345 0,1706 17,0006 1,70006
c) Schreibe in Stufenzeichen. 9,6501 = 9E 6z 5h 1zt
d) Diktiere deinem Partner weitere Zahlen. Bestimme, auf welche Art er sie schreiben soll.

3 Trage in deine Stellenwerttafel ein. Schreibe als Dezimalbruch.

a) 4E 8z 5h	b) 9E 1z 4h	c) 7E 9h 3t	d) 8Z 2t	e) 9H 1E 7h
5Z 6E 9z 7h	2Z 7z 3t	8Z 3z 5t	4H 3Z 8z	3H 2z 5t
6H 7Z 3E 6z 9h 3t	3Z 4h 8t	9E 1h	5H 9E 9h	6H 4t 1zt

4 Schreibe als Dezimalbruch.

a) $\frac{7}{10}$ $\frac{850}{1000}$ $\frac{991}{10000}$ $\frac{56}{1000}$ $5\frac{4}{10000}$
b) $2\frac{9}{1000}$ $3\frac{4}{100}$ $6\frac{23}{1000}$ $10\frac{7}{10000}$ $2\frac{3}{10000}$
c) $\frac{12}{100}$ $\frac{14}{10000}$ $\frac{112}{1000}$ $\frac{8}{10000}$ $\frac{37}{1000000}$
d) $30\frac{4}{100}$ $21\frac{3}{10}$ $80\frac{5}{10000}$ $70\frac{17}{1000}$ $6\frac{241}{10000}$

5 Welche Zahlen haben den gleichen Wert?

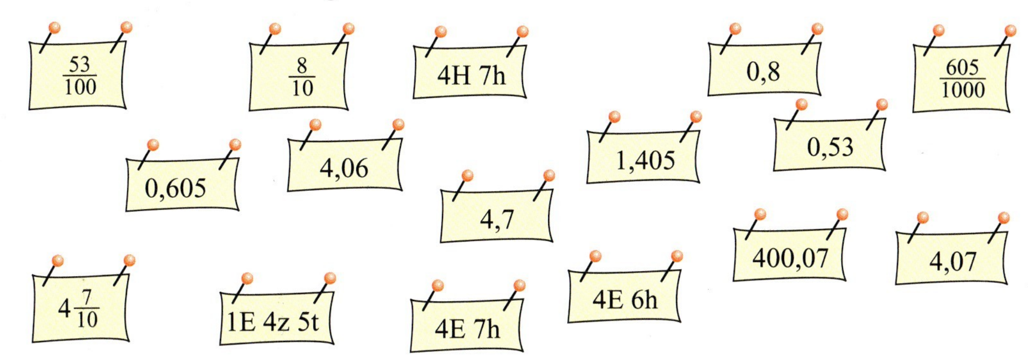

1 Brüche und Dezimalbrüche lassen sich am Zahlenstrahl darstellen.

a) Übertrage den Zahlenstrahl in dein Heft. Beschrifte die markierten Punkte.

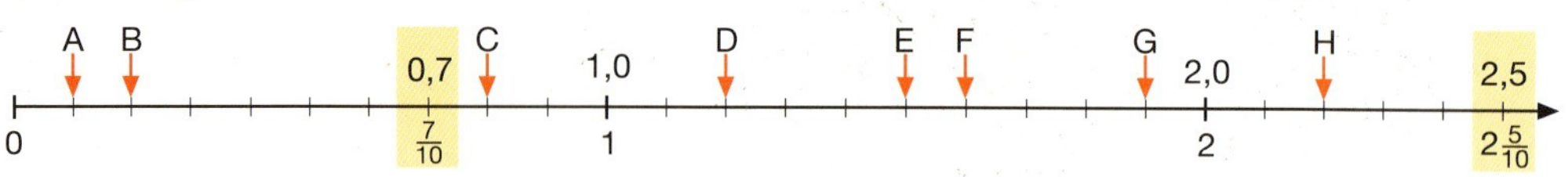

b) Zeichne den Ausschnitt des Zahlenstrahls zwischen den Zahlen 4 und 6 in dein Heft. Markiere folgende Punkte.

4,4 5,7 $4\frac{9}{10}$ 4,1 5,9 $4\frac{3}{10}$ $5\frac{1}{10}$ 4,2 $\frac{54}{10}$ $\frac{43}{10}$ 5,85 4,25

2 a) Übertrage. Beschrifte wie im Beispiel.

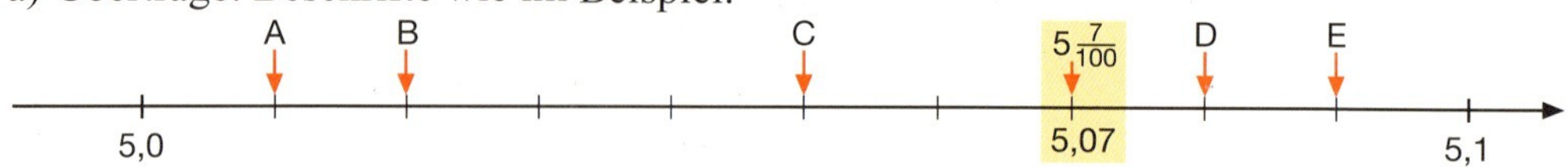

b) Zeichne den Ausschnitt des Zahlenstrahls zwischen den Zahlen 7,1 und 7,2 in dein Heft. Markiere folgende Punkte.

7,13 7,18 $7\frac{15}{100}$ $7\frac{14}{100}$ 7,11 7,17 $\frac{719}{100}$ $\frac{716}{100}$ 7,175 7,125

3 a) Ordne jedem Gefäß die passenden Flüssigkeitsmengen zu. Erkläre.

b) Durch Kürzen oder Erweitern auf einen Bruch mit dem Nenner 10, 100, 1000,...kannst du deine Zuordnung überprüfen.

$\frac{1}{2} = \frac{1 \cdot 5}{2 \cdot 5} = \frac{5}{10} = 0{,}5$ $\qquad 0{,}75 = \frac{75}{100} = \frac{75 : 25}{100 : 25} = \frac{3}{4}$

4 Erweitere auf Zehnerbrüche und schreibe als Dezimalbruch. $\frac{3}{5} = \frac{6}{10} = 0{,}6$

Diese Brüche brauchst du oft.

a) $\frac{1}{5}$ $\frac{1}{20}$ $\frac{3}{25}$ $\frac{1}{4}$ $\frac{6}{50}$

b) $\frac{2}{5}$ $\frac{4}{5}$ $\frac{7}{20}$ $\frac{8}{25}$ $\frac{12}{50}$

c) $\frac{11}{20}$ $\frac{17}{20}$ $\frac{9}{25}$ $\frac{28}{50}$ $\frac{32}{50}$

d) $\frac{3}{5}$ $\frac{3}{4}$ $\frac{3}{10}$ $\frac{24}{25}$ $\frac{19}{20}$

5 Kürze auf Zehnerbrüche und schreibe als Dezimalbruch. $\frac{84}{70} = \frac{12}{10} = 1{,}2$

a) $\frac{24}{40}$ $\frac{12}{30}$ $\frac{16}{40}$ $\frac{21}{30}$ $\frac{18}{60}$

b) $\frac{14}{70}$ $\frac{8}{80}$ $\frac{48}{80}$ $\frac{68}{200}$ $\frac{36}{300}$

c) $\frac{64}{80}$ $\frac{52}{200}$ $\frac{45}{500}$ $\frac{72}{60}$ $\frac{124}{40}$

d) $\frac{25}{500}$ $\frac{51}{30}$ $\frac{76}{40}$ $\frac{120}{800}$ $\frac{81}{90}$

Name	kg	m
Pia	37,8	1,41
Chris	43,8	1,49
Hanifi	45,8	1,48
Martin	44,3	1,52
Sabrina	45,8	1,53
Maria	35,3	1,39
Thomas	44,3	1,50
Noah	46,8	1,55
Susi	37,9	1,42

Name	kg	m
Anja	36,8	1,43
Hakan	45,9	1,5
Sofie	42,3	1,52
Moritz	43,7	1,51
Philipp	47,3	1,57
Kevin	45,7	1,50
Sarah	39,3	1,52
Herr Müller	86,3	1,76

1 Vergleiche. Ordne die Kinder nach dem Gewicht (Größe) und trage die Maße in eine Stellenwerttafel ein.

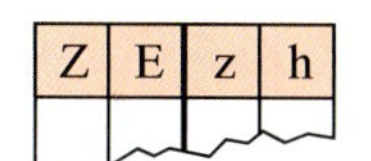

2 Führt die Größenmessungen in eurer Klasse durch.

3 Vergleiche. Setze > oder < ein.

a) 9,51 ■ 7,64; 0,84 ■ 0,90; 1,23 ■ 1,39
b) 0,505 ■ 0,055; 0,7 ■ 0,699; 0,899 ■ 0,9
c) 8,007 ■ 8,071; 41,43 ■ 42,34; 73,633 ■ 73,360
d) 0,073 ■ 0,703; 11,101 ■ 11,110; 0,777 ■ 0,770

4 Ordne nach der Größe. Beginne mit der kleinsten Zahl.

a) 6,14 0,614 0,593 0,6041 5,93
b) 30,02 30,21 3,21 32,1 3,021
c) 3,25 3,205 3,025 5,32 2,53
d) 8,067 7,87 6,086 0,607 0,876
e) 0,072 7,2 2,07 0,27 2,071
f) 1,01 11,1 0,111 11,01 0,011
g) 14,08 1,28 18,04 1,84 0,814
h) 7,25 7,325 7,052 7,353 7,253

5 Das sind die Ergebnisse des 50-m-Laufes der Mädchen. Lege die Reihenfolge fest.

Pia	Sabrina	Maria	Susi	Anja	Sofie	Sarah	Eva	Antonia
9:23	10:08	8:52	9:33	8:74	10:35	9:37	8:90	7:94

6 Notiere jeweils drei Zahlen, die zwischen den Dezimalbrüchen liegen.

a) 7,2 < ■ < 7,8
b) 3,3 < ■ < 3,7
c) 15,31 < ■ < 16,33
d) 3,14 < ■ < 3,18
e) 5,564 < ■ < 5,700
f) 8,65 < ■ < 8,69
g) 6,40 < ■ < 6,44
h) 4,560 < ■ < 4,570
i) 13,5 < ■ < 13,6

Mikado

In welcher Reichenfolge musst du die Stäbchen hochheben? Nichts darf wackeln!

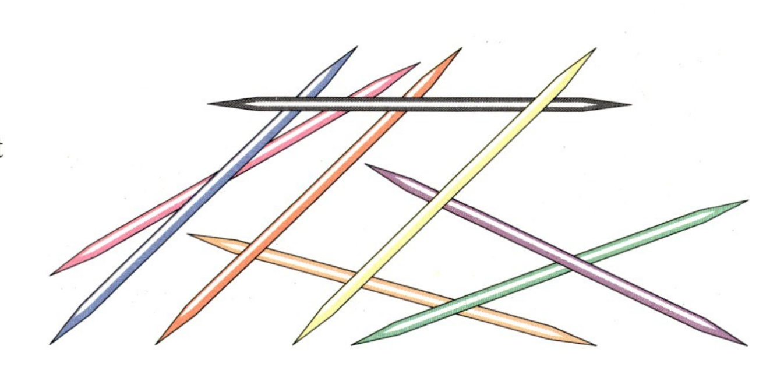

1 a) Notiere die gekennzeichneten Dezimalbrüche.

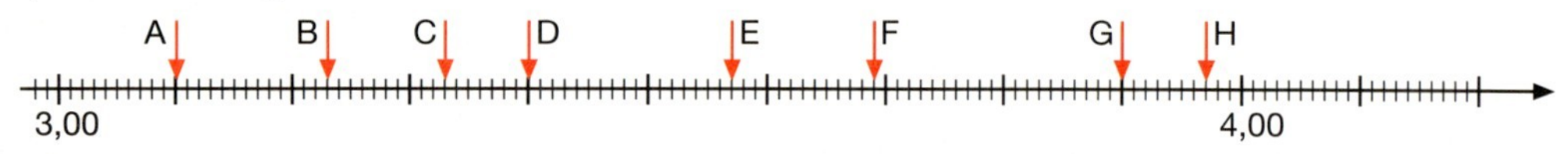

b) Setze < oder > ein. Hilft dir der Zahlenstrahl?

4,15 ■ 3,25   3,98 ■ 4,08   3,12 ■ 3,2   3,5 ■ 3,51
3,50 ■ 3,05   3,8 ■ 3,79   3,48 ■ 3,5   4,01 ■ 4,10

2 Wo liegen diese Zahlen am Zahlenstrahl? Was stellst du fest?
a) 3,5 3,50 3,500   b) 3,81 3,810 3,8100

Erweitern:	Kürzen:
0,6 = 0,60 = 0,600	0,200 = 0,20 = 0,2
weil $\frac{6}{10} = \frac{60}{100} = \frac{600}{1000}$	weil $\frac{200}{1000} = \frac{20}{100} = \frac{2}{10}$

Endnullen darf man anhängen oder weglassen. Der Wert bleibt gleich.

3 Erweitere mit 10 (100, 1000). Schreibe jeweils auch als Zehnerbruch.
a) 0,4 b) 0,8 c) 0,43 d) 0,91 e) 0,98 f) 0,042 g) 1,2 h) 3,03 i) 18,04 k) 18,4

4 Kürze so weit wie möglich.
a) 0,0800 0,63000 0,90000 0,2030   b) 4,700 28,40 100,8 6,3000 10,060

5 Wie wurde erweitert?
a) 0,6 = 0,600   b) 0,607 = 0,6070   c) 0,0901 = 0,090100   d) 3,2 = 3,2000

6 Auf welche Nullen kann der Wurm verzichten, auf welche nicht?

7 Notiere die gekennzeichneten Dezimalbrüche. Schreibe mit drei Stellen nach dem Komma.

8 a) Übertrage diesen Zahlenstrahl auf Millimeterpapier.

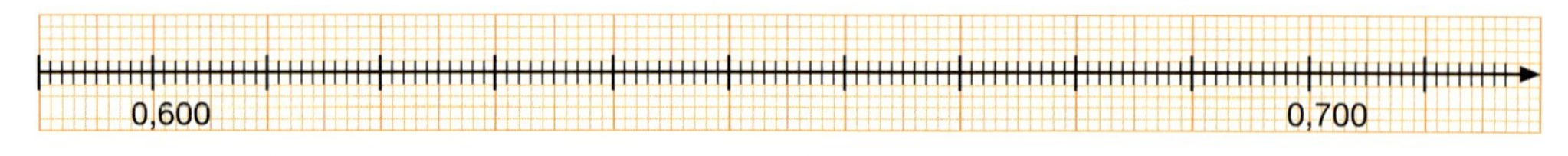

b) Trage ein: 0,640 0,648 0,650 0,667 0,698 0,715 0,723 0,621 0,634 0,699

9 Wähle jeweils selbst einen geeigneten Zahlenstrahlausschnitt, an dem du folgende Dezimalbrüche eintragen kannst. Erläutere die Einteilung deiner Skala.
a) 0,851 0,84 0,850 0,834 0,873 0,86 0,844 0,9
b) 7,54 7,3 7,10 7,45 7,5 7,80 7,51 7,63

1

Claudia: *„Die Mädchen sind alle gleich weit gesprungen. Alle so um die 3 Meter".*
Bert: *„Steffi war klar die weiteste. Fast 3,10 m, eine tolle Leistung. Sema und Yvonne sind mit rund 2,90 m doch deutlich zurück".*

a) Beurteile die Aussagen.
b) Vergleiche die Sprungergebnisse bei den Jungen.
c) Runde die Sprungergebnisse auf volle Meter (auf Dezimeter) genau.

5,70 | 5,71 | 5,72 | 5,73 | 5,74 | 5,75 | 5,76 | 5,77 | 5,78 | 5,79 | 5,80

5,70 abrunden bei 0,1,2,3,4 — aufrunden bei 5,6,7,8,9 5,80

Runde 5,746 auf Hundertstel.

h
5,746 ≈ 5,75
Gib an, ob auf- oder abgerundet wird.
Auf diese Stelle soll gerundet werden.

Ich markiere die Stelle, auf die ich runden soll.

2 Runde

a) auf Zehntel:	4,37	12,84	4,4343	12,105	0,98	96,076
b) auf Hundertstel:	8,583	7,136	0,983	10,3507	6,0975	0,965
c) auf Tausendstel:	9,0346	6,0785	8,64493	1,4395	346,99748	10,0098

3 Runde auf Hundertstel (auf Tausendstel, auf Zehntel).

a) 13,4781	b) 11,0054	c) 67,6667	d) 114,2009	e) 0,0735	f) 4,6789
g) 7,0968	h) 2,2525	i) 14,0099	k) 99,9494	l) 1,11999	m) 299,99278

4 Max macht mit seinen Eltern im Urlaub eine Radtour. Mit seinem neuen Kilometerzähler misst er die Entfernung zwischen den einzelnen Dörfern. Welche Kilometerangaben stehen wohl auf den Ortsschildern?

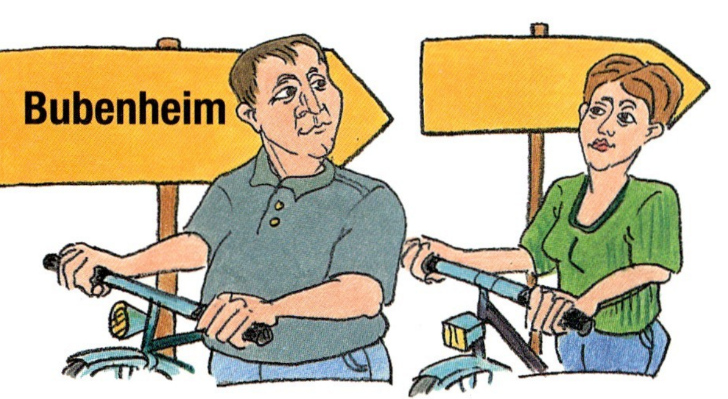

1 Runde die Längen im Heft auf m, dm und cm.

	Beispiel	a)	b)	c)	d)	e)	f)	g)
Runde	4,715 m	6,464 m	0,837 m	10,495 m	7,608 m	13,406 m	0,068 m	2,955 m
auf m	5 m							
auf dm	4,7 m							
auf cm	4,72 m							

2 a) Runde auf kg: 9,920 kg 8,068 kg 13,550 kg 19,4 kg 71,72 kg 128,397 kg
b) Runde auf km: 11,7 km 10,084 km 20,03 km 48,5 km 101,19 km 99,5 km

3 Schreibe alle Dezimalbrüche mit drei Stellen nach dem Komma zwischen 0,680 und 0,689 auf und runde sie auf Hundertstel.

4 Wie heißt die kleinstmögliche bzw. größtmögliche Zahl, die zum angegebenen Rundungsergebnis führt (mit 2 Dezimalstellen)?

3,85 ⟶ **3,90** ⟵ 3,94

a) 6,7 b) 45,9 c) 24,78 d) 3,4 e) 4,03 f) 0,1

5 Die nachfolgenden Zahlen wurden gerundet. Schreibe alle Dezimalbrüche mit drei Stellen nach dem Komma auf, die beim Runden die angegebene Zahl liefern.
a) 5,87 b) 6,31 c) 8,04 d) 3,30 e) 965,34 f) 0,31

6 Auf der Erde leben zur Zeit ungefähr 6,409 Mrd. Menschen.
a) Auf welche Stelle wurde gerundet?
b) Schreibe ohne Komma.
c) Gib die kleinstmögliche und größtmögliche Zahl an, die zu dieser gerundeten Bevölkerungszahl führt.

7 In Deutschland gibt es drei Millionenstädte.
a) Vergleiche Einwohnerzahl und Fläche mit deiner Stadt.
b) Schreibe die Einwohnerzahlen in Millionen und runde auf Hunderttausend.
c) Gib mit 3 Stellen nach dem Komma die kleinstmögliche und die größtmögliche Zahl an, die zu diesen Flächenangaben führen.

Stadt	Fläche	Einwohner
Berlin	889,11 km²	3 388 434
Hamburg	755,33 km²	1 726 363
München	310,47 km²	1 227 958

Ausgaben des Landkreises

Gesundheit, Sport, Erholung	96,6 Mio €
Verkehrswegenetz	74,2 Mio €
Schulen	42,4 Mio €
Verwaltungseinrichtungen	12,5 Mio €
Altenheime und sonstige soziale Einrichtungen	8,8 Mio €
Allgemeiner Grunderwerb und Wohnungsbau	7,3 Mio €
Abfallwirtschaft und sonstige öffentliche Einrichtungen	4,6 Mio €
Kulturelle Maßnahmen	3,3 Mio €
Öffentliche Sicherheit und Ordnung	2,7 Mio €
Insgesamt	**252,4 Mio €**

8 Die Tabelle zeigt dir, für welche Bereiche der Landkreis in den letzten Jahren Geld ausgegeben hat.
a) Schreibe alle Zahlen ohne Komma.
b) Runde auf Millionen und addiere. Vergleiche mit der Tabelle.
c) Informiere dich über die Ausgaben deines Landkreises.

1

a)
0,2 + 1,3
5,4 + 6,3
3,2 + 1,4
14,1 + 2,8
0,7 + 3,5

b)
4,8 − 3,6
10,8 − 4,4
6,3 − 2,1
8,3 − 0,4
15,9 − 4,5

c)
7,2 − 3,6
5,9 + 3,3
8,3 − 6,5
21,9 − 10,8
14,4 + 7,8

d)
12,34 + 10,21
54,80 − 24,15
75,85 − 12,65
44,12 + 20,36
81,30 + 0,21

2
a) 0,5 m + 3,4 m b) 6,7 kg + 8,9 kg c) 3,5 km + 12,8 km d) 10,8 g + 11,3 g
e) 3,40 cm − 2,35 cm f) 5,85 cm − 4,25 cm g) 13,4 km − 10,5 km h) 17,3 m − 3,8 m
i) 12,9 kg + 1,3 kg k) 34,4 dm + 12,6 dm l) 24,26 cm − 4,16 cm m) 28,7 m − 25,6 m

3 a) b)

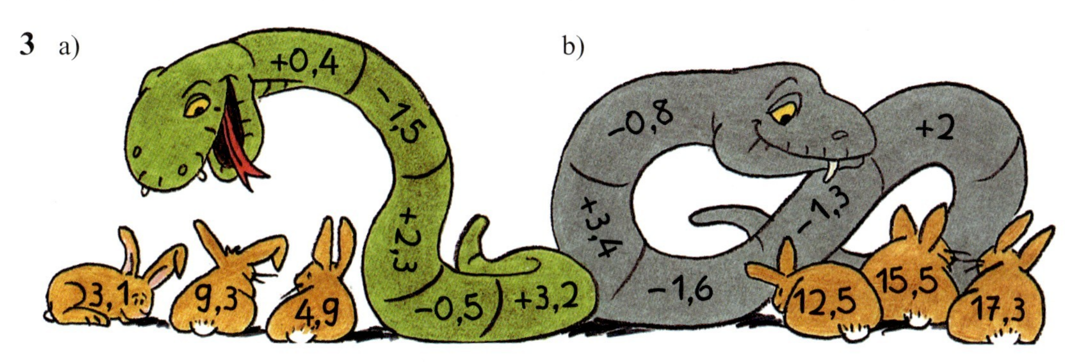

4 Suche die Zahlenpaare, die als Summe 14,8 ergeben. 3,9 + 10,9 = 14,8

3,9 0,9 0,7 13,9 9,2
1,3 14,1 5,6 10,9 7,8
7 2,4 13,5 6,2 8,6 12,4

5 Ersetze den Platzhalter.
a) 4,8 + ▪ = 9,9 b) ▪ − 2,5 = 6,8 c) 14,3 + ▪ = 17,8
d) 3,6 + ▪ = 15,8 e) ▪ − 4,5 = 20,3 f) 17,4 − ▪ = 12,1
g) 0,8 + ▪ = 6,3 h) 12,56 + ▪ = 17,70 i) 21,85 − ▪ = 18,44

5,8 0,6 3,3 1,3 1,6 3,1 5,4 3,7 10,8 6,4

6 Beim Pfeilwerfen musst du von einer vorgegebenen Punktzahl die Zahlen der getroffenen Felder abziehen, um genau Null zu erreichen. Beginne mit 9,7 (12,4; 17,9) Punkten. Wirf deine Pfeile geschickt.

7 Zauberquadrate.

a)

1,8	▪	▪
4,2	▪	▪
▪	▪	3,0

Summe: 7,2

b)

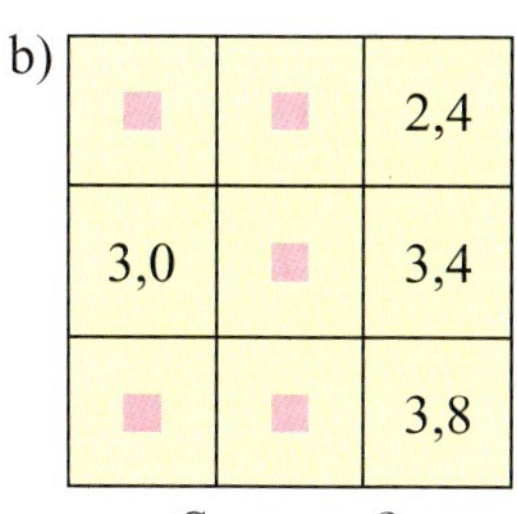

▪	▪	2,4
3,0	▪	3,4
▪	▪	3,8

Summe: ?

SAEFTE	2	3,99
GEMUESE	1	6,49
QUARK	2	1,19
EIER	1	2,79
SUMME		14,46
BAR		20,00
RUECKGELD		5,54

KASSE 3/ 3 Bon 25 PC 1H
DATUM: 24.07.05 ZEIT: 10:47:05

Mo.-Mi. 7.30-19.00 Uhr
Do.-Fr. 7.30-20.00 Uhr
Sa. 7.30-14.00 Uhr

Wir danken für Ihren Einkauf.

1 a) Links siehst du einen Kassenzettel aus dem Supermarkt. Wie wurde gerechnet?
b) Herr Arnold kauft für 13,98 €, 99 ct, 12,79 € und 1,89 € ein. Er bezahlt mit einem 50-€-Schein. Schreibe den Kassenzettel.

2 Frau Wolf hat für 3,33 €, 9,85 €, 8 € und 1,15 € eingekauft. Thomas überprüft. Was hat er falsch gemacht?

Addieren

	H	Z	E,	z	h	t
		3	8,	6	5	7
+			7,	0	3	5
+	2	7	5,	7	2	4
	1	2	1	1	1	
	3	2	1,	4	1	6

Komma unter Komma.

Subtrahieren

	H	Z	E,	z	h	t
	5	7	8,	6	8	3
−		8	3,	2	9	0
	1			1		
	4	9	5,	3	9	3

3 Silvia kauft Waren für 99 ct, 7,88 €, 2,95 € und 78 ct ein. Sie bezahlt mit einem 20-€-Schein. Wie viel Euro bekommt sie zurück?

4 Rechne aus.
a) 8,736 + 4,123
b) 14,936 + 8,008
c) 326,324 + 19,457
d) 18,738 − 7,616
e) 56,346 − 49,817
f) 83,608 − 67,439

5 Schreibe richtig untereinander. Rechne.

a)	b)	c)	d)
15,4 + 23,3	67,62 + 19,37	53,460 + 28,841	56,257 + 29,83
29,81 + 43,67	112,86 + 83,45	87,214 + 34,795	268,17 + 59,039
17,74 + 35,45	147,75 + 34,67	176,342 + 53,663	79,03 + 131,678

Ergänze Nullen für fehlende Ziffern nach dem Komma.

6

a)	b)	c)	d)
19,8 − 14,5	83,671 − 25,343	96,037 − 7,628	81,4 − 56,27
37,67 − 16,38	114,086 − 75,694	58,071 − 49,361	127,78 − 66,793
94,35 − 45,17	227,640 − 87,478	139,204 − 98,146	346,3 − 258,294

7 Schreibe die Kassenzettel von Susi und Max. Überschlage zuerst.
a) Susi kauft für 12,64 €, 9,05 €, 6,71 €, 67 Cent und 18,85 € ein. Sie bezahlt mit einem 50-€-Schein.
b) Max hat einen 20-€-Schein dabei. Er kauft Waren für 88 Cent, 3,95 €, 1,64 €, 4,99 € und 76 Cent ein.

2, 6
3,01
1 ,17
21,0

,98
0,8
14,36
7, 1

8 Auf Philipps und Hakans Kassenzettel fehlen Ziffern. Übertrage in dein Heft und ergänze.

1 a) 4,9 + 0,872 + 0,78   b) 56,27 + 17,035 + 0,705   c) 89,3 + 37,692 + 73,408   d) 129,27 + 0,934 + 256,8   e) 368,4 + 232,708 + 410,192

f) 9,786 − 4,37   g) 8,9 − 3,754   h) 39,209 − 17,374   i) 227,8 − 84,321   k) 569,704 − 83,633

2 a)

0,6	0,009	3,008	+	0,7	4,076
7,3	6,027	20,05	−	0,9	5,063

b)

4,1	0,93	90,07	+	6,9	0,73
80,04	42,3	60,604	−	0,86	30,602

3 Ergänze

a) auf 1 kg:	0,8 kg	0,07 kg	0,004 kg	0,599 kg	0,870 kg	0,99 kg
b) auf 10 km:	2,1 km	8,92 km	3,007 km	6,189 km	5,506 km	9,089 km
c) auf 100 km:	48,2 km	73,61 km	79,919 km	9,999 km	98,007 km	99,19 km
d) auf 1 t:	88,7 kg	183,408 kg	285,067 kg	489,24 kg	607,084 kg	17,308 kg

4 a) 4,078 kg + 3,392 kg   b) 9,864 kg − 8,786 kg   c) 53,793 kg + 46,207 kg
d) 250 € − 144,56 €   e) 326,49 € + 73,66 €   f) 412,07 € − 76 €
g) 386,704 km + 274,936 km   h) 1234 km − 566,307 km   i) 2586,4 km − 1799,586 km

5 Berechne die freien Felder der Rechenspinnen.

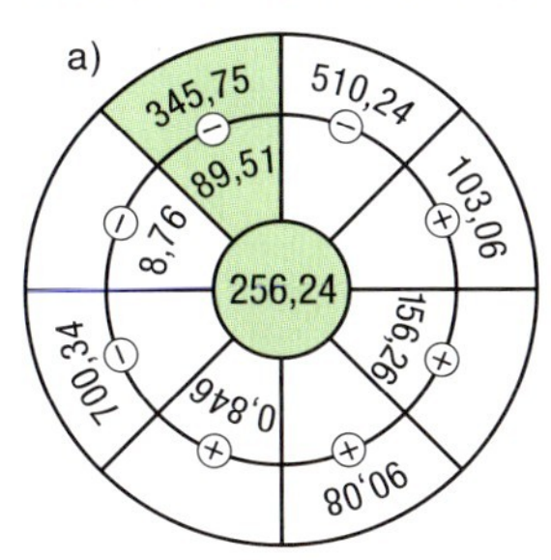

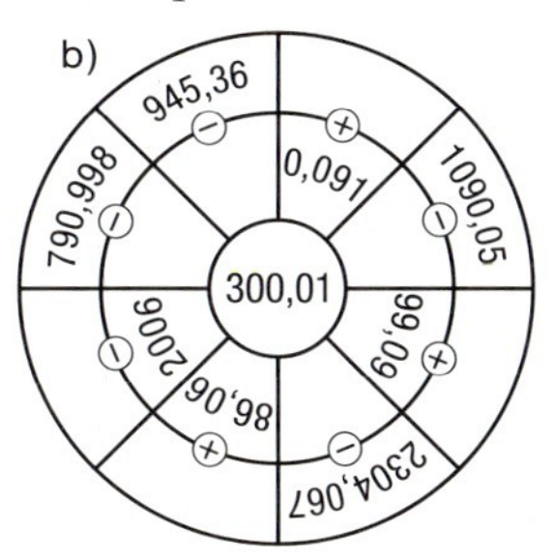

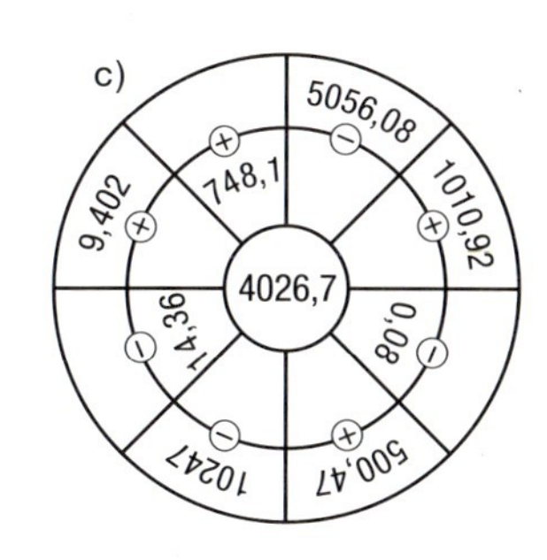

6 Setze die Kommas so, dass das Ergebnis immer 18,3 ist.

55 + 094 + 1186 ⟶ 5,5 + 0,94 + 11,86 = 18,3

a) 10025 − 8195

b) 217 − 34

c) 795 + 001 + 1034

d) 18 349 − 0049

e) 50006 − 31706

f) 100025 − 98195

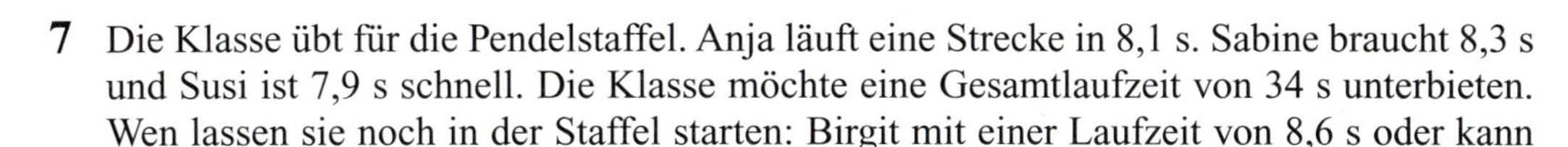

7 Die Klasse übt für die Pendelstaffel. Anja läuft eine Strecke in 8,1 s. Sabine braucht 8,3 s und Susi ist 7,9 s schnell. Die Klasse möchte eine Gesamtlaufzeit von 34 s unterbieten. Wen lassen sie noch in der Staffel starten: Birgit mit einer Laufzeit von 8,6 s oder kann auch Eva mit 8,9 s starten?

1 Frau Rosner bestellt in der Metzgerei mehrere Portionen Putenschnitzel, um sich in der Gefriertruhe einen Vorrat anzulegen. Metzger Küster hat das Fleisch abgewogen und die Preise berechnet.

a) Welches Preisschild gehört zu welcher Packung?
b) Wie viel Kilogramm wiegen die Schnitzel insgesamt?
c) Wie viel muss sie bezahlen, wenn sie noch Salami für 2,19 €, Schinken für 3,78 € und ein Paar Bratwürste für 1,15 € dazunimmt?
d) Sie bezahlt mit einem 50-€-Schein. Wie hoch ist das Wechselgeld?

2 Auf dem Markt am Obststand wird eine Kiste Äpfel in Tüten abgewogen und verkauft.
a) Ordne Preis und Gewicht richtig zu.
Wie viel kg Äpfel waren in dieser Kiste?
b) Frau Rosner kauft die drei leichtesten Tüten.
Wie viel muss sie bezahlen?
c) Zu welchem Gesamtpreis werden die Äpfel verkauft?

1,58 € | 1,50 € | 1,65 € | 1,53 € | 2,25 €

3 Zum Basteln kauft Frau Rosner von einem Satinband Streifen in verschiedenen Längen:
3,10 m 1,85 m 0,9 m 110 cm 1,45 m 65 cm 2,80 m
a) Wie viel Meter kauft sie insgesamt?
b) Auf der Rolle Satinband waren 12,30 m. Die Verkäuferin schenkt Frau Rosner den Rest.

4 Im Elektrofachgeschäft kosten ein Fernsehgerät und ein DVD-Player zusammen 828,50 €. Das Fernsehgerät ist 669,50 € teurer als der DVD-Player.

Nahrungsmittel	503,45 €
Miete mit Nebenkosten	625,30 €
Auto, Verkehrsmittel	404,81 €
Haushaltsgeräte	125,10 €
Kleidung	244,30 €
Körperpflege	64,32 €
Freizeit, Bildung	232,84 €
Sonstiges	114,17 €

5 Das sind die Ausgaben von Familie Rosner (zwei Erwachsene, zwei Kinder) im Monat.
Herr Rosner verdient 2413,76 €.
Frau Rosner arbeitet als Übungsleiterin in einem Sportverein. Sie kann so 322,50 € dazu verdienen.
Welchen Betrag kann Familie Rosner sparen?
Überlege, wo die Familie weniger ausgeben könnte.

1 Die Klasse 6d benötigt Getränke für ihr Klassenfest.

a) Alexander kauft 6 Flaschen Apfelsaft. Wie viel Euro muss er bezahlen?

Aufgabe: 0,89 € · 6 = ▯ €

Überschlag: 0,90 · 6 = 5,40

Rechnung: $\frac{0{,}89 \cdot 6}{5{,}34}$

b) Verena kauft 9 Flaschen Mineralwasser. Uschi besorgt 8 Flaschen Orangensaft.

c) Wie viel Euro kosten alle Getränke zusammen?

2 In der Schulküche wird für alle 23 Schüler Lasagne zubereitet. Jede Portion kostet 3,25 €.

Aufgabe: 3,23 € · 23 = ▯
Überschlag: 3 · 20 = 60

Multipliziere zuerst ohne Komma.
Zähle die Stellen nach dem Komma ab.
Setze im Ergebnis genau so viele Stellen.

Rechnung:

```
3,25 · 23
   650
    975
   1
  74,75
```

3 Überschlage zuerst.

a)	b)	c)	d)	e)
2,1 · 24	2,19 · 197	1,9 · 19	0,9 · 17	0,978 · 59
4,9 · 31	42,97 · 307	1,2 · 12	0,8 · 32	0,897 · 73
9,9 · 99	6,06 · 709	1,7 · 30	0,7 · 49	0,789 · 96
3,95 · 39	39,19 · 218	3,3 · 14	0,89 · 37	0,347 · 108
7,96 · 96	89,02 · 612	5,5 · 50	0,79 · 86	0,602 · 401

4 Verdopple.

a) 5,6 cm b) 4,8 mm c) 13,214 km d) 0,35 m e) 56,9 t f) 4,005 kg g) 0,175 g

5 Berechne im Kopf.

a)	b)	c)	d)
0,9 · 7	1,4 · 3	0,4 · 20	2,5 · 30
0,6 · 9	2,7 · 4	0,6 · 40	3,1 · 20
0,3 · 8	1,8 · 5	0,8 · 70	1,8 · 40

6 Hier fehlt im Ergebnis das Komma. Schreibe ab und setze es an die richtige Stelle.

a) 37,28 · 7 = 26096 b) 67,07 · 6 = 40242 c) 89,38 · 9 = 80442
d) 38,04 · 36 = 136944 e) 89,49 · 78 = 698022 f) 74,29 · 56 = 416024
g) 0,098 · 235 = 23030 h) 0,185 · 375 = 69375 i) 0,985 · 799 = 787015

7 Die Klasse 6d besorgt noch 4 Tüten Chips, 3 Packungen Salzstangen und 25 Brezeln. Wie viel Euro müssen sie bezahlen?

8 Für das Klassenfest muss jeder der 23 Schüler und Schülerinnen 5,40 € bezahlen.

a) Wie viel Geld sammelt die Klassensprecherin ein?

b) Reicht das eingesammelte Geld, um alles zu bezahlen?

1

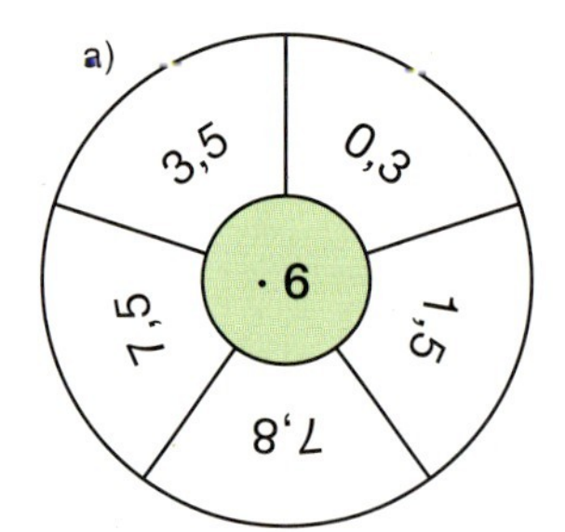

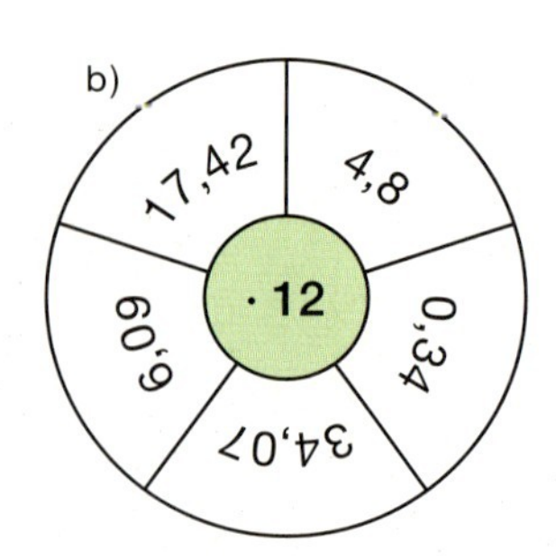

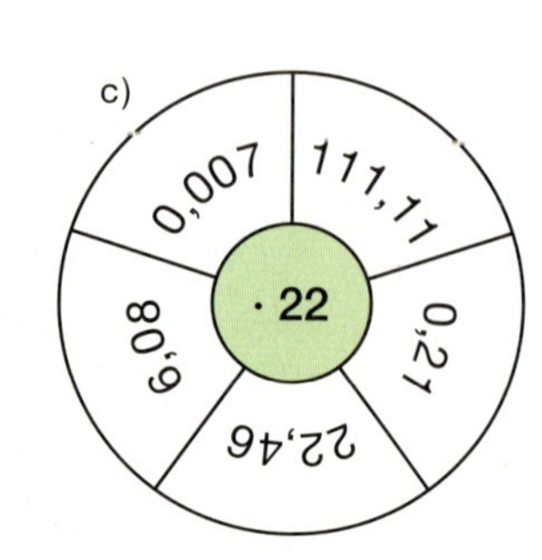

2 Vergleiche die Produkte. Setze >, < oder = ein.

a) 19,35 · 4 ■ 20,01 · 3 b) 4,286 · 6 ■ 6,58 · 5 c) 106,106 · 3 ■ 67,408 · 5
d) 42,435 · 4 ■ 56,58 · 3 e) 17 · 29,52 ■ 31,365 · 16 f) 25,42 · 13 ■ 41,33 · 8

3 Berechne die Produkte.

a)	26	·	3,3	1,4	0,001	14,03	100,45
b)	117	·	5,1	1,7	0,02	27,05	300,26
c)	208	·	7,8	1,9	0,017	10,03	900,01

4 Bestimme den Inhalt von 10 (100 und 1000) Packungen Cornflakes. Was fällt dir auf?

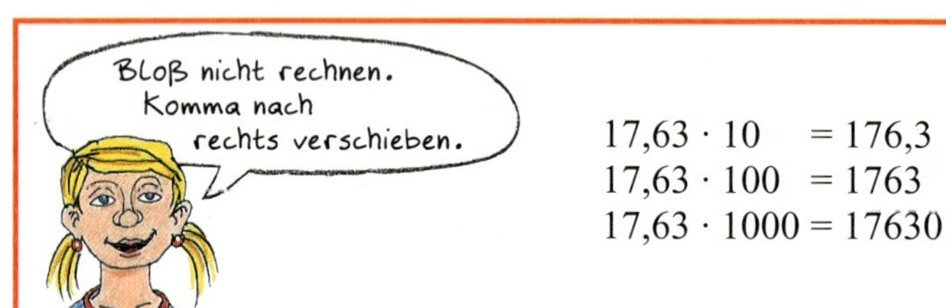

5

a)
0,845 · 10
1,275 · 10
3,47 · 10
0,12 · 10
10 · 3,4

b)
4,5 · 10
0,26 · 10
36,0 · 10
10 · 23,0
10 · 0,01

c)
8,75 · 100
6,509 · 100
4,962 · 100
100 · 3,74
100 · 2,1

d)
46,7 · 1000
6,91 · 1000
7,57 · 1000
5,76 · 1000
28,9 · 1000

e)
8,53 · 1000
56,4 · 1000
1000 · 0,03
1000 · 1,02
1000 · 3,004

6 a) 4,85 m · 10 b) 7,925 km · 100 c) 5,3 kg · 1000 d) 4,65 m · 100
e) 7,236 km · 1000 f) 6,4 kg · 1000 g) 28,75 m · 1000 h) 57,2 km · 1000
i) 73,1 kg · 1000 k) 30,5 m · 100 l) 50,9 km · 1000 m) 90,1 kg · 1000

7 Geldstücke sind unterschiedlich hoch. Neben der abgebildeten Münze steht ihre Höhe. Wie hoch ist jeweils ein Stapel von 10 (100 und 1000) Münzen?

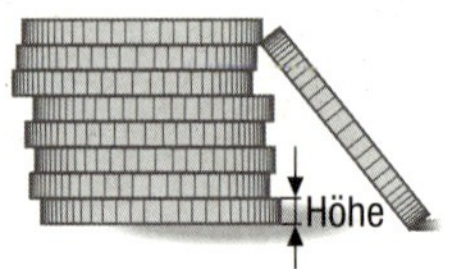

a)

1,3 mm

b)

1,5 mm

c) 1,9 mm

8 Wie heißt die Zahl?

a) Der zehnte Teil der Zahl ist 4,9. b) Der hundertste Teil der Zahl ist 0,85.
c) Der tausendste Teil der Zahl ist 467. d) Der hunderttausendste Teil der Zahl ist 0,056.

1

Im Residenz-Kino kostet der Eintritt 7,50 €. Es gibt aber auch 3er-Karten für 20,70 € oder 8er-Karten zu 48,80 €. Lorenz überlegt.

Aufgabe: 48,80 € : 8 = ▢ €
Überschlag: 48 : 8 = 6

Dividiere wie bei natürlichen Zahlen. Setze beim Überschreiten des Kommas auch im Ergebnis ein Komma.

Probe: 6,10 · 8
48,80

Rechnung:

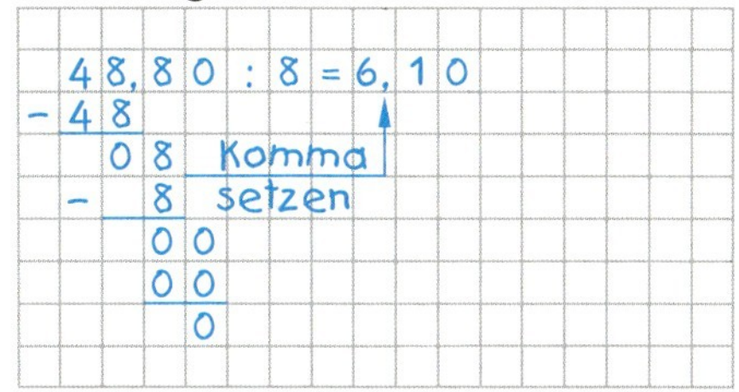

2

a)
35,7 : 7
23,4 : 6
49,7 : 7
57,6 : 8
36,8 : 4

b)
82,8 : 9
16,71 : 3
65,6 : 8
57,4 : 7
73,6 : 8

c)
14,61 : 3
98,76 : 8
16,71 : 3
29,24 : 4
51,66 : 6

d)
52,32 : 6
31,64 : 7
75,60 : 5
94,28 : 4
81,18 : 9

1,61 : 7 = 0,23
0
16
- 14
21
- 21
0

3 Rechne wie im Beispiel.

a) 4,08 : 6 b) 2,94 : 3 c) 5,46 : 7
d) 6,72 : 8 e) 2,92 : 4 f) 1,98 : 2
g) 5,04 : 9 h) 4,35 : 5 i) 5,39 : 7

4 a) 7,74 : 9 b) 4,55 : 7 c) 1,38 : 6
d) 3,96 : 6 e) 5,95 : 7 f) 8,45 : 5
g) 8,154 : 9 h) 3,248 : 8 i) 4,932 : 3

5 Was kostet ein Getränk?

6 Rechne im Kopf.

a)	0,8	0,84	2,4	7,2	36,8	:	4
c)	4,9	0,35	2,1	42,7	91,28	:	7

b)	0,15	1,5	3,5	45,5	0,85	:	5
d)	8,1	0,45	54,9	2,7	108,9	:	9

1 Rechne im Kopf.

a) 18,36 : 3 b) 27,18 : 9 c) 35,25 : 5 d) 48,36 : 6
e) 32,24 : 8 f) 42,35 : 7 g) 44,44 : 4 h) 480,36 : 6
i) 35,35 : 7 k) 41,40 : 5 l) 27,27 : 9 m) 50,50 : 5

2 Dividiere im Kopf, notiere nur das Ergebnis.

a)
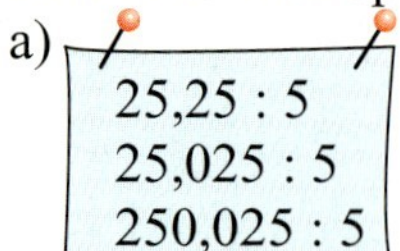
25,25 : 5
25,025 : 5
250,025 : 5

b)
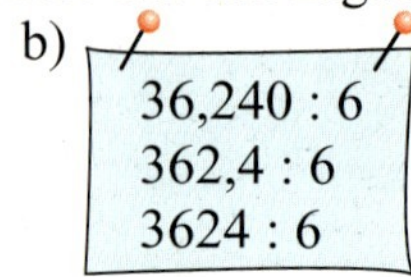
36,240 : 6
362,4 : 6
3624 : 6

c)
360,180 : 9
3601,80 : 9
36,0180 : 9

d)
320,240 : 8
32,0240 : 8
3202,40 : 8

Aufgabe: 40,2 : 6 = ▢

Rechnung: 40,2 : 6 = 6,7
−36
 42
−42
 0

3 Rechne wie im Beispiel.

a) 24,8 : 5 b) 58,5 : 6 c) 49,48 : 8
d) 95,4 : 4 e) 98,76 : 8 f) 99,09 : 6
g) 49,38 : 4 h) 709,5 : 6 i) 9,685 : 5

4 a) 37,05 : 6 b) 74,1 : 6 c) 148,2 : 6
d) 31,06 : 5 e) 62,12 : 5 f) 124,24 : 5
g) 86,76 : 8 h) 173,42 : 4 i) 346,82 : 4

5 Überschlage zuerst, dividiere dann schriftlich.

a) 74,1 : 6 b) 63,45 : 9 c) 30,306 : 4 d) 380,7 : 9 e) 1,9905 : 6
f) 148,5 : 5 g) 126,909 : 9 h) 60,712 : 8 i) 761,4 : 9 k) 0,3915 : 6

6 Was kostet eine Tafel Schokolade, eine Klarsichthülle, …?

10 Tafeln Schokolade 4,90 €	10 Briefmarken 5,50 €	100 Klarsichthüllen 3,78 €	100 Briefumschläge 4,85 €

37,2 : 10 = 3,72
37,2 : 100 = 0,372

7 Rechne im Kopf. Dividiere durch 10, 100, 1000.

a) 19 45,79 21,003 50,01 8,9 0,87 0,008
b) 39 36,04 145,3 7,06 88,3 0,9 0,003
c) 0,4 301 46,8 57,08 4032,4 3,9 0,007

8 a) Ein Briefblock mit 100 Blatt Papier ist 8,5 mm dick. Wie dick ist ein Blatt Papier?
b) Ein Stapel mit 10 Mathematikbüchern ist 116 mm dick. Wie dick ist ein Buch?

9 Rechne im Kopf.

a)	800	10,5	0,2	20	3	250,5	0,005	:	5
b)	1200	12	160	2,4	0,4	0,48	9,2	:	4
c)	900	9	1,2	15	0,3	0,03	12,6	:	3

1 Für die Radtour mischt Bernhard für sich und seine drei Freunde Apfelsaftschorle. Wie viel Liter kann jeder in seine Flasche füllen? Erkläre.

Aufgabe: 3 *l* : 4 = ▢ *l*

Rechnung: 3 : 4 = 0,75

```
3 : 4 = 0,75
-0
 30
-28
  20
 -20
   0
```

Antwort: …

2 Berechne die Liter wie im Beispiel.

a) 3 *l* : 5	b) 17 *l* : 4	c) 36 *l* : 8	d) 12 *l* : 5
2 *l* : 5	14 *l* : 8	13 *l* : 4	22 *l* : 4
5 *l* : 8	22 *l* : 8	14 *l* : 5	21 *l* : 6

3 a) Auf der Radtour in den letzten Sommerferien legte Dominik 239 km in 12 Tagen zurück. Wie viele Kilometer fuhr er im Schnitt pro Tag?
b) Kenan legte 339 km in 13 Tagen zurück. Wie viele Kilometer fuhr er im Schnitt pro Tag?
c) Antonia fuhr in 7 Tagen 204 km.
d) Serkan fuhr 466 km in 15 Tagen.

Aufgabe: 239 km : 12 = ▢ km

Überschlag: 240 km : 12 = 20 km

Rechnung: 239 : 12 = 19,9166… ≈ 19,917

```
239 : 12 = 19,9166… ≈ 19,917
-12
 119
-108
  110
 -108
    20
   -12
     80
    -72
     80
```

Antwort: …

4 Schreibe als Dezimalbruch und runde auf Gramm, Cent oder Zentimeter.

a) 38 kg : 7	b) 97 kg : 6	c) 85 kg : 12	d) 56,3 kg : 12
e) 85 € : 8	f) 67 € : 12	g) 23 € : 15	h) 78,5 € : 9
i) 48 m : 11	k) 87 m : 7	l) 65 m : 8	m) 45,7 m : 21

5 Rechne im Kopf.

a) 27 : 30	b) 10 : 20	c) 12 : 15	d) 36 : 36	e) 40 : 16
42 : 70	7 : 14	9 : 15	37 : 1	60 : 24

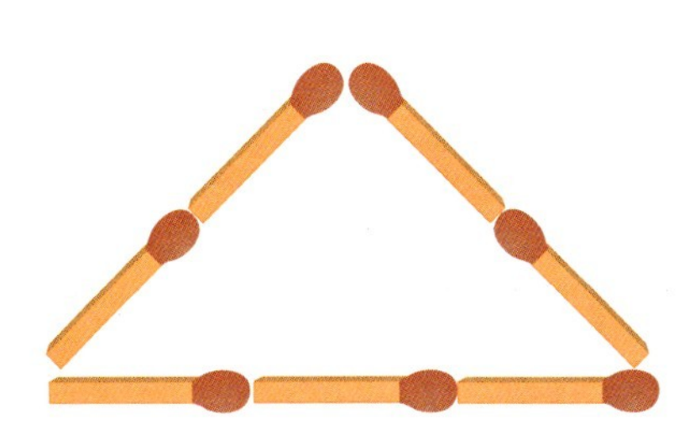

Aus dem Dreieck sollen durch Umlegen der Streichhözer drei gleich große Dreiecke entstehen.

1 Gib den Anteil des roten Feldes an. Schreibe als Bruch, Dezimalbruch und als Prozent.

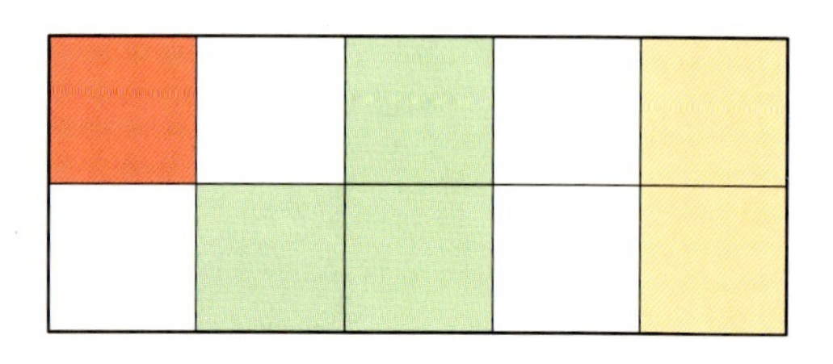

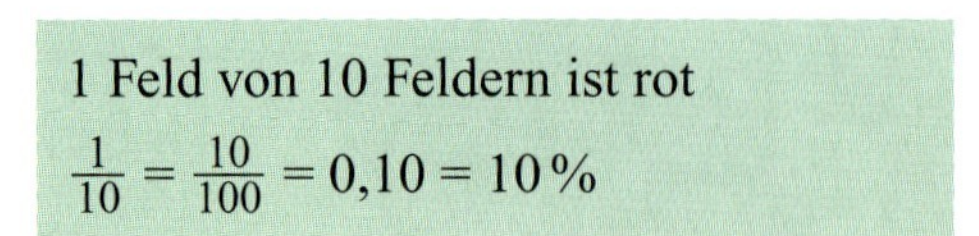

1 Feld von 10 Feldern ist rot

$\frac{1}{10} = \frac{10}{100} = 0{,}10 = 10\,\%$

Bestimme ebenso den Anteil der grünen (blauen, farbigen, weißen) Felder.

2 Schreibe als Bruch, Dezimalbruch und Prozent.

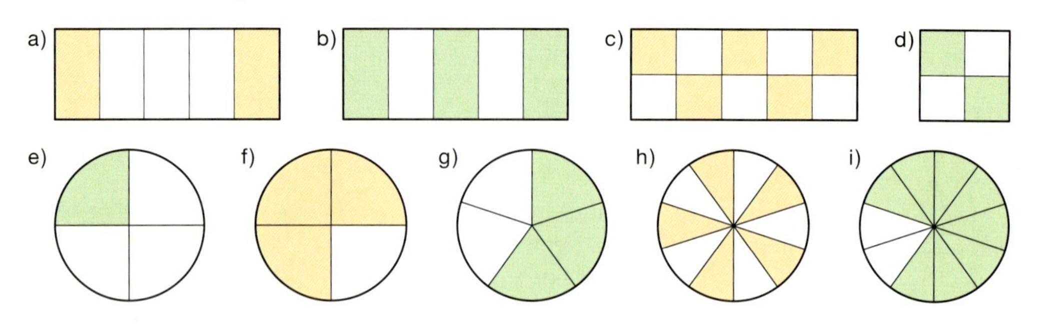

3 Schreibe als Dezimalbruch und als Prozent.

$\frac{3}{5} = \frac{60}{100} = 0{,}60 = 60\,\%$

a) $\frac{1}{2}$; $\frac{3}{50}$; $\frac{15}{20}$; $\frac{3}{4}$; $\frac{9}{10}$; $\frac{7}{25}$ b) $\frac{34}{200}$; $\frac{156}{600}$; $\frac{213}{300}$; $\frac{75}{500}$; $\frac{612}{900}$

4 Übertrage die Figuren in dein Heft. Schreibe die Rechnung daneben und male die angegebenen Teile aus.

$40\,\% = \frac{40}{100} = \frac{4}{10} = \frac{2}{5}$

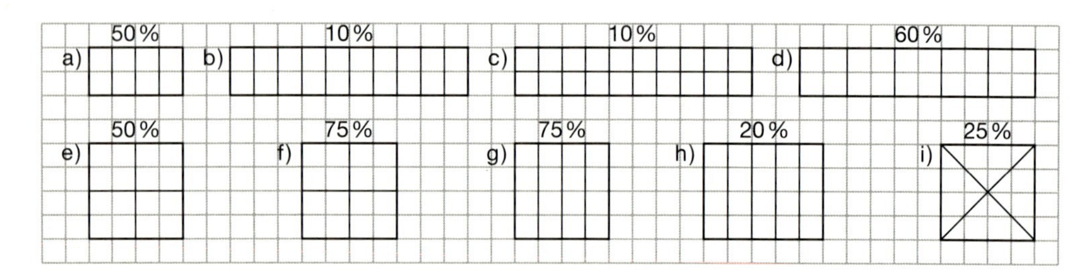

5 Die Klasse 6 a hat 100 Schülerinnen und Schüler der Schule befragt.

a) Lies aus dem Schaubild das Ergebnis ab.

b) Gib jeweils den Anteil auf 100 Schülerinnen und Schüler bezogen als Hundertstelbruch, Dezimalbruch und in Prozent an.

c) Führt selbst eine Befragung durch.

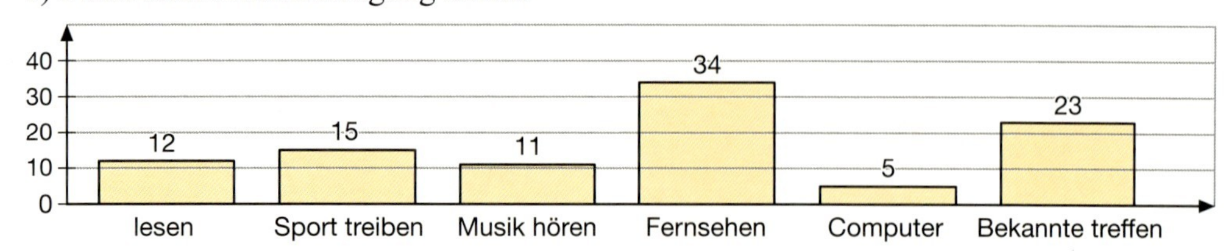

1 Schreibe zuerst als Hundertstel, dann als Dezimalbruch.

$25\,\% = \frac{25}{100} = 0{,}25$

a) 10 % 20 % 50 % 75 % b) 35 % 48 % 65 % 83 % c) 1 % 3 % 5 % 7 % 9 %

2 Schreibe als Hundertstel, dann als Prozent: $0{,}03 = \frac{3}{100} = 3\,\%$

a) 0,03 0,04 0,06 0,09 b) 0,12 0,24 0,45 0,71 c) 0,4 0,6 0,7 0,8 0,9

3 Gib in der anderen Schreibweise an als Hundertstelbruch oder als Prozent.

a)	b)	c)	d)	e)	f)
10 %	35 %	1 %	0,01	0,12	0,2
20 %	48 %	3 %	0,03	0,24	0,3
50 %	65 %	5 %	0,04	0,45	0,6
70 %	73 %	7 %	0,06	0,63	0,7

4 Übertrage die Tabelle in dein Heft und fülle sie aus.

	a)	b)	c)	d)	e)	f)	g)	h)	i)
Bruch	$\frac{3}{5}$	■	■	■	$\frac{3}{5}$	■	$\frac{22}{55}$	■	■
Dezimalbruch	■	0,55	■	0,81	■	■	■	0,09	■
Prozent	■	■	3 %	■	■	15 %	■	■	62 %

5 Gib den Anteil als Prozent an.

16 m von 64 m: $\frac{16}{64} = \frac{1}{4} = \frac{25}{100} = 25\,\%$

a) 18 m von 60 m b) 27 € von 75 € c) 180 kg von 300 kg
d) 90 kg von 120 kg e) 43 € von 50 € f) 48 m von 80 m

6 Aus 400 Eiern schlüpften im Brutapparat 360 Küken.
Wie viel Prozent der Eier wurden ausgebrütet?

7 Gib die Anteile als Bruch, in Dezimalbrüchen und in Prozent an.

Von 200 Schülern spielen
a) 25 Badminton,
b) 64 Fußball und
c) 28 Tennis.

Von 200 Schülern gehen
d) 12 zum Reiten,
e) 18 regelmäßig zum Schwimmen und
f) 6 zum Judo.

8 Gib den Anteil des gesparten Taschengelds jeweils als Bruch und in Prozent an.
a) Markus erhält 15 € Taschengeld und spart davon 3 €.
b) Tanja bekommt 25 € und spart 7 €.
c) Fabian spart 9 € von 30 €.
d) Christina spart von ihrem Taschengeld 6 € und gibt 18 € aus.

1 Umschlag in der Großmarkthalle in einem Jahr:

0,846 Mio t Obst und Gemüse in 6406 Eisenbahnwaggons
und 77747 Lastkraftwagen.

Ein Erwachsener in Deutschland isst durchschnittlich 121 kg Obst und Gemüse im Jahr. Wie viele Menschen könnten von der Großmarkthalle mit Obst und Gemüse versorgt werden?
Vergleiche die errechnete Zahl mit der Einwohnerzahl deiner Stadt.

2 Ein Eisenbahnwaggon hat ein Eigengewicht von 11,26 t.
Er kann 15,6 t Kartoffeln zuladen.
a) Berechne das Gesamtgewicht des Waggons.
b) Kartoffeln werden in Säcken zu 25 kg abgegeben. Wie viele Säcke hat dieser Waggon geladen?

3 Für eine Lebensmittelkette wird ein großer LKW mit 35,8 t Gesamtgewicht beladen. Das Eigengewicht des LKWs beträgt 8,2 t, des leeren Anhängers 5,3 t. Es sind 9 Paletten mit je 0,62 t, 12 Paletten mit je 0,785 t und 15 Paletten mit je 0,45 t mit Obst und Gemüse für diesen LKW hergerichtet.
Kann er alle Paletten mitnehmen ohne sein Ladegewicht zu überschreiten?

4 Im Großmarkt wird ein kleiner LKW zur Lieferung an ein Lebensmittelgeschäft beladen. Der 7,5 t-LKW hat ein Ladegewicht von 3 t. 6 Paletten mit je 0,450 t hat der Gabelstapler schon in den Laderaum gehoben. Wie viele Kisten mit 40 kg kann der LKW noch mitnehmen?

Runden nicht vergessen!

5 Ein Großhändler mischt drei Nusssorten.
Er verwendet 15 kg Haselnüsse, wovon 1 kg 3,23 € kostet. Von den Erdnüssen gibt er 25 kg zu je 2,81 € dazu. Und schließlich mischt er noch 30 kg Walnüsse für 4,15 € pro kg dazu.
a) Wie viele Kilogramm Nussmischung erhält er?
b) Wie viel Euro kostet den Händler die gesamte Nussmischung?
c) Wie teuer wird er 1 kg verkaufen, wenn er noch 1,15 € pro kg verdienen will?

6 Ein Obsthändler kauft 146 kg Äpfel zu 0,45 € pro Kilogramm ein. Zu Hause stellt er fest, dass 11 kg verdorben sind. Wie teuer muss er die guten Äpfel verkaufen, wenn er den Einkaufspreis der Äpfel und 20,80 € Gewinn erzielen will?

7 In der Großmarkthalle werden Kartoffeln in Säcken zu 25 kg abgegeben.
Ein Großeinkäufer bezieht 422 Säcke Kartoffeln zu einem Preis von 2730,34 €. Auf dem Transport verderben ihm 15 Säcke seiner Kartoffeln. Beim Verkauf der restlichen Kartoffeln verdient er an einem Sack 2,08 €.
Wie teuer musste er einen Sack verkaufen?

8 Ein Großhändler kauft in der Großmarkthalle ein. Er belädt seine Paletten mit 125 kg Birnen zu 75 Cent je kg, 234 kg Äpfel zu je 65 Cent und 145 kg Orangen. Beim Bezahlen füllt er einen Scheck über 369,10 € aus.

a) Wie viel kosten die Birnen und Äpfel zusammen?
b) Wie viel Euro kostet ein kg Orangen?

9 Obst und Gemüse, das nicht mehr zu verkaufen ist, kann der Zoo in Hannover gut gebrauchen.
Ein Elefant frisst am Tag ungefähr 30 kg Obst und Gemüse. Der Zoo kann sich heute 0,245 t Abfallgemüse abholen.
Wie viel kg bleiben für die anderen Tiere übrig, wenn 6 Elefanten versorgt sind?

Station 1 Dezimalmemory

Übertragt auf zweifarbige Kärtchen. Legt die Kärtchen verdeckt hin. Findet Paare, die zusammengehören.

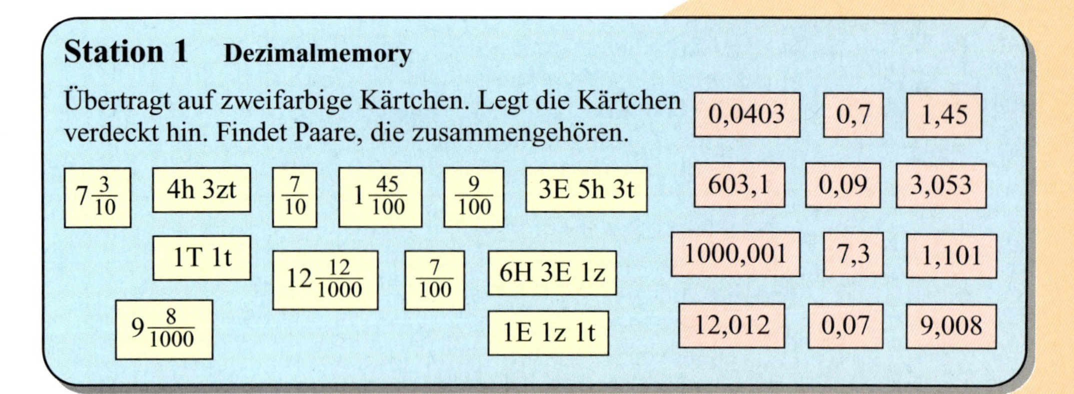

Station 8 Verschwundene Rechenzeichen

a) 15,67 ▪ 13,9 = 29,57 b) 123,78 ▪ 34,08 = 89,7
c) 3,4 ▪ 0,68 = 2,72 d) 0,003 ▪ 0,0015 = 0,0045
e) 90,7 ▪ 9 = 816,3 f) 45,59 ▪ 9,2 = 54,79

Station 7 Für drei oder vier

Jeder notiert auf kleine Zettel die Ziffern 0 bis 9 und legt sie verdeckt auf den Tisch. Eine Stellenwerttafel von Zehner bis Tausendstel schreibt sich jeder auf. Es wird abwechselnd ein Zettel gezogen.
Die aufgedeckte Ziffer wird einer Stelle in der Stellenwerttafel zugeordnet. Wer nach 5-mal Ziehen den größeren Dezimalbruch notiert hat, hat gewonnen.
Tipp: Legt selbst Regeln fest, z. B.:
Die Stelle in der Stellenwerttafel muss vor dem Ziehen festgelegt werden. Mehrere Dezimalzahlen können addiert werden.

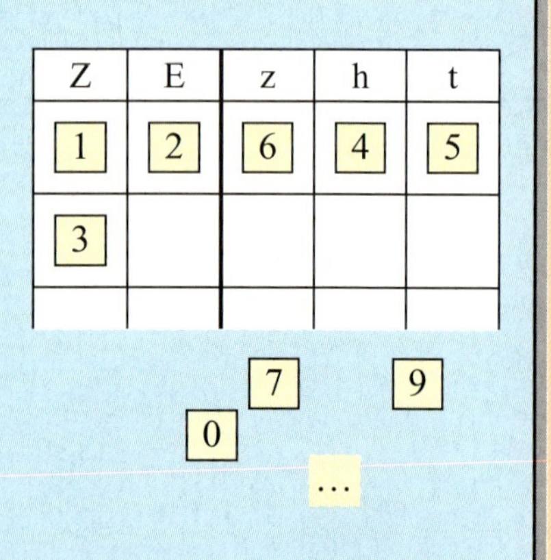

Station 6 Komma

Wo fehlt ein Komma?
a) 12504 : 4 = 31,26
b) 100,05 + 31,25 = 1313
c) 1605 · 2 = 3,21
d) 45,305 − 21205 = 241

Station 2 Komma verschieben

Multipliziere folgende Größen **mit 10, 100 und 1000.**

a) 0,8 l b) 0,65 € c) 0,03 kg d) 0,761 km
e) 4,7 € f) 0,04 m g) 0,002 t h) 6,31 dm

Station 3 Wie dick ist ein Blatt?

Ein Blatt Papier ist 0,125 mm dick.

a) Wie dick wird ein Buch ohne Deckel mit 240 Seiten?
b) Ein Lexikon ist 6 cm dick.

Vorsicht!
Ein Blatt hat 2 Seiten.

c) Nimm ein Buch aus deiner Schultasche. Miss und berechne ebenso die Stärke eines Blattes. Dein Partner kontrolliert.

Station 4 Welches Teil passt?

Das sind die Flaggen von Bosnien-Herzegowina und Kroatien. Welches Puzzleteil passt in die Lücke?

Station 5 Falten

a) Nimm einen Papierstreifen von 68,4 cm Länge. Falte ihn zweimal. Welchen Bruchteil bekommst du? Berechne die Länge als Dezimalzahl. Schätze zuerst.
b) Schneide weitere Streifen in verschiedenen Längen. Falte zwei- oder dreimal. Berechne die Länge als Dezimalzahl. Wann musst du runden? Dein Partner kontrolliert.

Bleibe fit!

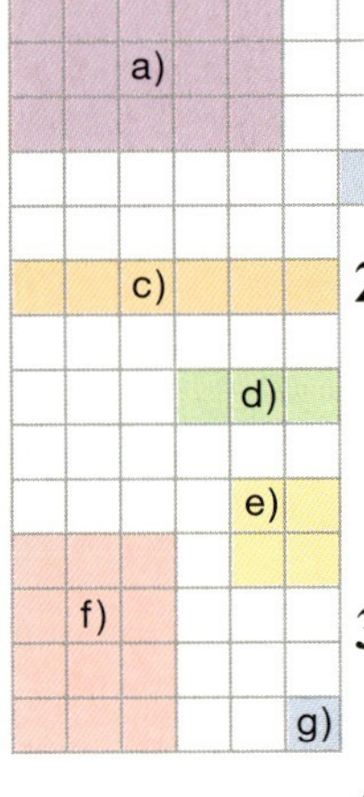

1 Notiere die angefärbten Bruchteile. Schreibe als Zehner- und Dezimalbruch.

2 Schreibe als Dezimalbruch.

a) $\frac{7}{10}$ $\frac{9}{10}$ $\frac{23}{100}$ $\frac{48}{100}$ $\frac{125}{1000}$ $\frac{987}{1000}$

b) $\frac{6}{100}$ $\frac{8}{100}$ $\frac{32}{1000}$ $\frac{56}{1000}$ $\frac{3}{1000}$

c) $2\frac{17}{100}$ $6\frac{7}{10}$ $4\frac{24}{100}$ $2\frac{300}{1000}$ $6\frac{999}{10\,000}$

d) $1\frac{5}{100}$ $10\frac{8}{1000}$ $20\frac{6}{1000}$ $5\frac{17}{10\,000}$

3 Ordne der Größe nach. Beginne mit dem größten Wert.

a) 8,006 8,6 8,606 8,060 8,16

b) 0,0001 0,0010 0,0002 0,0015 0,005

4 a) Runde auf kg: 6,630 kg; 19,023 kg; 200,4 kg; 0,731 kg; 832 g; 955 g

b) Runde auf g: 6,32 g; 46,901 g; 1,091 g; 100,9 g; 997 mg; 801 mg

5 Schreibe richtig untereinander und berechne.

a)
6,8 + 38,325
132,41 + 63,694
114,037 + 86,79

b)
100,98 + 30,102
230,1 + 444,1
122,77 + 127,23

c)

96,7 – 67,691
83,1 – 83,09
271 – 89,643

d)
254,306 – 199,9
486,7 – 299,403
60,65 – 60,6

6 In der Lagerhalle einer Baufirma lagerten 67,9 t Sand. Mit LKWs wurden zuerst 8,4 t und später 3,5 t sowie 5,6 t zu verschiedenen Baustellen transportiert. Inzwischen kam eine Lieferung von 13,8 t Sand bei der Firma an. Wie viele Tonnen Sand sind jetzt vorrätig?

7 Rechne **im Kopf,** notiere das Ergebnis.

a) 0,9 · 9 b) 5 · 0,8 c) 10 · 0,3 d) 0,75 · 2
e) 4 · 0,5 · 4 f) 3 · 0,7 · 3 g) 1,5 · 4 · 10 h) 0,81 · 4
i) 3,5 · 100 k) 2,5 · 4 · 2 l) 0,08 · 9 m) 15 · 0,004

8 Halbiere.

a) 0,48 € b) 0,3 m c) 0,86 kg d) 123,5 cm e) 4,9 t f) 456,80 € g) 3,7 km h) 6,25 t

9

a)
3,08 · 10
8,7 · 100
4,256 · 1000
0,07 · 1000

b)
5,8 · 42
0,7 · 48
28,79 · 217
43,26 · 406

c)
99 · 9,7
34 · 0,6
603 · 87,03
376 · 0,178

d)
46 · 9,5
8,7 · 631
0,09 · 62
26,34 · 5

e)
3,06 · 802
7,21 · 4003
46,209 · 33
22,222 · 101

10

a)
3,9 : 10
143,8 : 100
886,7 : 1000
73,4 : 1000

b)
23,5 : 5
60,3 : 9
52,2 : 6
10,92 : 6

c)
0,536 : 8
1,032 : 6
259,2 : 9
1000,5 : 3

d)
240,46 : 4
705,52 : 5
65,12 : 8
4,002 : 6

e)
242,242 : 7
318,546 : 9
7,04328 : 8
3458,4 : 6

11 Aus diesen acht Dreierreihen – quer, längs und diagonal – sollen durch Umlegen der Münzen drei Viererreihen gebildet werden.

Testen

Test 1

1 Notiere die Dezimalbrüche mit drei Stellen nach dem Komma.

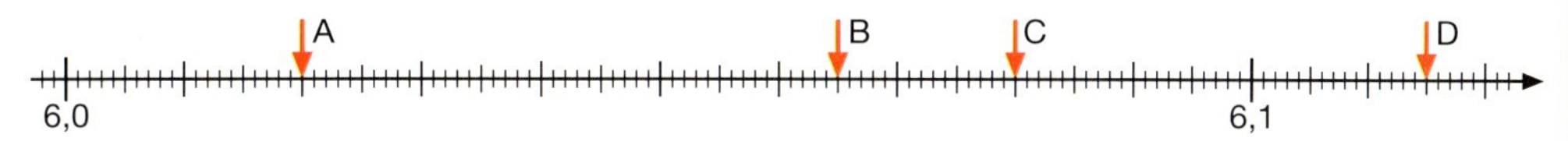

2 Schreibe als Dezimalbruch bzw. als Zehnerbruch.

a) $\frac{3}{10}$; $\frac{91}{100}$; $3\frac{5}{10}$

b) 0,87; 9,4; 17,103

3 Vergleiche die Dezimalbrüche. Setze > oder < .

a) 8,60 ▒ 8,71
b) 40,5 ▒ 40,05
c) 0,6 ▒ 0,599
d) 0,316 ▒ 0,306

4 Runde

a) auf Zehntel: 5,67; 13,81; 0,12

b) auf Tausendstel: 5,0785; 8,4392

5 a) 8,537 + 6,49
b) 13,43 − 7,81
c) 3,407 : 100
d) 4,35 · 18
e) 5,35 · 41
f) 135,6 : 6

6 Familie Braun hat im Wohnzimmer neuen Teppichboden verlegen lassen. Die Firma Focks hat nebenstehende Rechnung geschickt. Ermittle die Teilbeträge und den Rechnungsbetrag.

Firma Focks Ihr Innenausstatter

Menge	Ware	Preis je Einheit	
36.8 m²	Teppichboden	26.00	
26.70 m	Fußleisten verlegen	6.00	
3.5 kg	Kleber	5.00	
1.5	Meisterstunden	35.00	
1.5	Helferstunden	20.00	
		Rechnungsbetrag	

Test 2

1 Wie heißen die markierten Dezimalbrüche?

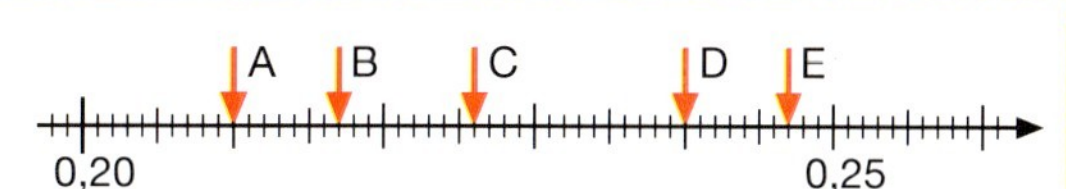

2 Erweitere oder kürze auf Zehnerbruch und schreibe als Dezimalbruch.

a) $\frac{4}{5}$; $\frac{3}{50}$; $\frac{7}{20}$

b) $\frac{7}{70}$; $\frac{12}{200}$; $\frac{27}{30}$

3 Ordne der Größe nach. Beginne mit dem kleinsten Wert.
88,888; 88,808; 88,0888; 88,889; 88,8888

4 Runde

a) auf Hundertstel: 17,937; 12,0053

b) auf Tausendstel: 199,9934; 4,9999

5 a) 23,019 + 14,73
b) 103,47 − 81,592
c) 0,006 : 1000
d) 3,51 · 27
e) 7,9 : 100
f) 7,5 · 19

6 Runde dein Ergebnis auf Tausendstel. a) 0,67 : 4 b) 6,06 : 8

7 Eine Schnecke überquert einen 1,2 m breiten Weg in 15 Minuten. Wie viele Meter schafft die Schnecke in einer Minute?

8 Frau Lenk kauft 6 Saftgläser, 6 Cocktailgläser und 6 Dessertteller. Sie bezahlt 123,60 €. Das Saftglas kostet 4,70 €, das Cocktailglas 0,70 € mehr. Wie teuer ist ein Dessertteller?

Wiederholen & Sichern

Rechenrallye – 3. Etappe

Auf der 3. Etappe musst du mindestens 70 Punkte sammeln. Dann geht es auf die nächste Etappe. Viel Spaß.

Nr.		Punkte
1	Notiere folgende Einmaleinsreihen. Kannst du sie auch auswendig? a) 8, …, 80 b) 3, …, 36 c) 7, …, 70 d) 9, …, 90	4 + 5 4 + 4
2	a) 56 : ■ = 8 b) 3 · ■ = 24 c) ■ · 5 = 20 42 : ■ = 7 7 · ■ = 63 ■ · 7 = 49 36 : ■ = 12 4 · ■ = 32 ■ · 9 = 18	3 3 3
3	Welcher Bruchteil ist rot, welcher grün angefärbt? a) b) c)	2 2 2
4	a) Erweitere mit 3: $\frac{4}{7}$; $\frac{3}{8}$; $\frac{5}{6}$ b) Erweitere mit 9: $\frac{1}{3}$; $\frac{2}{7}$; $\frac{8}{9}$ c) Kürze mit 5: $\frac{10}{20}$; $\frac{20}{60}$; $\frac{40}{100}$ d) Kürze mit 7: $\frac{14}{21}$; $\frac{7}{42}$; $\frac{28}{49}$	3 + 3 3 + 3
5	a) $\frac{1}{2} \cdot 3$ b) $\frac{3}{5} \cdot 15$ c) $\frac{5}{7} \cdot 14$ d) $\frac{1}{5} \cdot 3$ e) $\frac{18}{12} \cdot 2$ $\frac{3}{4} \cdot 8$ $\frac{7}{8} \cdot 24$ $\frac{9}{12} \cdot 4$ $\frac{6}{7} \cdot 10$ $\frac{24}{25} \cdot 5$	10
6	Herr Beck verbraucht jede Woche eine Flasche Orangensaft ($\frac{7}{10}$ *l* Inhalt). Wie viele Liter sind das in einem Jahr?	2
7	Wandle in Liter um. 1 hl = 100 *l* a) 4 hl 40 *l* b) 6 hl 67 *l* c) 13 hl 9 *l* d) 0 hl 41 *l* 8 hl 46 *l* 2 hl 60 *l* 35 hl 8 *l* 0 hl 2 *l*	2 + 2 2 + 2
8	Notiere die angefärbten Bruchteile. Schreibe als Zehnerbruch und als Dezimalbruch. a d b c e g f	7 7
9	a) 3,5 · 3 · 8 · 10 · 1000 · 42 b) 16,4 : 4 : 5 : 10 : 1000 : 16	5 5
10	Frau Beck tankt 62 *l* Diesel. Ein Liter kostet 0,97 €. Wie viel Euro muss sie bezahlen?	2 90

Mineralwasser sprudelt aus 800 Meter Tiefe

In diesem Betrieb werden stündlich 24 000 Flaschen abgefüllt, eine riesengroße Menge in einem Jahr. In einen Kasten passen 12 Flaschen.

Kinder sammeln für Tiere. Toller Erfolg.

In Müden sammelten 34 Schüler und Schülerinnen insgesamt 3281 kg Kastanien und andere Wildfrüchte für das Damwild im Naturpark Müden.

Das Damwild frisst am Tag ca. 40 kg. Die fleißigsten Sammler waren Dirk und Christoph mit 122 kg.

Verkehrschaos auf der Autobahn

130 km lang schob sich gestern eine Stauwelle auf München zu. Dicht an dicht standen die Wagen, im Schnitt alle acht Meter das nächste Fahrzeug.

Wir gratulieren

Im Landkreis Göttingen gab es am12. April 2005 die goldene Hochzeit von Reiner (76) und Katharine Gruber (73) zu feiern. Unter der Hochzeitsgesellschaft von insgesamt 136 Personen befanden sich 7 Kinder, 16 Enkel und 23 Urenkel.

1. Gib den Inhalt der Zeitungsmeldungen mit eigenen Worten wieder.
2. Finde Rechenfragen und beantworte sie.
3. Suche weitere Informationen in Zeitungen. Klebe sie ins Heft oder erstelle eine Wandzeitung.

Die Dinosaurier sind vor 65 Millionen Jahren ausgestorben. Über die Gründe rätseln die Wissenschaftler bis heute. Die größten aller Tiere, die es je gegeben hat, leben aber noch: die Blauwale. Sie sind bis zu 30 m lang und 150 Tonnen schwer! Aber auch sie sind vom Aussterben bedroht. Über die Gründe gibt es allerdings nichts zu rätseln: Wir Menschen haben sie nahezu ausgerottet. Blauwale gehören zu den hochentwickelten Säugetieren. Sie vermehren sich nur sehr langsam, weil sie immer nur ein Junges zur Welt bringen. Wenn das Walbaby geboren wird, ist es schon 7 m lang und 2,5 Tonnen schwer. 8 Monate lang wird es von seiner Mutter, der Walkuh, mit 500 Litern Milch gestillt. Es nimmt jeden Tag 90 kg zu, während die Mutter abmagert. Sie verliert während der Stillzeit ein Drittel ihres Gewichts. Beide haben dann ein einsames Leben vor sich, denn es gibt in allen Meeren der Welt nur noch 2000 Blauwale. Am Anfang unseres Jahrhunderts waren es noch 450 000 Blauwale.

Steckbrief „Blauwale“:

Walkuh:	Länge 30 m
	Gewicht 150 t
Walbaby:	Länge 7 m
	Gewicht

1 a) Was erfährst du im Text über die Blauwale? Gib mit eigenen Worten wieder.
b) Notiere wichtige Angaben im Heft.

2 Beantworte die folgenden Fragen:
a) Wie viel Kilogramm wiegt das Walbaby bei seiner Geburt?
b) Wie viel Tonnen nimmt es in 8 Monaten zu?
c) Wie schwer ist es dann? Gib in Kilogramm und Tonnen an.
d) Wie viel Kilogramm ihres Gewichtes nimmt die Walkuh in dieser Zeit ab?
e) Wie viel wiegt die Walkuh nach der Stillzeit?
f) Finde weitere Fragen und beantworte sie.

Wale und Fische unterscheiden sich im Schwimmstil. Fische bewegen den Schwanz hin und her, Wale bewegen ihn auf und ab.

Merkwürdig: Die größten Tiere der Welt leben von den beinahe kleinsten Tieren der Welt, dem Plankton. Ein Blauwal kann eine Million mal so groß sein wie die Planktontiere, die er frisst. Das größte tierische Plankton nennt man Krill. Es wird bis zu 6 cm groß. Die meisten Planktontiere sind sehr viel kleiner. Man kann sie mit bloßem Auge kaum erkennen. Ein Blauwal nimmt am Tag bis zu 4 100 kg Nahrung zu sich. Bei einem einzigen Schluck fließen über 50 kg Futter durch seinen Schlund.

1. Lies leise und suche Schlüsselwörter.
2. Notiere wichtige Angaben aus den Texten.
3. Formuliere Rechenfragen und beantworte sie.
4. Präsentiert eure Ergebnisse vor der Klasse.

Schaut auch ins Internet.
Z. B. www.blinde-kuh.de

Das Wort „Dinosaurier“ bedeutet zwar „schreckliche Echse“, aber die meisten Dinosaurier waren nicht Fleischfresser, sondern harmlose Pflanzenfresser. Bevor sie vor ca. 65 Mio Jahren ausstarben, haben sie über 160 Mio Jahre auf der Erde gelebt, etwa 30-mal so lange wie es Menschen gibt.

Über die Gründe für ihr Aussterben gibt es z.B. folgende Erklärungen:

(1) Ein Meteor sei auf die Erde gefallen und habe Millionen Tonnen Staub aufgewirbelt. Staub habe das Sonnenlicht von der Erde ferngehalten. So seien die meisten Pflanzen eingegangen.

(2) Manche Wissenschaftler glauben, dass eine Krankheit für die Dinosaurier tödlich war.

(3) Durch die Klimaverschiebung sei es auf der Erde erheblich kälter geworden. Die Dinosaurier hätten sich dieser Veränderung nicht anpassen können und seien umgekommen.

Der **Tyrannosaurus rex** war ein Fleischfresser unter den Dinosauriern. Erst im Jahre 1902 entdeckte man erste Fußspuren von ihm. Die Tritte lagen 4 Meter auseinander. Daran kann man u.a. ablesen, dass er eine Spitzengeschwindigkeit von annähernd 75 km in der Stunde erreichen konnte. Das ist sehr erstaunlich, weil er mit seinen 5,30 Metern so hoch war wie eine Giraffe, aber 10-mal schwerer war als dieses Tier mit ihren 700 kg.
Zum Vergleich: Der Gepard kann 100 Meter in 3 Sekunden rennen, eine Gazelle in 5 Sekunden und du kennst vielleicht die Weltrekordzeit eines Sprinters über 100 Meter.
Der gewaltige Unterkiefer des „Königs der Saurier“ hatte eine Länge von 1,50 m und die Zähne waren 16 bis 20 cm lang. Das ist nicht erstaunlich, wenn man bedenkt, dass die Körperhöhe etwa nur ein Viertel seiner Körperlänge ausmachte.

1 Herr Müller hat sich für die Tomaten eine Tabelle angelegt.

Gewicht	1 kg	2 kg	3 kg	4 kg	5 kg	6 kg	7 kg	8 kg	9 kg	10 kg	11 kg	12 kg
Preis	2 €	4 €	6 €	8 €	10 €	12 €	14 €	16 €	18 €	20 €	22 €	24 €

a) Welche Besonderheiten kannst du entdecken?
b) Vergleiche die Preise von 2 kg Tomaten und 8 kg Tomaten, von 3 kg und 12 kg, von 4 kg und 8 kg.
c) Vergleiche die Preise von 10 kg Tomaten und 2 kg Tomaten, von 6 kg und 2 kg, von 12 kg und 3 kg.

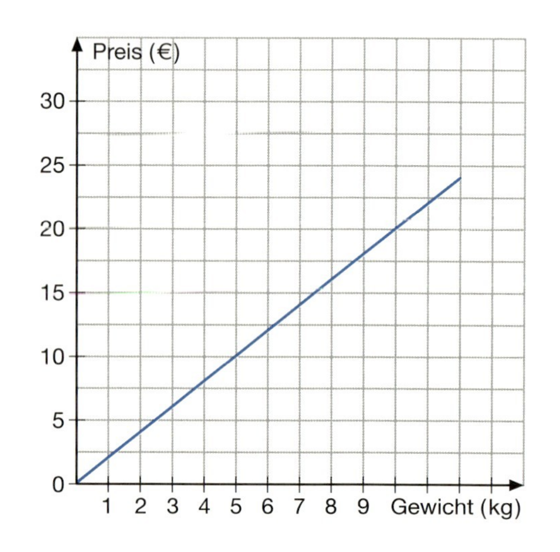

2 a) Stelle ebenso eine Tabelle von 1 kg bis 12 kg auf für Kirschen, Kartoffeln und Spargel.
b) Zeichne ein Schaubild. Überlege dir vorher sinnvolle Einheiten für die Achsen.
c) Wähle selbst ein Gemüse. Stelle eine Tabelle auf und zeichne ein Schaubild.

3 So kannst du die Preise ausrechnen. Erkläre.

2 kg Äpfel kosten 3 €.
10 kg Äpfel kosten das Fünffache.
Rechnung: 3 € · 5 = 15 €

Gewicht	Preis
2 kg	3 €
10 kg	■ €

(Gewicht · 5, Preis · 5)

6 kg Äpfel kosten 9 €.
2 kg Äpfel kosten den dritten Teil.
Rechnung: 9 € : 3 = 3 €

Gewicht	Preis
6 kg	9 €
2 kg	■ €

(Gewicht : 3, Preis : 3)

2 kg Äpfel kosten 3 €.
3 kg Äpfel kosten 4,50 €.
5 kg Äpfel kosten so viel wie 2 kg und 3 kg zusammen.
Rechnung: 3 € + 4,50 € = 7,50 €

Gewicht	Preis
2 kg	3 €
3 kg	4,50 €
5 kg	■ €

(+)

4 Ergänze im Heft und rechne.

a) 3 kg Bananen kosten 4,50 €.
12 kg Bananen kosten das ___.

b) 2 Eisbecher kosten 6 €.
6 Eisbecher kosten das ___.

c) 15 Fahrkarten kosten 30 €.
5 Fahrkarten kosten den ___.

d) 20 Bonbons kosten 60 Cent.
5 Bonbons kosten den ___.

5 Welchen Preis zeigen die Waagen bei den angegebenen Gewichten an?

a) 1 kg; 4 kg; 5 kg; 6 kg; 8 kg; 10 kg

b) 50 g; 200 g; 250 g; 400 g; 500 g

6 Übertrage die Tabellen in dein Heft und berechne die fehlenden Größen.

a) Blumenkohl

Stück	Preis
2	
4	4,80 €
6	
8	

b) Gurken

Stück	Preis
3	180 Cent
6	
9	
12	

c) Spargel

Stück	Preis
1 kg	
2 kg	
5 kg	35 €
10 kg	

7 a) Tintenpatronen

Stück	Preis
	15 Cent
3	
6	90 Cent
	60 Cent

b) Farbstifte

Stück	Preis
2	80 Cent
	160 Cent
6	
	320 Cent

c) Ordner

Stück	Preis
1	
3	6 €
4	
	12 €

8 Drei Kugeln Eis kosten 150 Cent. Berechne den Preis für eine Kugel, 2 Kugeln, 3 Kugeln, 4 Kugeln und 5 Kugeln.

9 Alle zwei Monate zahlt Frau Eichler 200 € an Stromkosten. Wie viel Euro Stromkosten sind in einem halben Jahr (in acht Monaten, in einem Jahr) zu zahlen?

10 Frau Bergmann hat ein Auto gekauft. Es verbraucht auf 100 km nur 5 Liter Benzin. Übertrage die Tabelle in dein Heft und fülle sie aus.

Strecke	50 km	100 km	150 km	200 km				
Benzin		5 *l*			12,5 *l*	15 *l*	17,5 *l*	25 *l*

11

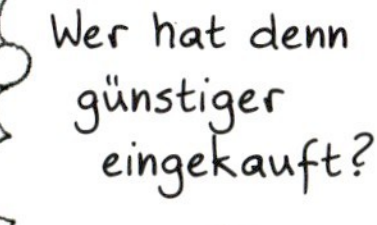

1 a) Vergleicht die Rechenwege von Aysche, Sofia und Paul für den Rosenstrauß.
b) Marc kauft 9 Nelken. Sabine kauft 7 Gerbera. Rechne auf verschiedenen Wegen.

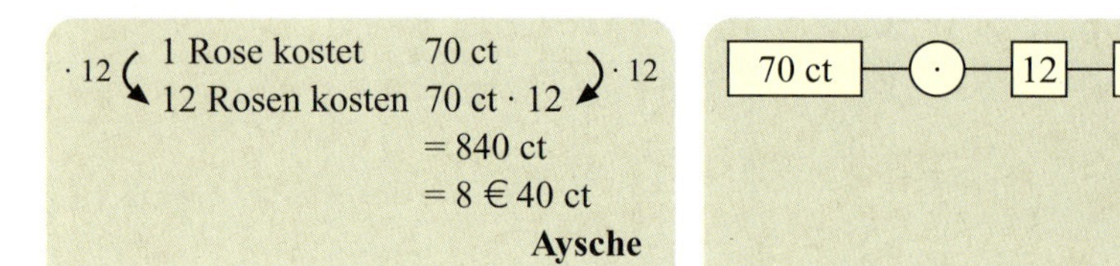

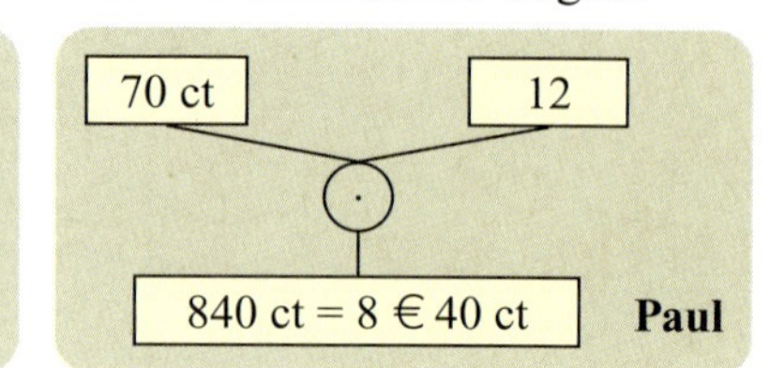

2 a) Wie teuer ist der Herbststrauß mit Gerbera und Nelken? Rechne wie Aysche.
b) Sabine hat den Rechenplan gezeichnet. Ergänze den Rechenplan im Heft und rechne aus.

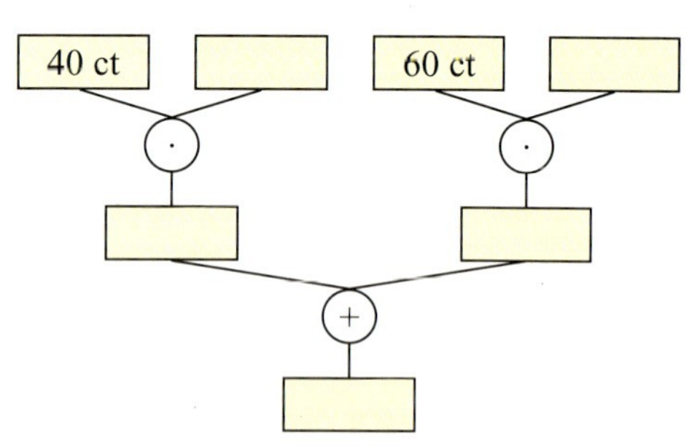

3 a) Schreibe zum Text eine passende Frage auf.
b) Suche zu jedem Text den passenden Rechenplan. Rechne und beantworte die Frage.
c) Erfinde zu jedem Rechenplan eine weitere Aufgabe.

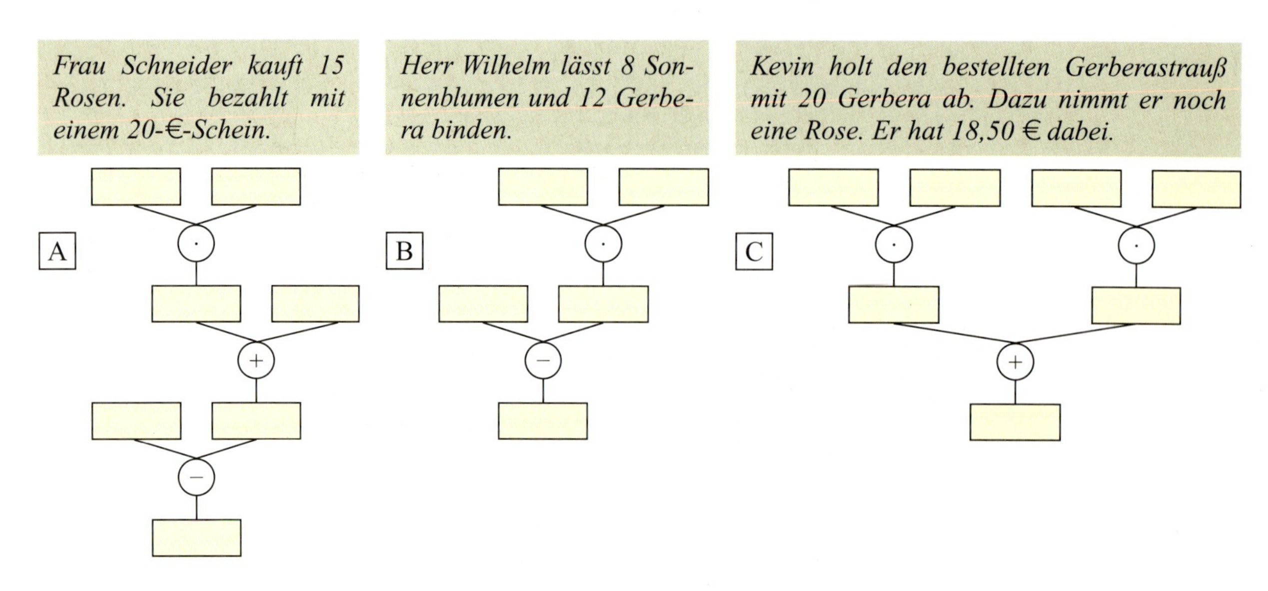

1 Die Waschmaschine war defekt. Der Kundendienst muss kommen. Herr Schulze unterschreibt den Quittungsblock und erhält später die Rechnung.
Löse schrittweise. Beachte den Rechenplan.

Quittungsblock:
Kundendienst-Reparatur
Am: 28.9.06
Bei: H. Schulze, Gartenstraße 19

	Einzelpreis	
Arbeitszeit:	34 €	2,5 Std.
Anfahrt (Pauschale):	18 €	
Ersatzteile:	87,90 €	

Unterschrift
des Auftraggebers: ....Schulze........

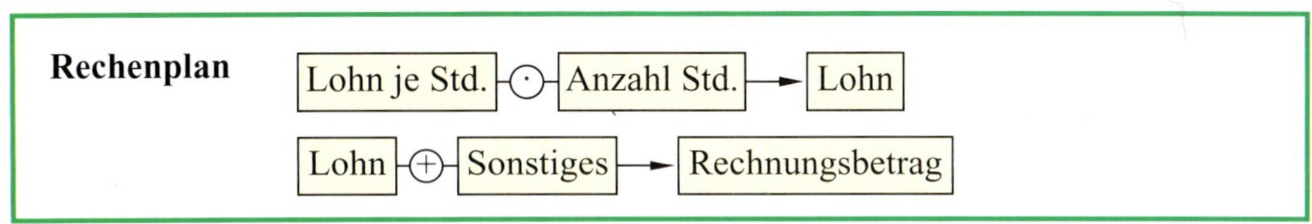

2 In jedem Jahr führt der Kaminkehrer eine Messung der Heizungsanlage durch. Er überprüft dabei, ob der Heizofen Öl oder Gas sparsam verbrennt und ob die Abgase den gesetzlichen Vorgaben entsprechen. Familie Schulze hat vorab ihre Heizungsanlage reinigen und warten lassen. Folgende Arbeiten wurden durchgeführt. Berechne den Endpreis.

Anfahrt:	24 €
Reinigung:	3 Std.
	37 € je Std.
Kleinmaterial:	14,80 €

3 Familie Schulze möchte an ihrem Hause einen Bewegungsmelder anbringen lassen.
a) Wie funktioniert ein Bewegungsmelder? Welche Gründe sprechen für seine Anschaffung?
b) Wo würdest du den Bewegungsmelder anbringen?
c) Berechne die Kosten anhand des Kostenvoranschlages.

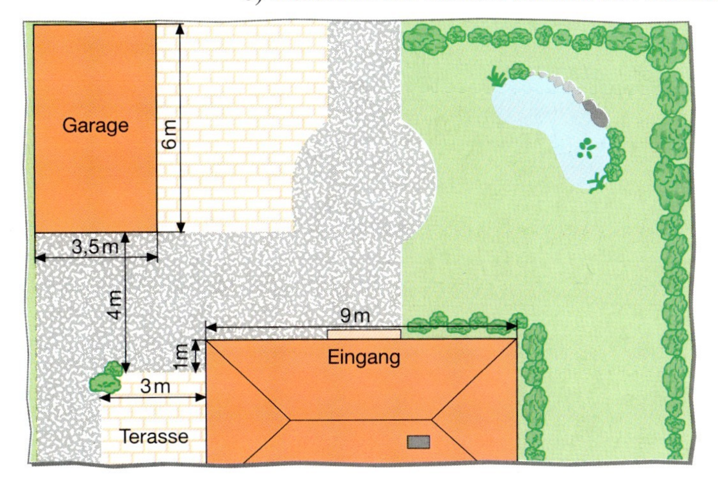

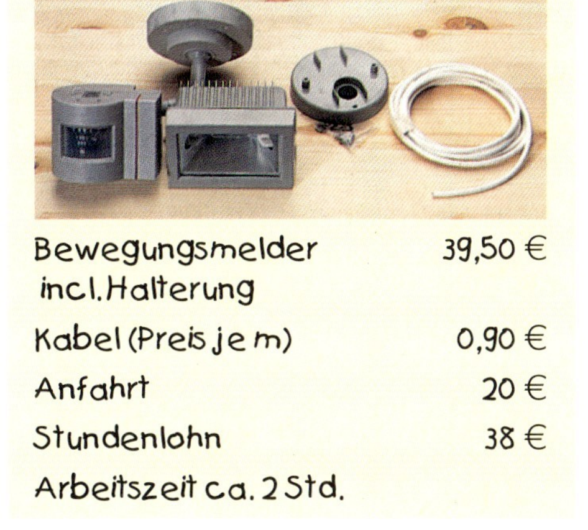

Den Waldhonig im Bauernladen bietet eine benachbarte Imkerin an. Sie besitzt 18 Bienenvölker. In einem guten Honigjahr hatte sie einen durchschnittlichen Ertrag von 9,750 kg je Volk. Sie verbraucht selbst 10,5 kg. Den Rest verkauft sie in Eimern zu je 3 kg. Ein Eimer kostet 18 €.

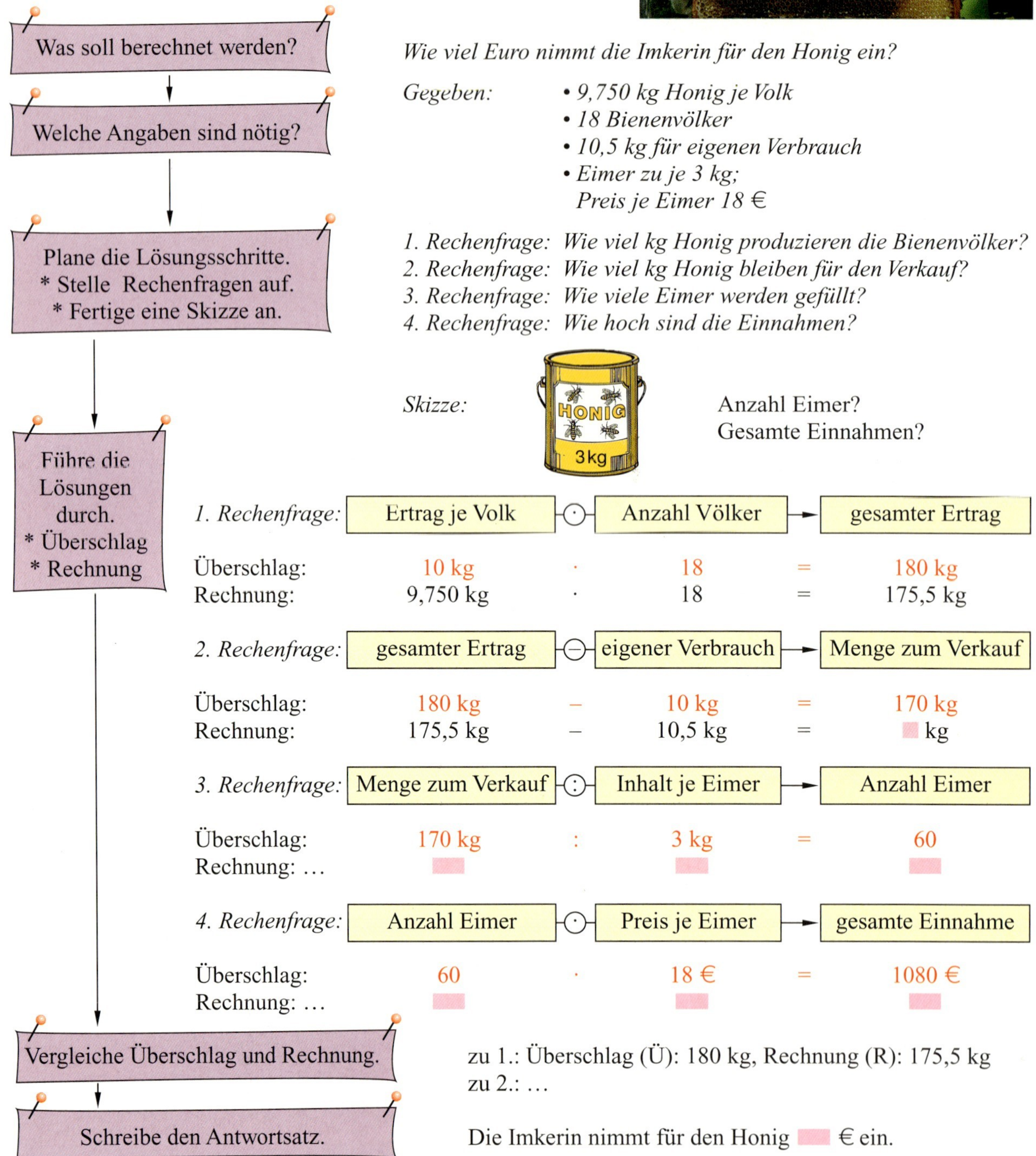

Was soll berechnet werden?

Wie viel Euro nimmt die Imkerin für den Honig ein?

Welche Angaben sind nötig?

Gegeben:
- *9,750 kg Honig je Volk*
- *18 Bienenvölker*
- *10,5 kg für eigenen Verbrauch*
- *Eimer zu je 3 kg; Preis je Eimer 18 €*

Plane die Lösungsschritte.
*** Stelle Rechenfragen auf.**
*** Fertige eine Skizze an.**

1. Rechenfrage: *Wie viel kg Honig produzieren die Bienenvölker?*
2. Rechenfrage: *Wie viel kg Honig bleiben für den Verkauf?*
3. Rechenfrage: *Wie viele Eimer werden gefüllt?*
4. Rechenfrage: *Wie hoch sind die Einnahmen?*

Skizze: HONIG 3kg — Anzahl Eimer? Gesamte Einnahmen?

Führe die Lösungen durch.
*** Überschlag**
*** Rechnung**

1. Rechenfrage:	Ertrag je Volk	⊙	Anzahl Völker	→	gesamter Ertrag
Überschlag:	10 kg	·	18	=	180 kg
Rechnung:	9,750 kg	·	18	=	175,5 kg

2. Rechenfrage:	gesamter Ertrag	⊖	eigener Verbrauch	→	Menge zum Verkauf
Überschlag:	180 kg	–	10 kg	=	170 kg
Rechnung:	175,5 kg	–	10,5 kg	=	▒ kg

3. Rechenfrage:	Menge zum Verkauf	⊙	Inhalt je Eimer	→	Anzahl Eimer
Überschlag:	170 kg	:	3 kg	=	60
Rechnung: …	▒		▒		▒

4. Rechenfrage:	Anzahl Eimer	⊙	Preis je Eimer	→	gesamte Einnahme
Überschlag:	60	·	18 €	=	1080 €
Rechnung: …	▒		▒		▒

Vergleiche Überschlag und Rechnung.

zu 1.: Überschlag (Ü): 180 kg, Rechnung (R): 175,5 kg
zu 2.: …

Schreibe den Antwortsatz.

Die Imkerin nimmt für den Honig ▒ € ein.

Material Gruppe 2:
Temperaturkurven

Gruppenpuzzle

Es werden 3 Gruppen mit 4 Personen gebildet. In diesen Gruppen werden Rechenfragen zum jeweiligen Material gefunden. Dann werden aus den 3 Gruppen 4 neue gebildet mit jeweils 3 Personen. Diese diskutieren und lösen die gefundenen Rechenfragen.

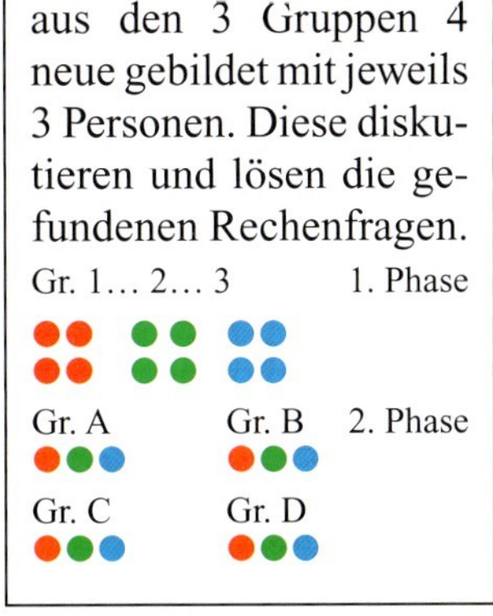

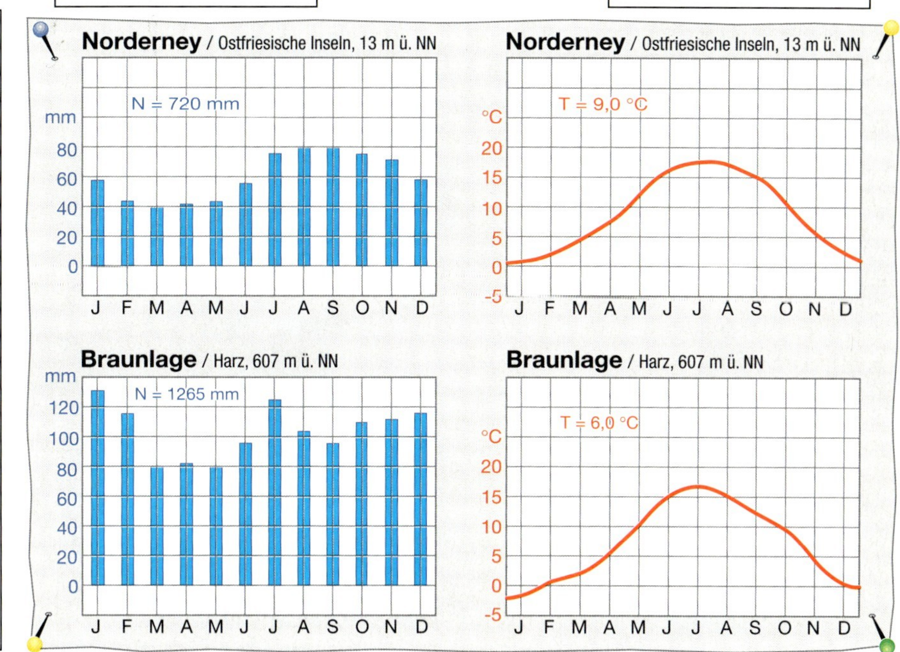

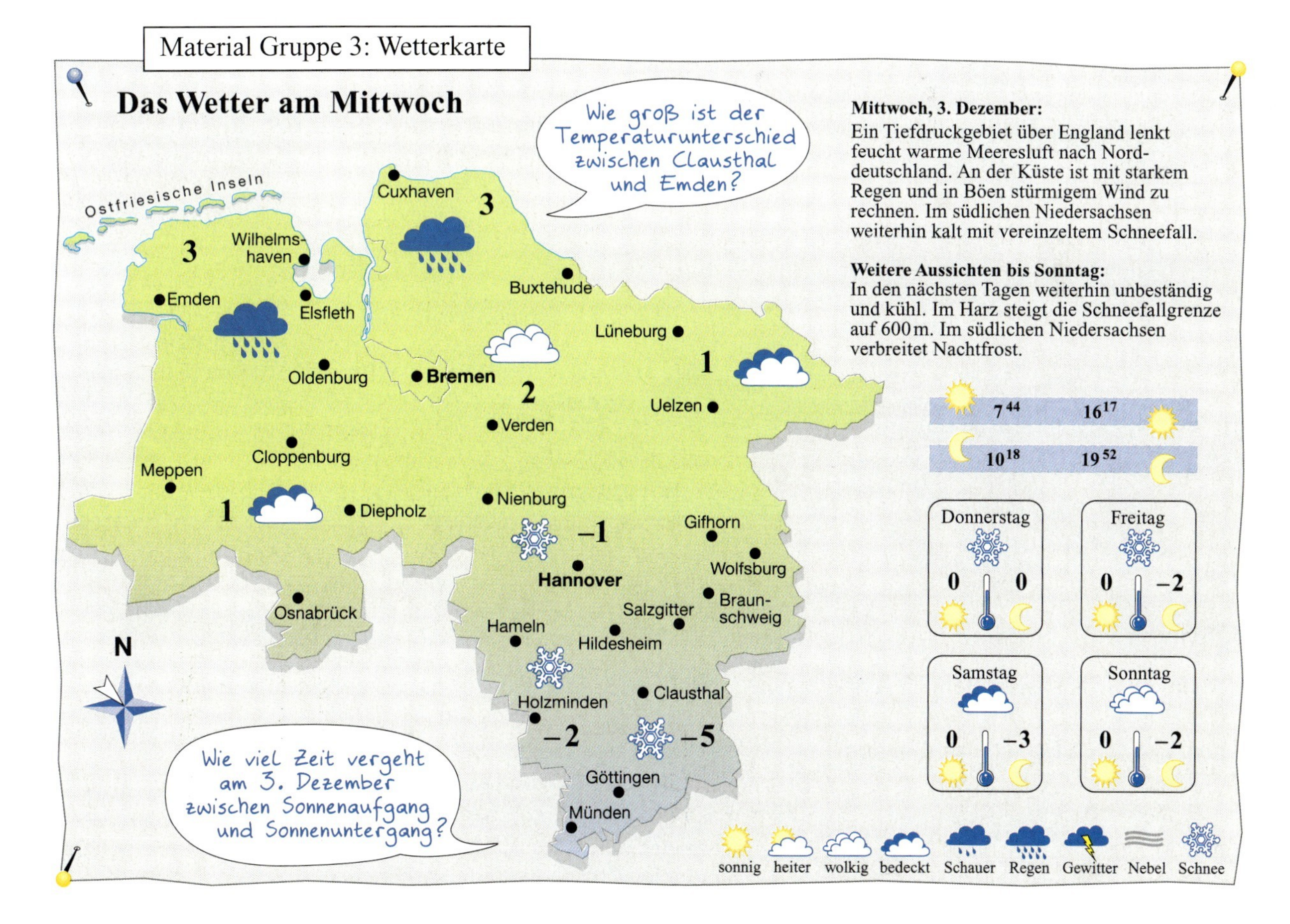

Die Klasse 6a überlegt, was man alles wissen muss. Die Ideen werden an der Tafel gesammelt.
Eine Skizze hilft ihnen sich die Situation vorzustellen. Kannst du erklären, warum die einzelnen Fragen wichtig sind um das Problem zu lösen?

Bis zur nächsten Stunde versuchen alle Gruppen ihre Daten herauszufinden.

- Wie lang ist ein Auto? (Gruppe 1)
- Wie viele Menschen sitzen in einem Auto? (Gruppe 2)
- Wie viel Abstand ist zwischen zwei Autos? (Gruppe 3)
- Wie viele Spuren hat eine Autobahn?
- Wie viele LKws und Busse sind unterwegs? (Gruppe 4)

In der nächsten Stunde stellen die Gruppen ihre Ergebnisse vor.

Übertrage die Skizze in dein Heft und ergänze mithilfe der Arbeitsergebnisse die fehlenden Zahlen.

Kannst du diese Fragen beantworten?

- Wie viele Autos stehen auf 100 m Autobahn?
- Wie viele Lkws stehen auf 100 m Autobahn?
- Wie viele Autos/Lkws stehen auf einem Kilometer?
- Wie viele stehen auf 25 Kilometern?
- Wie viele Menschen sind dann in diesem Stau?

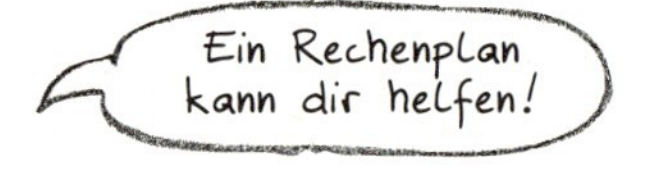

1. Den ganzen Maschsee in viele Quadrate zerlegen.
2. Die Quadrate ausrechnen und addieren.
3. Den ausgerechneten Flächeninhalt mithilfe des Maßstabs umrechnen.

Sina

1. *Ein Rechteck um den Maschsee zeichnen und den Flächeninhalt ausrechnen.*
2. *Mehrere Rechtecke in das große Rechteck so einzeichnen, dass der See frei bleibt.*
3. *Rechtecke ausrechnen.*
4. *Vom großen Rechteck die kleinen Rechtecke subtrahieren.*
5. *Mithilfe des Maßstabs den Flächeninhalt umrechnen*

Daniel

Sina und Daniel haben ihre Ideen aufgeschrieben. Vergleiche sie. Was ist gleich, was ist unterschiedlich? Hast du noch einen anderen Weg? Schreibe ihn auf.

Stellt eure Rechenwege vor und diskutiert sie.

Hat Andres Vater Recht?

Maßstab 1 : 20 000 heißt: 1 cm^2 auf der Karte sind 40 000 m^2 in Wirklichkeit.

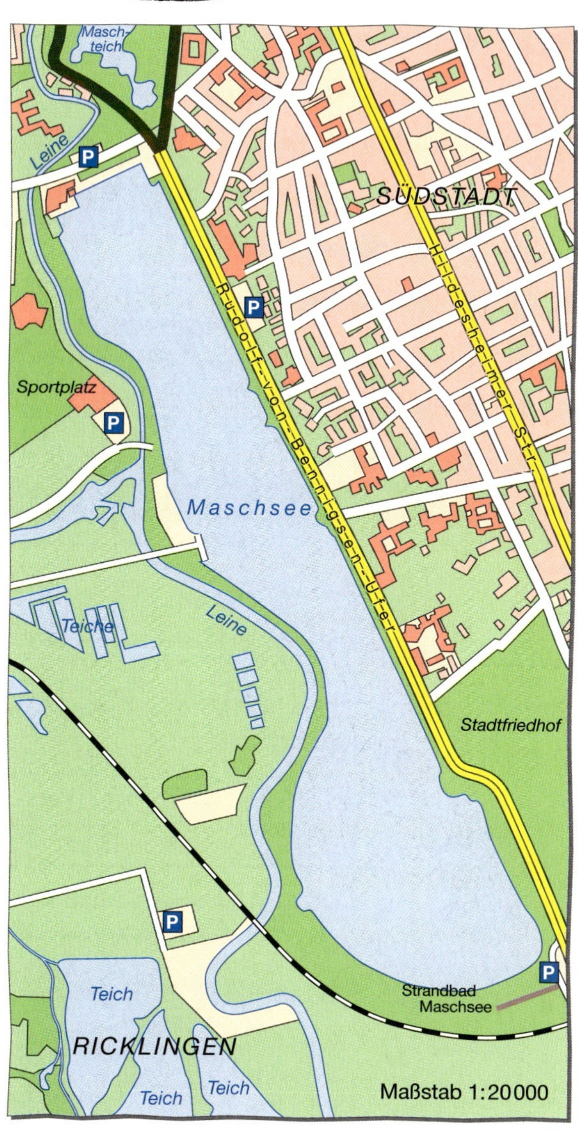

Wiederholen & Sichern

Rechenrallye – 4. Etappe

Auf der 4. Etappe musst du mindestens 65 Punkte sammeln. Viel Spaß.

Nr.		Punkte
1	Runde. a) auf Zehntel: 4,28 13,84 19,106 25,076 10,08 210,045 b) auf Hundertstel: 9,582 6,237 0,974 0,875 20,055 99,999 c) auf Tausendstel: 2,0356 7,2485 1,7345 18,3995 10,9999 0,8995	6 6 6
2	Addiere und subtrahiere im Kopf. a) 0,9 m + 6,4 m b) 16,4 kg − 9,7 kg c) 17,8 km + 9,35 km d) 28,45 km − 19,9 km e) 7,65 m + 8,95 m f) 21,6 kg − 9,85 kg	3 3
3	Rechne einzeln. a) 7,4 [· 100 | · 1000 | · 6 | · 25 | · 9 | · 36] b) 32,8 [: 10 | : 100 | : 1000 | : 4 | : 5 | : 20]	6 6
4	Bei Sport-Box wurden Skater von 149,90 € auf 125,40 € und das Schutz-Set von 49,50 € auf 24,20 € im Preis herabgesetzt. Kevin überlegt: „Wie viel Euro spare ich, wenn ich die Angebote nutze?“	4
5	Lara darf maximal für 50 € einkaufen. In der City-Passage entscheidet sie sich für den Mini-Rock für 22,95 € und das Top für 12,85 €. Eine Hose für 19,95 € gefällt ihr sehr und eine Strohtasche in orange für 8,95 € auch. Was kann sie sich noch leisten? Sie geht schließlich mit drei Sachen nach Hause. Wie viel Euro hat sie übrig behalten?	5
6	Gib als Dezimalbruch an. a) $\frac{9}{10}$ b) $\frac{96}{100}$ c) $\frac{7}{100}$ d) $9\frac{9}{100}$ e) $\frac{25}{1000}$ f) $2\frac{6}{1000}$ g) $15\frac{4}{1000}$	7
7	a) $\frac{2}{3}$ von 45 km b) $\frac{4}{5}$ von 35 kg c) $\frac{5}{8}$ von 64 *l* d) $\frac{2}{7}$ von 84 m	2 + 2 2 + 2
8	a) $\frac{2}{3} + \frac{1}{6}$ b) $\frac{3}{4} - \frac{3}{8}$ c) $\frac{5}{6} - \frac{2}{3}$ d) $\frac{7}{10} + \frac{1}{2}$ e) $1\frac{2}{3} + \frac{1}{4}$ f) $2\frac{6}{10} - 1\frac{4}{5}$	2 + 2 + 2 2 + 2 + 2
9	Gib in der nächstkleineren Einheit an. a) 7 m^2; 3,5 dm^2; 8,4 cm^2; 0,7 cm^2 b) 3 m^3; 7,5 dm^3; 0,8 cm^3; 0,2 dm^3	4 4
10	Andrea und Marc kaufen für das Klassenfest der 6b ein. Sie haben 40 € eingesammelt. Bleibt Geld übrig? *28 Brezeln* *6 Apfelsaft* *9 Mineralwasser* *12 Beutel Bio-Chips* Mineralwasser 0,49 € · Bio Potato Chips 1,39 € · Apfelsaft 0,69 € · Brezel 0,49 €	5 85

Wolkenkratzer in Ottawa, Kanada

Wohnhäuser in Rotterdam, Niederlande

Pueblodorf in Taos, USA

Welche Flächen und geometrischen Körper erkennst du?

Autopräsentation in Florenz, Italien

Wohnhaus Fallingwater, USA

1 Familie Weidner hat schon lange nach einem Schrebergarten gesucht. Jetzt hat sie endlich einen geeigneten gefunden. Es gibt viel zu überlegen und zu tun.

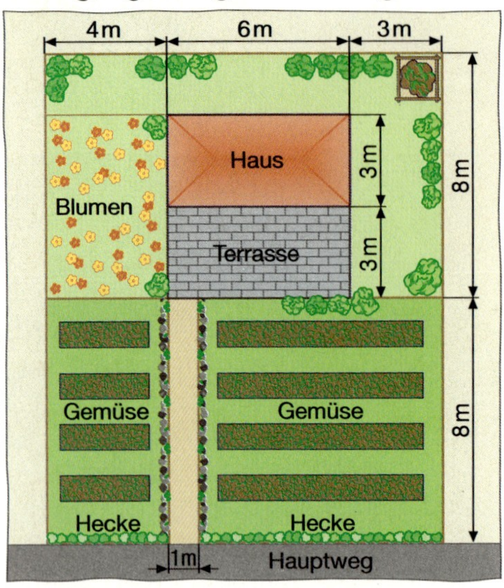

a) Wie groß ist die Gesamtfläche des Grundstücks?
b) Es soll ein neuer Zaun um das Grundstück gezogen werden. Wie viel Meter werden benötigt (ohne Pforte)?
c) Die Terrasse wird neu gepflastert.
d) Der Zuweg bekommt neue Kantensteine.
e) Zum Hauptweg hin wird eine Hecke gepflanzt. Für 1 m benötigt man 3 Pflanzen, die je 3,90 € kosten.
f) Wie groß ist die Fläche für Gemüse?
g) Wie groß ist der Abstand des Gartenhauses zur rückwärtigen Grundstücksgrenze?
h) Überlege, warum sich die Familie gerade diesen Garten mietet.

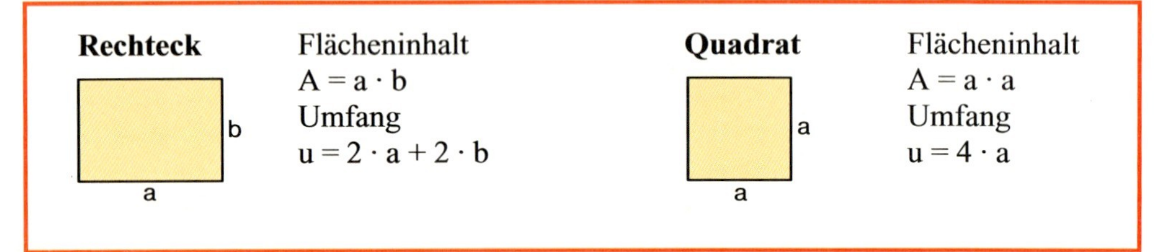

Rechteck

Flächeninhalt
$A = a \cdot b$
Umfang
$u = 2 \cdot a + 2 \cdot b$

Quadrat

Flächeninhalt
$A = a \cdot a$
Umfang
$u = 4 \cdot a$

2 Berechne Flächeninhalt und Umfang der Rechtecke. Achte auf gleiche Maßeinheiten.

	a)	b)	c)	d)	e)	f)	g)	h)
Seite a	18 cm	20 cm	2 dm	3,50 m	8 dm	5 cm	1,25 m	200 cm
Seite b	7 cm	4,5 cm	20 cm	4 m	3,5 dm	5 mm	8 dm	1,45 m

3 In der Waldsiedlung stehen sechs Garagen mit Flachdach in einer Reihe. Jede Garage ist 3,50 m breit und 4,80 m lang.
a) Wie groß ist die gesamte Dachfläche?
b) Rund um die Garagen soll eine weiße Dachblende angebracht werden.

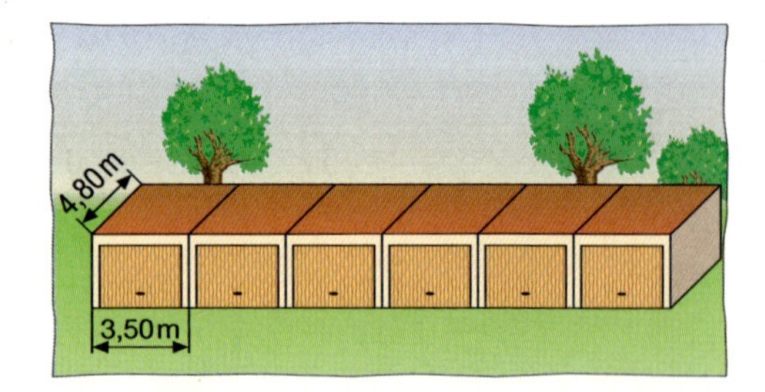

4 Ein Rechteck hat die Seiten a = 4 cm und b= 3 cm. Vergleiche den Flächeninhalt, wenn man
a) die Seite a verdoppelt (verdreifacht),
b) die Seite b verdoppelt (verdreifacht),
c) die Seite a und die Seite b verdoppelt (verdreifacht).

Gerecht verteilt
Alexander und Leonie haben 60 Euro. Sie wollen das Geld so verteilen, dass Leonie einen Euro mehr erhält als Alexander. Wie viel Euro bekommt jeder?

1 Familie Weidner interessiert sich für das Baugrundstück. Auf dem Lageplan sind der Flächeninhalt des Grundstücks angegeben und die Breite. Wie lang ist es?

Gegeben: $A = 588\ m^2$
$b = 21\ m$
Gesucht: a

Formel: $A = a \cdot b$
Einsetzen $588 = a \cdot 21 \quad | :21$
$588 : 21 = 28$

Antwort: Das Grundstück ist 28 m breit.

2 Nach der Bauzeichnung ihres Hauses benötigt Familie Weidner ein Grundstück, das mindestens 18 m breit ist. Welche Grundstücke kommen in Frage?

a)
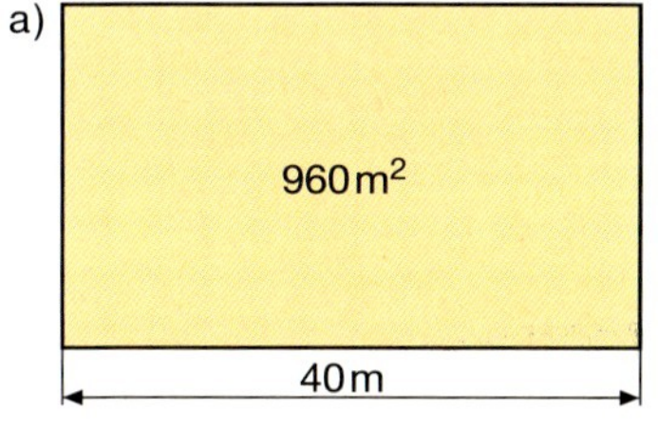

b)
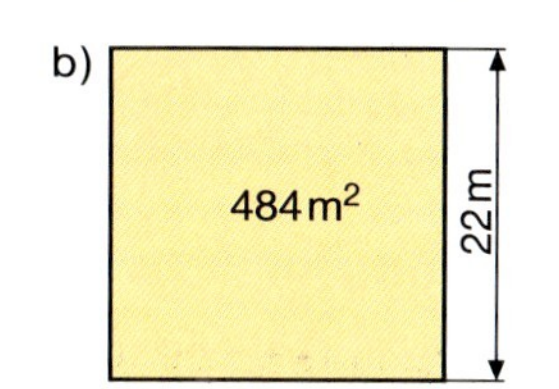

c)
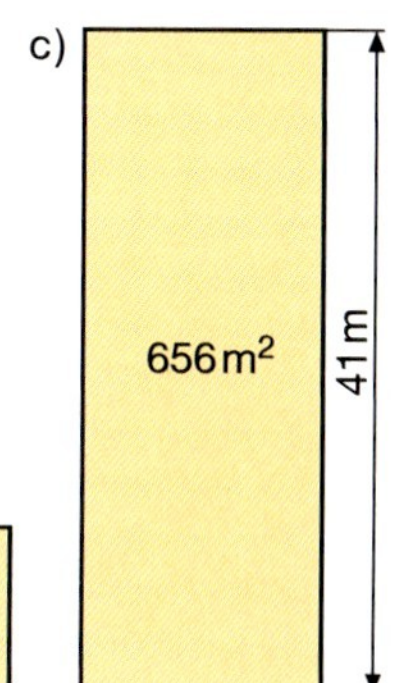

d) 1122 m²
102 m

3 Berechne die fehlende Seite b eines Rechtecks.

a)

	(1)	(2)	(3)	(4)
a	9 cm	32 dm	10 m	8 km
A	144 cm²	928 dm²	5 m²	20 km²

b)

	(1)	(2)	(3)	(4)
a	7 dm	41 m	20 cm	6 mm
u	52 dm	130 m	41 cm	19 mm

4 Die Schreinerei Roth soll einem Architektenbüro drei Arbeitsplatten mit gleicher Größe liefern.
Die Auszubildende hat eine Handskizze mit den Maßen gezeichnet.

a) Wie hättest du die Maße aufgeschrieben?
b) Wie groß ist der Flächeninhalt einer Platte?
c) Für einen Quadratmeter berechnet Schreiner Roth 60 €. Hinzu kommt der Arbeitslohn von insgesamt 125 €.

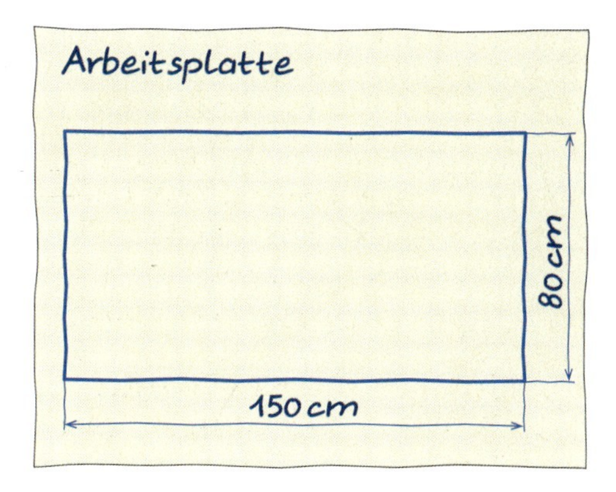

1 a) Unterscheide die Formen der Gegenstände nach Würfel und Quader.
b) Beschreibe Würfel und Quader. Verwende dazu die Begriffe auf den Notizzetteln.

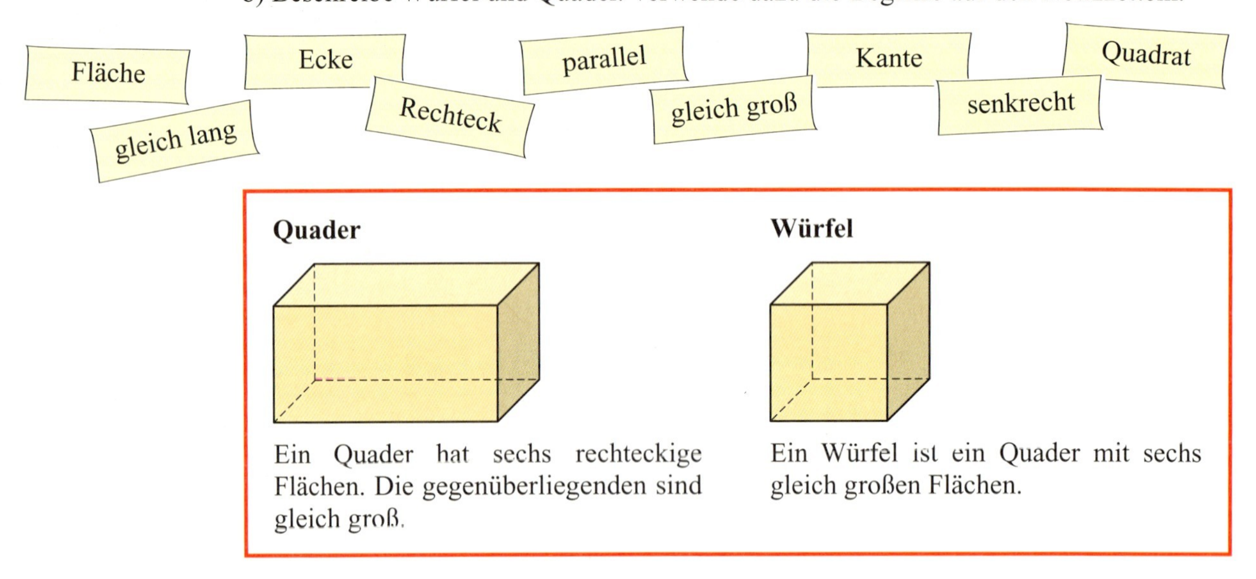

Quader

Ein Quader hat sechs rechteckige Flächen. Die gegenüberliegenden sind gleich groß.

Würfel

Ein Würfel ist ein Quader mit sechs gleich großen Flächen.

2 Welche Eigenschaften treffen zu? Begründe.

Eigenschaften	Würfel	Quader
Der Körper hat 8 Ecken.		
Der Körper hat 12 Kanten.		
Alle Kanten stehen senkrecht aufeinander.		
Gegenüberliegende Kanten sind gleich lang.		
Gegenüberliegende Kanten sind parallel zueinander.		
Der Körper setzt sich aus 6 Flächen zusammen.		
Alle Flächen sind gleich groß.		
Gegenüberliegende Flächen liegen parallel zueinander.		
An jeder Ecke treffen sich drei Kanten, die zueinander senkrecht stehen.		

3 Wie viele Würfel sind aufgeschichtet? Wie viele liegen auf dem Boden? Wie zählst du?

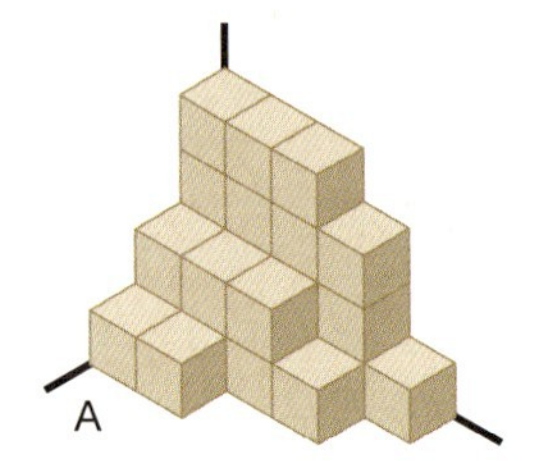

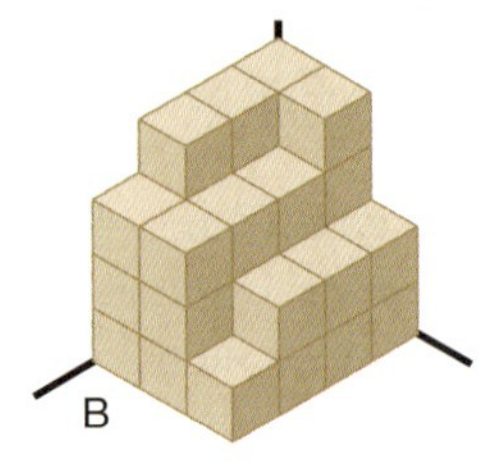

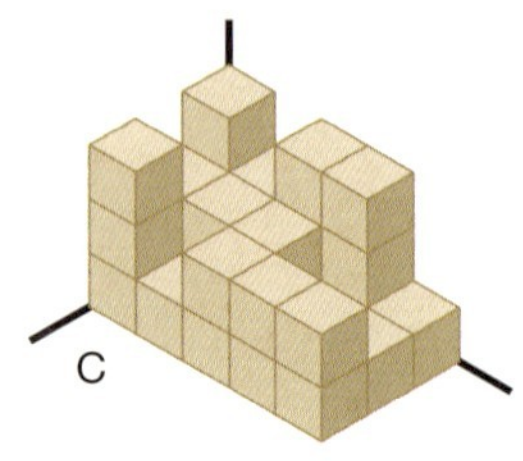

1 a) In welchen Karton passen mehr Glühbirnen? Begründe.
b) Beim Großhändler werden 80 Glühbirnen bestellt. Wie kann die Lieferung verpackt werden?

2 Baue aus 8 Streichholzschachteln möglichst viele verschiedene Türme. Was verändert sich? Was haben alle Körper gemeinsam?

3 a) Wie viele Würfel liegen in einer Schicht?
b) Wie viele Würfel passen in die Kiste?

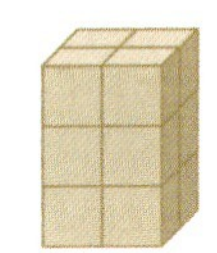

4 a) Aus wie vielen Würfeln hat Tim seinen Turm gebaut?
b) Baue andere Türme mit dem gleichen Rauminhalt.

5 a) Zeichne die Baupläne zu den Körpern.
b) Ordne die Körper nach ihrem Rauminhalt.

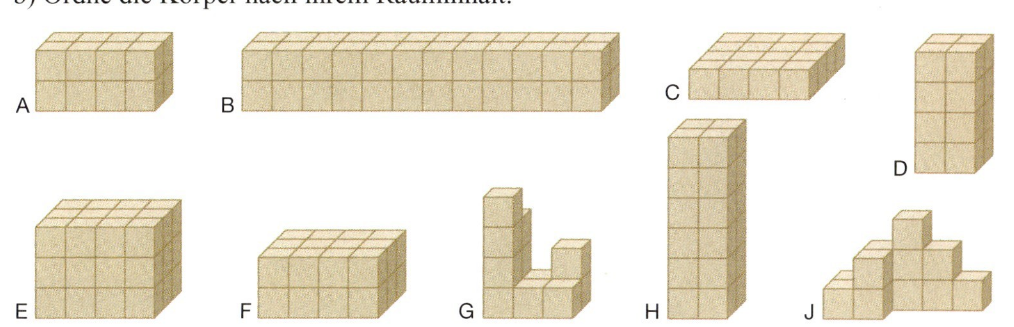

6 Aus wie vielen Würfeln wurden die Tiere zusammengebaut?

a)

b)

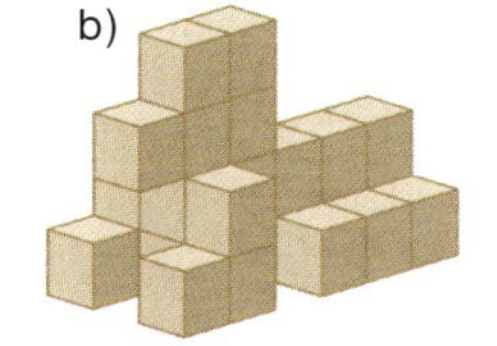

c)

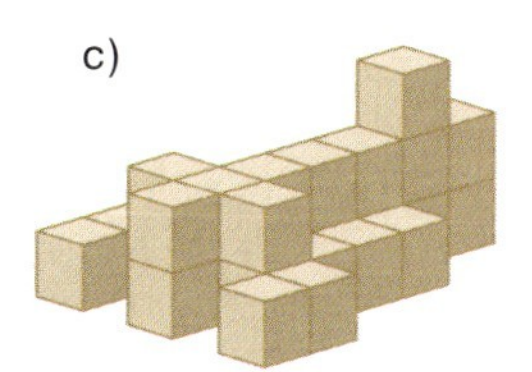

1 In welcher Kiste ist am meisten Platz?

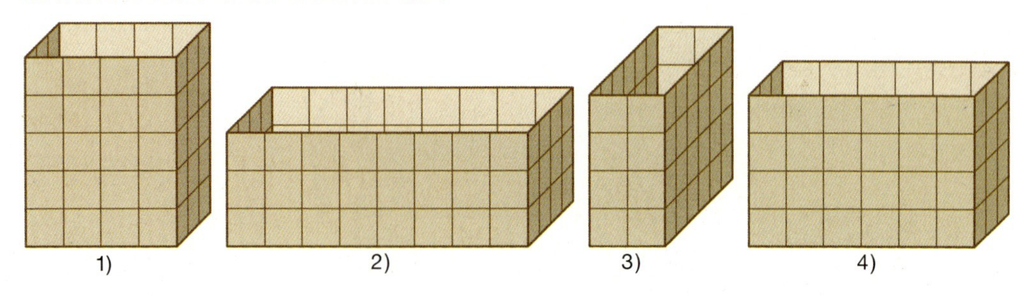

2 a) Bestimme den Rauminhalt der Körper.
b) Es sollen Quader entstehen. Wie viele Würfel müssen mindestens dazugelegt werden?

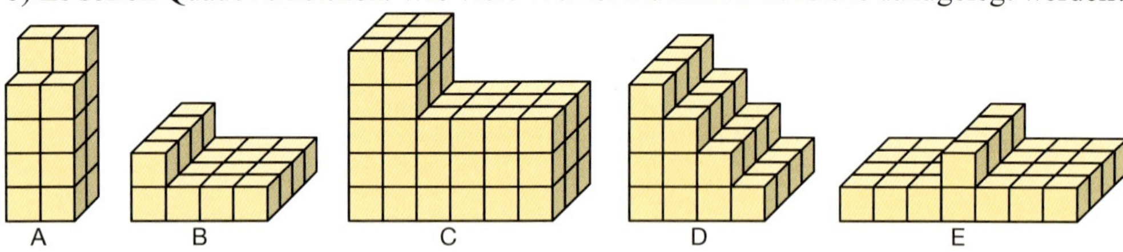

3 Katja will aus Würfeln eine Stufenpyramide bauen, die vier Schichten hoch ist.
a) Wie viele Würfel muss Katja in die unterste Schicht legen?
b) Wie viele Würfel braucht sie für die ganze Pyramide?

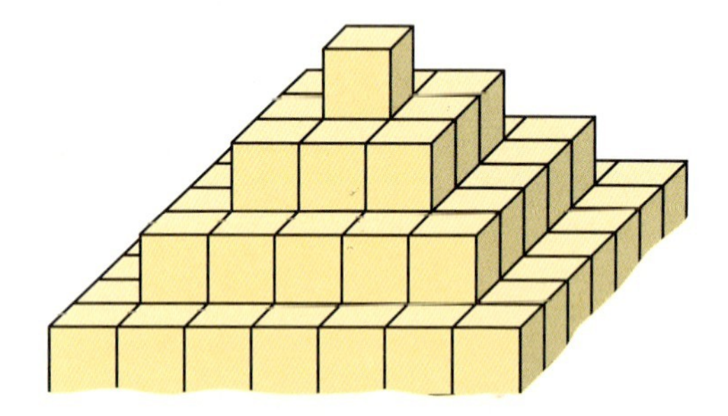

4 Ein farbiger Würfel mit 4 cm Kantenlänge wird in kleine Würfel zersägt.
a) Wie viele Würfel mit 1 cm Kantenlänge entstehen?
b) Wie viele Würfel entstehen, die keine (eine, zwei, drei) farbigen Flächen haben?

5

Vergleiche das Volumen der beiden Würfel aus Schaumstoff und aus Holz. Was zeigt die Waage an? Begründe.

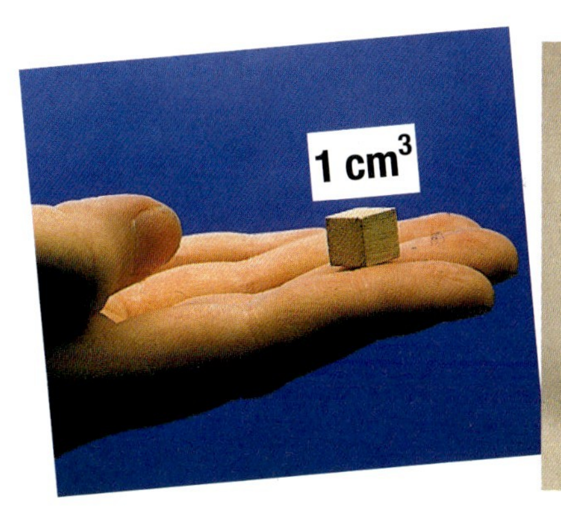

Andere Raumeinheiten:

Würfel mit der Kantenlänge	1 mm	1 cm	1 dm	1 m
Volumen	$1\ mm^3$	$1\ cm^3$	$1\ dm^3$	$1\ m^3$

Das Volumen (der Rauminhalt) eines Körpers wird durch eine Maßzahl und eine Maßeinheit angegeben.

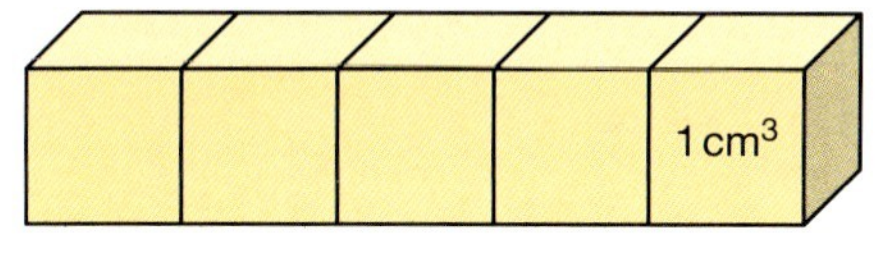

$5\ cm^3 = 5 \cdot 1\ cm^3$

Maßzahl Maßeinheit

1 In welchen Maßeinheiten werden die Rauminhalte dieser Körper angegeben: Eiswürfel, Klassenzimmer, Aquarium, Telefonzelle, Kofferraum eines Autos?

2 Eva legt den Dezimeterwürfel mit Zentimeterwürfeln aus.

a) Wie viele Zentimeterwürfel legt sie in die Grundschicht?

b) Sie legt 3 (4, 7, 8, 10) Schichten übereinander. Wie viele Zentimeterwürfel benötigt sie dafür jeweils?

c) Wie viele Zentimeterwürfel passen insgesamt in den Dezimeterwürfel?

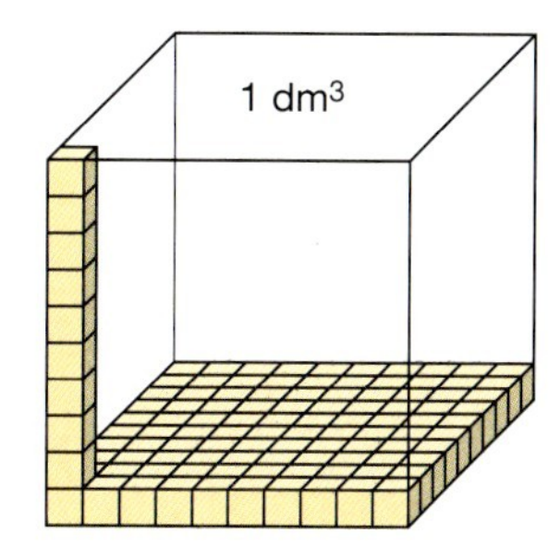

3 Die Klasse 6 möchte einen Meterwürfel mit Dezimeterwürfeln auslegen. Dafür hat jeder Schüler aus Pappe vier Dezimeterwürfel gebaut. In der Klasse sind 31 Schüler. Markus meint: „Die müssten doch bald reichen.“ Was meinst du dazu?

$1\ m^3 = 1000\ dm^3$
$1\ dm^3 = 1000\ cm^3$
$1\ cm^3 = 1000\ mm^3$

1 Wandle um.
a) in cm^3: 3000 mm^3 6000 mm^3 8000 mm^3 10 000 mm^3 280 000 mm^3 400 000 mm^3
b) in dm^3: 5000 cm^3 9000 cm^3 7000 cm^3 20 000 cm^3 600 000 cm^3 750 000 cm^3
c) in m^3: 4000 dm^3 6000 dm^3 9000 dm^3 45 000 dm^3 127 000 dm^3 325 000 dm^3

2 Wandle in die nächstkleinere Maßeinheit um.
a) 8 m^3 2 m^3 16 m^3 34 m^3 48 m^3
b) 7 dm^3 12 dm^3 3 dm^3 21 dm^3 36 dm^3
c) 6 cm^3 9 cm^3 11 cm^3 50 cm^3 101 cm^3
d) 0,5 m^3 0,2 dm^3 0,8 cm^3 0,9 m^3

3 Wandle in die nächstgrößere Maßeinheit um.
a) 9000 mm^3 3000 cm^3 11000 dm^3
b) 2000 cm^3 7000 mm^3 12 000 dm^3
c) 500 cm^3 900 cm^3 800 dm^3 300 dm^3
d) 400 mm^3 1200 mm^3 100 dm^3 2400 dm^3

4 Wandle um. $9\ m^3\ 12\ dm^3 = 9000\ dm^3 + 12\ dm^3 = 9012\ dm^3$

a)
11 m^3 245 dm^3
24 m^3 806 dm^3
36 m^3 47 dm^3

b)
20 m^3 12 dm^3
42 m^3 7 dm^3
53 m^3 9 dm^3

c)
4 dm^3 880 cm^3
3 dm^3 74 cm^3
9 dm^3 9 cm^3

d)
2 cm^3 650 mm^3
13 cm^3 48 mm^3
27 cm^3 7 mm^3

5 Verwandle wie im Beispiel. $13\,600\ cm^3 = 13\ dm^3\ 600\ cm^3$

a)
3400 mm^3
8090 mm^3
12 008 mm^3

b)
12 500 cm^3
6050 cm^3
24 002 cm^3

c)
7200 dm^3
9500 dm^3
12 040 dm^3

d)
5030 dm^3
3004 cm^3
9008 mm^3

6 Gib mit Komma an. Benutze die Tabelle.

m^3			dm^3			cm^3			mm^3		
H	Z	E	H	Z	E	H	Z	E	H	Z	E
							1	2	0	6	8
			3	4	5	7	1	2			
		6	0	0	3						

$12\ cm^3\ 68\ mm^3 = 12{,}068\ cm^3$
$345\ dm^3\ 712\ cm^3 = 345{,}712\ dm^3$
$6\ m^3\ 3\ dm^3 = 6{,}003\ m^3$

a)
2 cm^3 117 mm^3
7 cm^3 98 mm^3
14 cm^3 3 mm^3

b)
4 dm^3 312 cm^3
11 dm^3 28 cm^3
516 dm^3 2 cm^3

c)
18 m^3 205 dm^3
9 m^3 48 dm^3
316 m^3 4 dm^3

d)
10 m^3 80 dm^3
40 dm^3 70 cm^3
100 dm^3 4 cm^3

7
a) Schreibe in m^3.
1800 dm^3
472 dm^3
60 dm^3
5 dm^3

b) Schreibe in dm^3.
7007 cm^3
6001 cm^3
101 cm^3
24 cm^3

c) Schreibe in cm^3.
76 mm^3
3740 mm^3
802 mm^3
9 mm^3

Bei Flüssigkeiten und Hohlkörpern wird das Volumen auch in Milliliter (ml), in Liter (*l*) oder Hektoliter (hl) angegeben:

$1\ cm^3 = 1\ ml$
$1\ dm^3 = 1\ l$
$100\ dm^3 = 100\ l = 1\ hl$

1

Ordne die Hohlmaße richtig zu.

2 Wandle wie im Beispiel um.

302 *l* = 3 hl 2 *l* = 3,02 hl

8,03 hl = 8 hl 3 *l* = 803 *l*

a) 304 *l* 520 *l* 1200 *l* 4012 *l* 6003 *l*
b) 70 *l* 50 *l* 160 *l* 225 *l* 336 *l* 705 *l*
c) 47,68 hl 96,40 hl 30,78 hl 22,06 hl
d) 0,65 hl 0,32 hl 0,40 hl 0,07 hl

3 Die Autofirmen bauen in ihre Modelle Motoren mit unterschiedlichem Hubraum ein. Manche Firmen geben den Hubraum in *l*, andere Firmen geben ihn in cm^3 an. Rechne die Angaben in die fehlenden Einheiten um.

Modell	*l*	cm^3
untere Mittelklasse		1781
obere Mittelklasse	1,991	
Lieferwagen		1796
Luxuslimousine	2,996	
Limousine	2,497	
Sportcoupé		2480

Modell	*l*	cm^3
Turbodiesel		1984
Caravan	1,948	
Kleinwagen		1332
Geländewagen	2,826	
Citywagen		899
Roadster	2,790	

4 Rechne in *l* und hl um. $2\ m^3\ 15\ dm^3 = 2015\ dm^3 = 2015\ l = 20\ hl\ 15\ l = 20{,}15\ hl$

a) $489\ dm^3$ $3\ m^3$ $746\ dm^3$ $10\ m^3$ $100\ dm^3$ $4500\ cm^3$ $70\,000\ cm^3$ $1\,000\,000\ cm^3$
b) $8\ dm^3$ $25\ dm^3$ $345\ dm^3$ $6\ m^3$ $3\ m^3\ 275\ dm^3$ $12\ m^3\ 20\ dm^3$ $1\ m^3\ 1\ dm^3$

5 Verwandle in die Volumeneinheiten, die in Klammern angegeben sind.

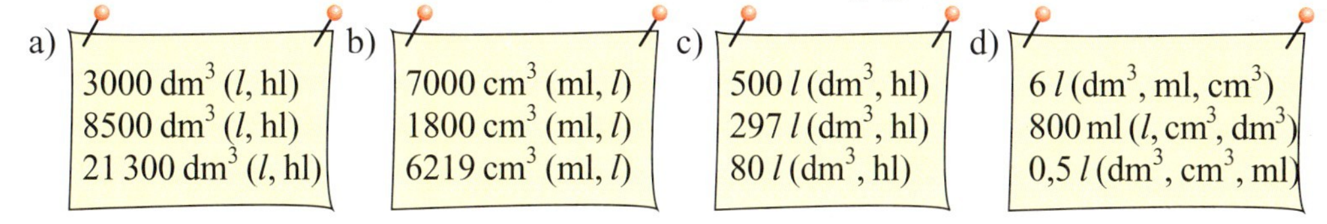
a)
$3000\ dm^3$ (*l*, hl)
$8500\ dm^3$ (*l*, hl)
$21\,300\ dm^3$ (*l*, hl)

b)
$7000\ cm^3$ (ml, *l*)
$1800\ cm^3$ (ml, *l*)
$6219\ cm^3$ (ml, *l*)

c)
500 *l* (dm^3, hl)
297 *l* (dm^3, hl)
80 *l* (dm^3, hl)

d)
6 *l* (dm^3, ml, cm^3)
800 ml (*l*, cm^3, dm^3)
0,5 *l* (dm^3, cm^3, ml)

1

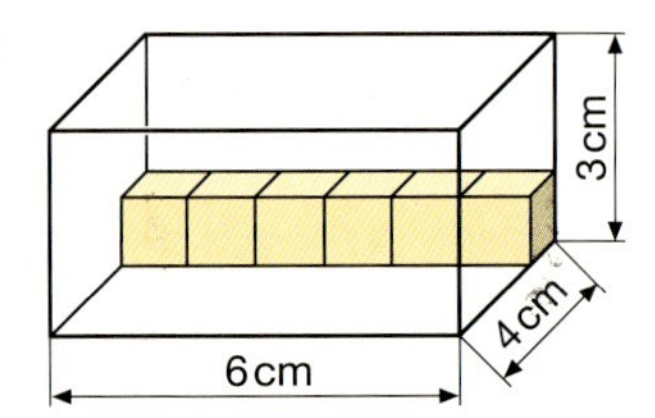

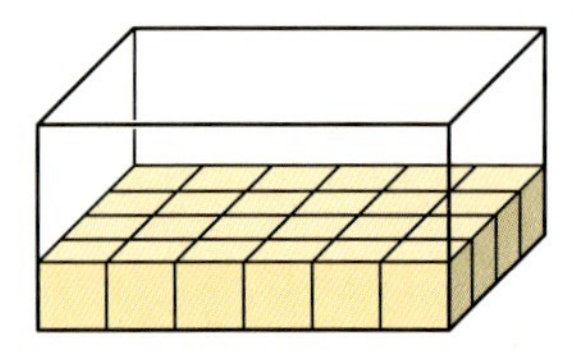

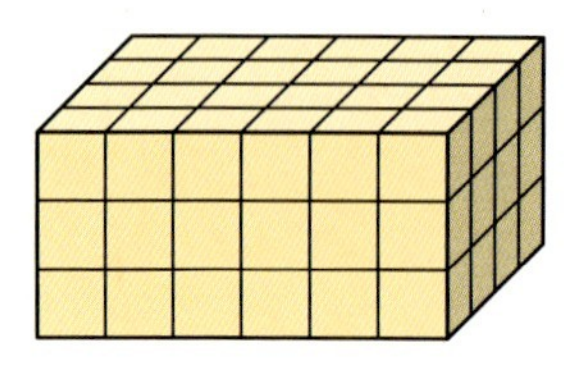

a) Wie viele Zentimeterwürfel passen in eine Stange?
b) Wie viele Stangen bilden eine Schicht?
c) Wie viele Schichten liegen übereinander?
d) Wie groß ist das Volumen des Quaders?

Volumen einer Stange	·	Anzahl der Stangen	·	Anzahl der Schichten	=	Volumen des Quaders
$6\,cm^3$	·	4	·	3	=	$72\,cm^3$

2 Wie viele Zentimeterwürfel passen in jeden Quader? Begründe die Lösung.

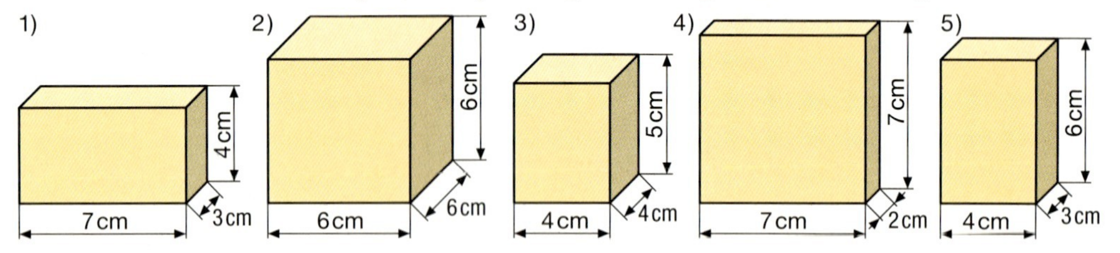

3 Heinz legt eine Stange aus 5 Zentimeterwürfeln. Er legt 7 Stangen zu einer Schicht und 3 Schichten übereinander. Bestimme das Volumen des Quaders.

4 Der Rauminhalt einer Schicht beträgt $24\,dm^3$. Es liegen 4 (5, 8, 11) Schichten übereinander. Wie groß ist jeweils der Rauminhalt?

5 Ein Quader ist 5 cm lang, 4 cm breit und 10 cm hoch. Ein anderer Quader ist 6 cm lang, 3 cm breit und 8 cm hoch. Vergleiche die Anzahl der verwendeten Einheitswürfel.

6 Wie viele Einheitswürfel passen in die Quader?

	a)	b)	c)	d)	e)	f)	g)	h)	i)
Länge	5 cm	6 cm	10 cm	5 cm	10 cm	4 m	5 m	8 m	20 m
Breite	4 cm	6 cm	5 cm	12 cm	10 cm	7 m	6 m	8 m	5 m
Höhe	3 cm	6 cm	4 cm	6 cm	10 cm	3 m	7 m	8 m	4 m

7 Das Volumen eines Quaders beträgt $60\,dm^3$ ($48\,dm^3$, $84\,dm^3$, $132\,dm^3$). In einer Schicht liegen $12\,dm^3$-Würfel. Aus wie vielen Schichten ist der Quader zusammengesetzt?

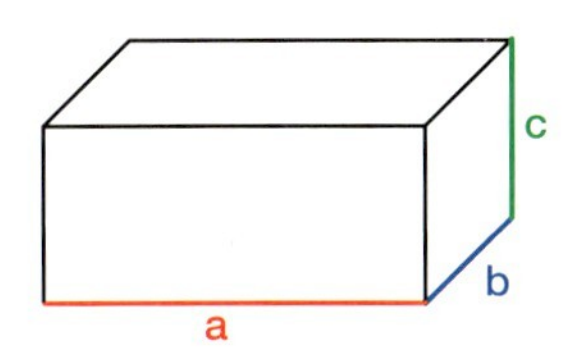

Volumen eines Quaders
V = a · b · c

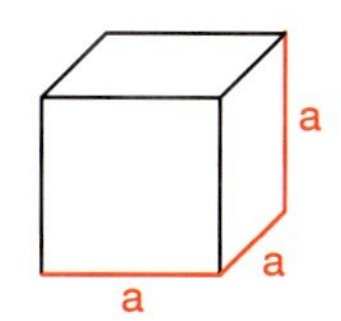

Volumen eines Würfels
V = a · a · a

Quader: a = 4 cm, b = 3 cm, c = 2 cm

Formel:	V = a · b · c
Rechnung:	V = 4 · 3 · 2 cm^3
Ergebnis:	V = 24 cm^3

Würfel: a = 5 cm

Formel:	V = a · a · a
Rechnung:	V = 5 · 5 · 5 cm^3
Ergebnis:	V = 125 cm^3

1 Berechne das Volumen. Achte auf die Maßeinheiten.

	a)	b)	c)	d)	e)	f)
Länge a	5 cm	15 cm	1,05 m	8 cm	0,12 m	0,6 m
Breite b	8 cm	4 cm	20 cm	2,5 dm	0,08 m	60 cm
Höhe c	3 cm	10 cm	15 cm	12 cm	2 dm	6 dm

2 Ein Quader ist 5 cm lang, 3 cm breit und 6 cm hoch. Ein anderer Quader ist 9 cm lang, 5 cm breit und 2 cm hoch. Vergleiche das Volumen der beiden Quader.

3 Ein Spielwürfel hat eine Kantenlänge von 2 cm. Ein Schaumstoffwürfel hat eine Kantenlänge von 20 cm. Berechne jeweils das Volumen. Vergleiche.

4 Die Schüler der Klasse 6a suchen ein 80-*l*-Aquarium. Welches Aquarium werden sie kaufen?

Aquarium
fast neu, Metallrahmen, 50 cm lang, 30 cm breit, 40 cm hoch zu verk. Ang. unter XA 2413

Vollglasaquarium
fast neu, Zubehör, 80 cm x 25 cm x 40 cm, billig, Ang. BZ 157

Aquarium
mit Heizung, günstig, 60 x 40 x 50 cm, neuwertig, Ang. unter TX 4519

5 a) Wie groß ist das Volumen des Aquariums?
b) Der Boden muss mit einer 0,5 dm dicken Kiesschicht gefüllt werden. Wie viel dm^3 Kies braucht man?
c) Das Becken ist voll (halbvoll, zu einem Viertel gefüllt). Wie viel Liter Wasser sind eingefüllt?

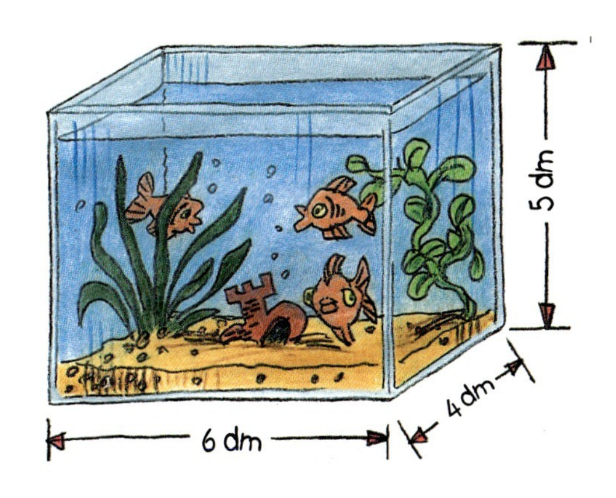

Ein Quader hat ein Volumen von $90\ cm^3$.
Er ist 6 cm lang und 5 cm breit.
Wie hoch ist er?

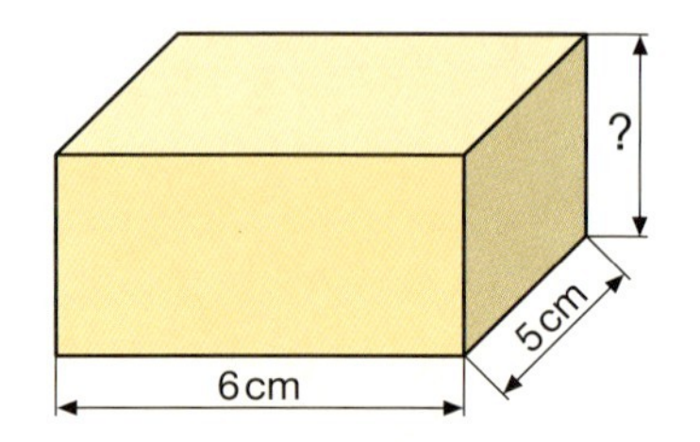

$90 = 6 \cdot 5 \cdot \square$
$90 = 30 \cdot \square$
$90 = 30 \cdot 3$
Er ist 3 cm hoch.
Sebastian

$6 \cdot 5 = 30$ Anzahl der Würfel in einer Schicht
$90 : 30 = 3$ Anzahl der Schichten

Die fehlende Kantenlänge ist 3 cm.
André

1 Berechne die fehlenden Kantenlänge.

	a)	b)	c)	d)	e)	f)
a	3 cm	7 cm	9 cm	14 cm	12 cm	3 cm
b	2 cm	3 cm	6 cm	3 cm	9 cm	11 cm
V	$12\ cm^3$	$63\ cm^3$	$216\ cm^3$	$84\ cm^3$	$270\ cm^3$	$49{,}5\ cm^3$

2 Berechne die fehlenden Größen bei diesen Würfeln.

	a)	b)	c)	d)	e)	f)
Kantenlänge	5 m	10 m			15 dm	
Volumen			$8\ m^3$	$125\ dm^3$		$216\ dm^3$

Die Tabelle kann dir helfen.

3 Ein Quader hat einen Rauminhalt von 120 *l*. Gib mehrere Möglickkeiten an, welche Maße der Quader haben könnte.

a	3 cm				
b			3 dm	2 dm	
c					2 dm
V	120 *l*	120 *l*	120 *l*	120 *l*	120 *l*

4 Nach einem Wolkenbruch sind in einen Keller (5 m lang und 4 m breit) 5000 *l* Wasser gelaufen. Wie hoch steht das Wasser?

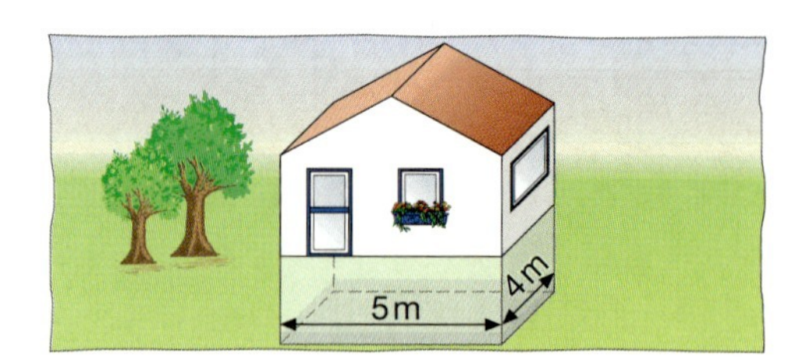

5 Ein rechteckiges Schwimmbecken ist 3 m breit, 6 m lang und 1,50 m tief. Wie ändert sich das Volumen, wenn das Becken a) doppelt so lang, b) doppelt so breit ist?

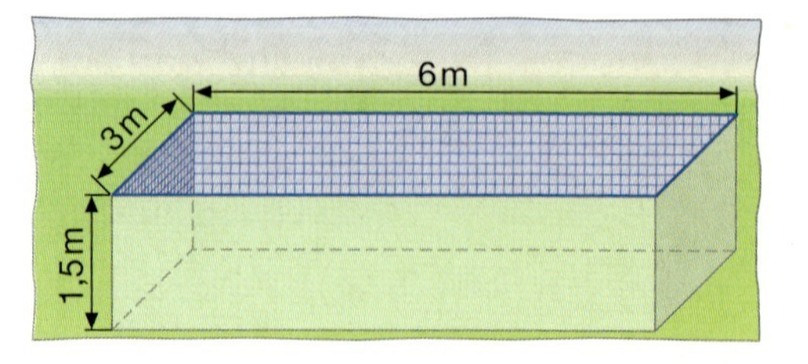

1 Alexandra und Florian möchten eine quaderförmige Schachtel mit Geschenkpapier bekleben. Wie viel Geschenkpapier benötigen sie?

a) Wie viele Flächen müssen beklebt werden?
b) Welche Form haben die Flächen und wie berechnet man ihren Flächeninhalt?
c) Wie viele Flächen haben die gleiche Größe?

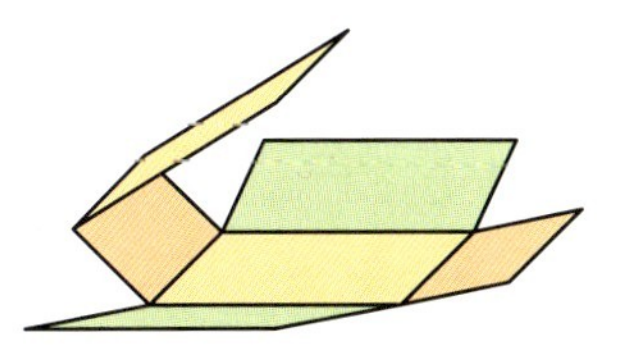

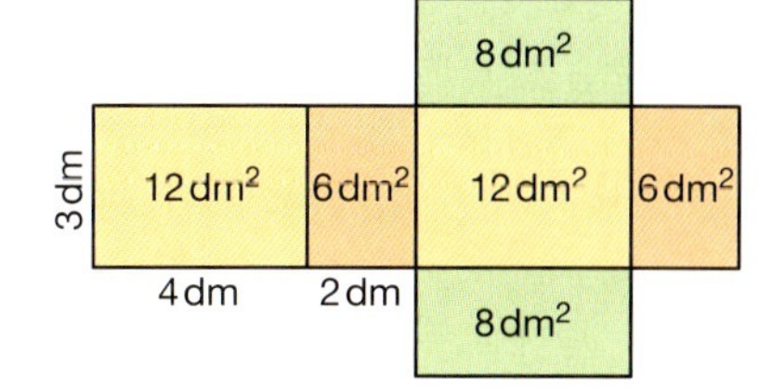

Oberfläche eines Quaders (eines Würfels):
Addiere die Flächeninhalte aller sechs Flächen.

2 Berechne die Oberfläche dieses Quaders. Das Netz hilft dir.

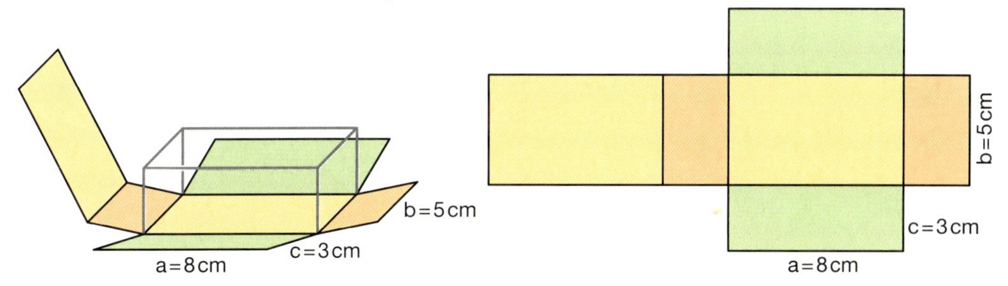

3 a) Erkläre Alexandras und Florians Rechenweg.
b) Ergänze Florians Rechnung.

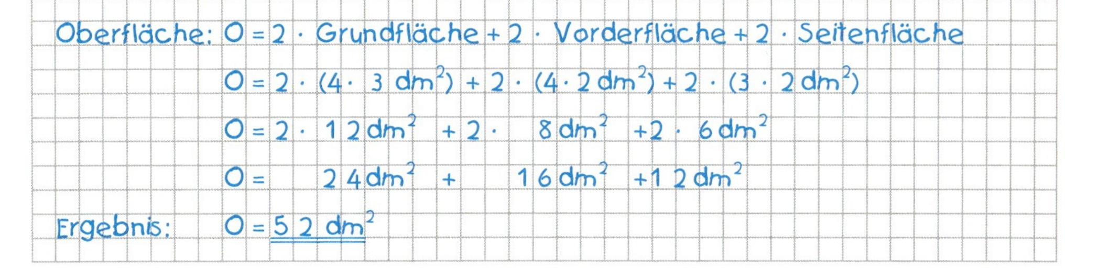

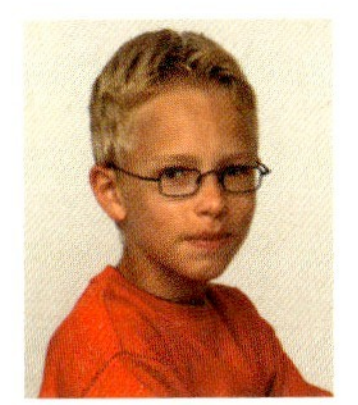

Oberfläche: $O = 2 \cdot (\text{Grundfläche} + \text{Vorderfläche} + \text{Seitenfläche})$

$O = 2 \cdot (4 \cdot 3\,dm^2 + 4 \cdot 2\,dm^2 + 3 \cdot 2\,dm^2)$

$O = 2 \cdot (12\,dm^2 +$

$O = 2 \cdot 26\,dm^2$

Ergebnis: $O =$

1 Zeichne zu jeder Schachtel ein Netz und berechne die Oberfläche.

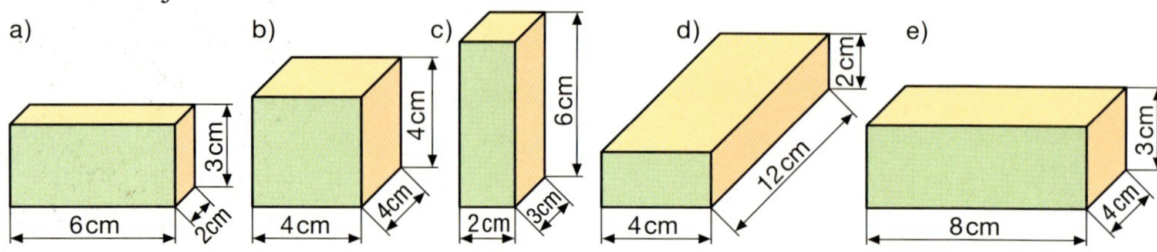

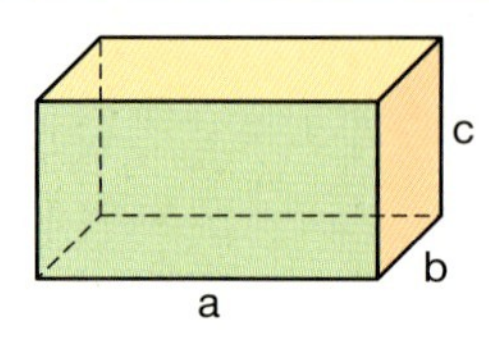

Oberfläche eines **Quaders** mit der Länge a, der Breite b und der Höhe c

$$O = 2 \cdot a \cdot b + 2 \cdot b \cdot c + 2 \cdot a \cdot c$$
oder $O = 2 \cdot (a \cdot b + b \cdot c + a \cdot c)$

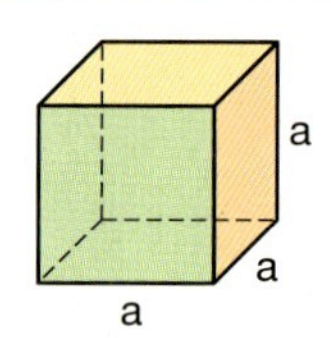

Oberfläche eines **Würfels** mit der Kantenlänge a

$$O = 6 \cdot a \cdot a$$

2 Berechne die Oberfläche der Quader.

	a)	b)	c)	d)	e)	f)	g)	h)	i)
Länge	12 cm	10 cm	50 cm	7 dm	4 dm	5,4 dm	4,8 dm	15 cm	2,2 cm
Breite	5 cm	20 cm	80 cm	4 dm	6 dm	5,9 dm	5,3 dm	2,7 dm	8,4 cm
Höhe	7 cm	5 cm	60 cm	3 dm	2 dm	8,7 dm	6,4 dm	8 dm	2 dm

3 Berechne die Oberfläche der Würfel.

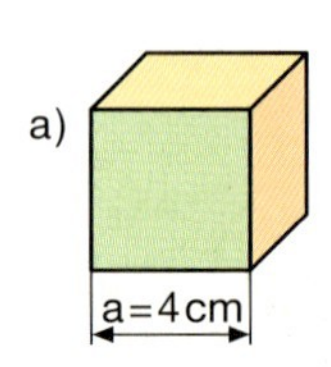

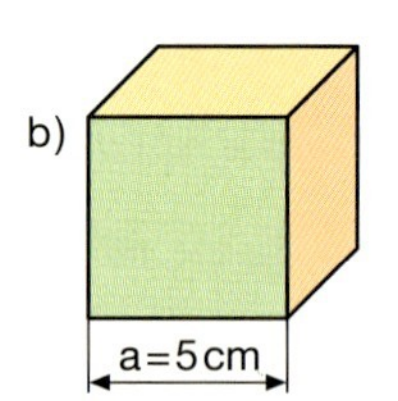

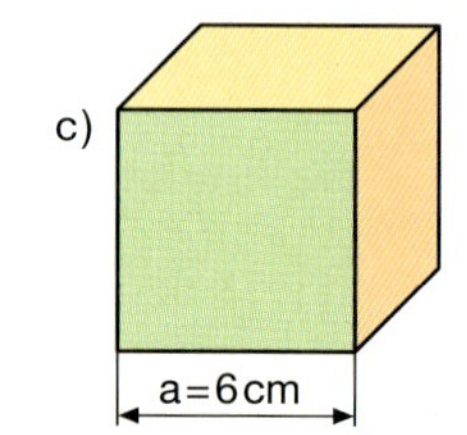

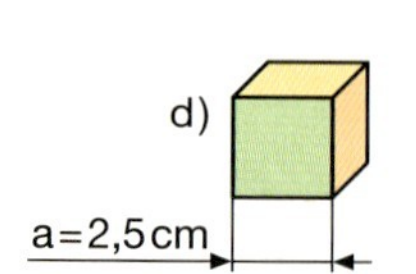

4 a) Alexandra sucht sich verschiedene quaderförmige Verpackungsschachteln im Haushalt. Sie misst eine kleine Schachtel für Creme ab ($a = 7{,}2$ cm, $b = 3$ cm, $c = 22$ mm), schneidet sie auf und berechnet die Oberfläche.

b) Stelle selbst Quadernetze aus Verpackungsschachteln her und berechne deren Oberfläche.

1 Wie groß sind die Glasflächen der oben offenen Aquarien? Skizziere und rechne.

a	30 cm	45 cm	60 cm
b	15 cm	20 cm	25 cm
c	18 cm	22 cm	28 cm

210 l
Nutzinhalt

2 a) Im Werbeprospekt werden diese beiden Kühlschränke angeboten. Überprüfe die Angaben.

b) Ein dritter Kühlschrank hat folgende Innenmaße: 80 cm breit, 40 cm tief, 50 cm hoch. Berechne seinen Nutzinhalt (in *l*).

3 Die Schreinerei Vogel stellt Holzkisten mit Deckel in drei verschiedenen Größen für eine Werkzeugfabrik her.

a) Wie viele m^2 Holz werden für jede Kiste verwendet?

b) Berechne das Volumen jeder Kiste.

Größe	Länge	Breite	Höhe
A	1,20 m	0,80 m	0,30 m
B	150 cm	60 cm	40 cm
C	30 cm	50 cm	80 cm

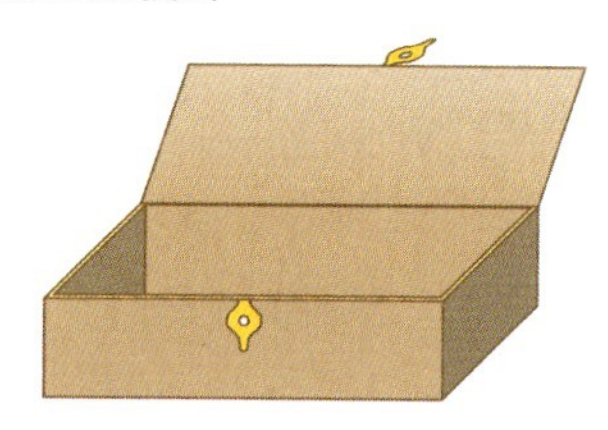

4 Schülerinnen und Schüler der Johann-Peter-Wagner-Volksschule wollen ihren Gruppenraum einschließlich Decke mit Farbe streichen. Der Gruppenraum ist 6 m lang, 4 m breit und 3 m hoch. Die Tür hat eine Fläche von 2 m^2 und das Fenster eine Fläche von 2,5 m^2.

5 Ein Schwimmbecken soll gefliest werden. Je Quadratmeter werden 16 Fliesen benötigt.

a) Wie viele Fliesen werden mindestens benötigt?

b) Ein Quadratmeter verlegter Fliesen kostet 49 €.

c) Wie viel m^3 Wasser fasst das Becken?

a = 15 m
b = 10 m
c = 2 m

6 Berechne die Oberfläche und den Rauminhalt.

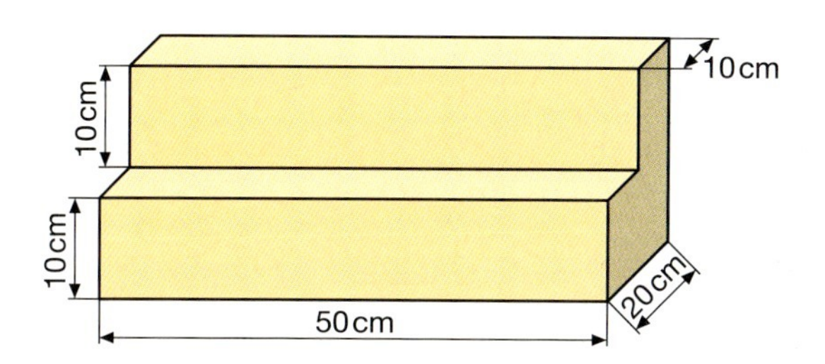

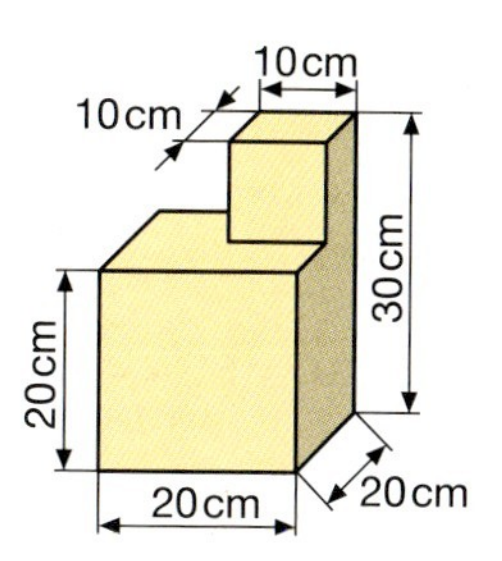

1 In diesem Behälter transportiert Bäcker Fuchs jeden Morgen seine Backwaren für den Pausenverkauf in das Schulgebäude. Gib den Rauminhalt in Liter an (60 x 40 x 25cm).

2 Der Schulgarten soll nach folgendem Plan angelegt werden. Wie viel m^3 Mutterboden müssen angefahren werden?

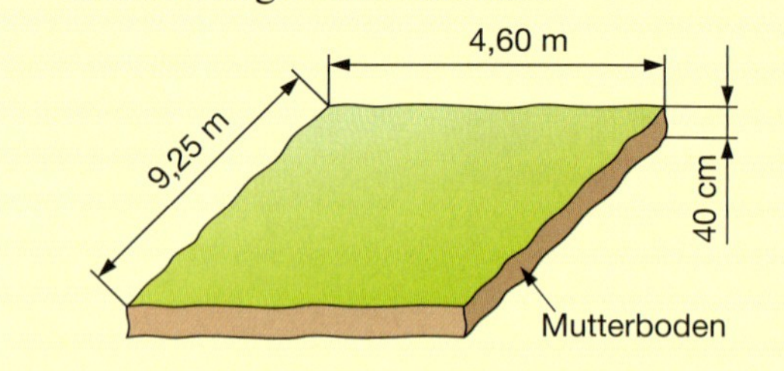

3 Hausmeister Roth füllt die Blumenkästen zur Bepflanzung randvoll mit Erde auf. Wie viel Liter Erde werden jeweils benötigt?

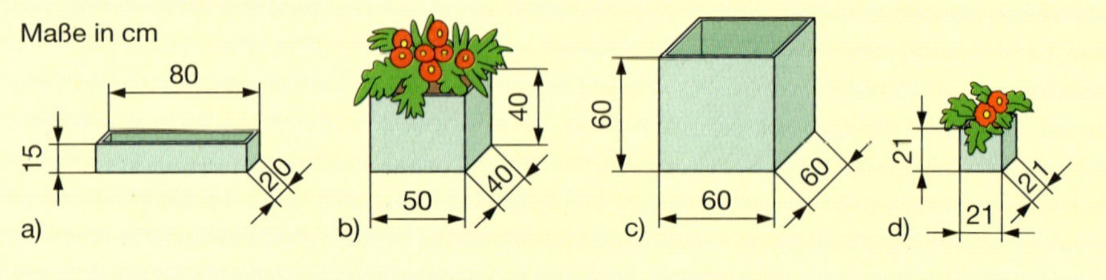

4 Wie viel Luftraum muss hier täglich geheizt werden?

	Anzahl	Länge	Breite	Höhe
Klassenzimmer	8	8 m	6 m	3 m
Gruppenräume	3	6 m	4 m	3 m
Gänge	2	40 m	6 m	3 m
Turnhalle	1	62 m	28 m	6 m

5 Die Schule hat ein neues Schwimmbecken erhalten. Das Becken ist 25 m lang, 12 m breit und 2 m tief.

a) Berechne die Größe der gefliesten Fläche.

b) Wie viel m^3 Wasser fasst das Becken?

c) Wie lange dauert es, bis das Becken leergepumpt ist, wenn die Pumpe in einer Minute 5 m^3 Wasser herauspumpt?

7 Während des letzten Leinehochwassers stand im Kellerraum der Schule (5,25 m lang, 4,40 m breit, 3 m hoch) das Wasser 60 cm hoch. Da keine Pumpe zur Verfügung stand, musste das Wasser mit Eimern hinausgetragen werden.

a) Wie viele 10-*l*-Eimer mussten etwa gefüllt werden?

b) Die Wände mussten neu gestrichen werden. Wie viel Fläche wurde gestrichen, wenn die Tür eine Fläche von 2,5 m^2 hat?

6 Ein Klassenzimmer ist 8 m lang, 6 m breit und 3 m hoch. Nach den Bestimmungen des Gesundheitsamtes sollen jedem Schüler 3,5 m^3 Luftraum zur Verfügung stehen.

a) Die Klasse zählt 31 Schüler. Genügt das Klassenzimmer den Anforderungen?

b) Genügt dein Klassenzimmer den Anforderungen?

8 Schätze und überprüfe durch Messung das Volumen eines Radiergummis, einer quaderförmigen Schultasche, eines quaderförmigen Mäppchens.

9 Die Klasse 6 möchte sich ein Aquarium bauen. Es soll 0,9 m lang, 28 cm breit und 45 cm hoch sein. Wie viel Quadratmeter Glas werden mindestens benötigt?

10 Der Medienraum der Schule hat einen Rauminhalt von 96 m^3. Der Raum ist 8 m breit und 3 m hoch. Wie lang ist der Medienraum?

11 Im Werkunterricht sollen Schmuckkästchen für den Bazar gebaut werden. Ihre Maße sind 15 cm lang, 6 cm hoch, 10 cm breit. Berechne den Holzverbrauch.

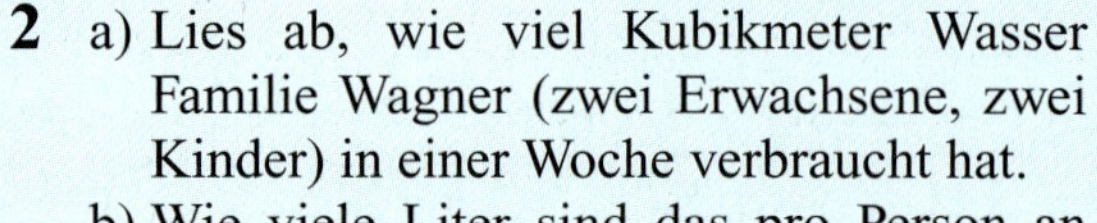

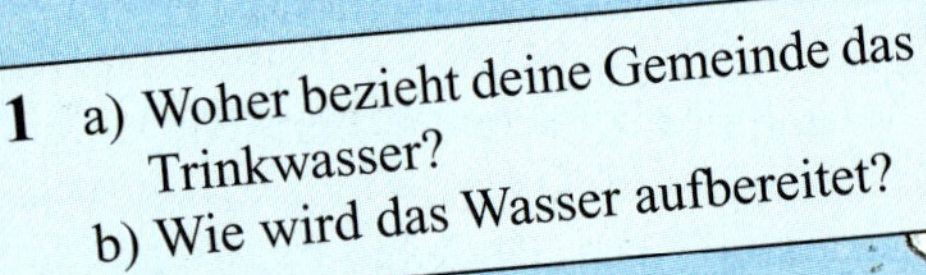

1 a) Woher bezieht deine Gemeinde das Trinkwasser?
b) Wie wird das Wasser aufbereitet?

2 a) Lies ab, wie viel Kubikmeter Wasser Familie Wagner (zwei Erwachsene, zwei Kinder) in einer Woche verbraucht hat.
b) Wie viele Liter sind das pro Person an einem Tag, in einem Monat, in einem Jahr?

Anfang der Woche

Ende der Woche

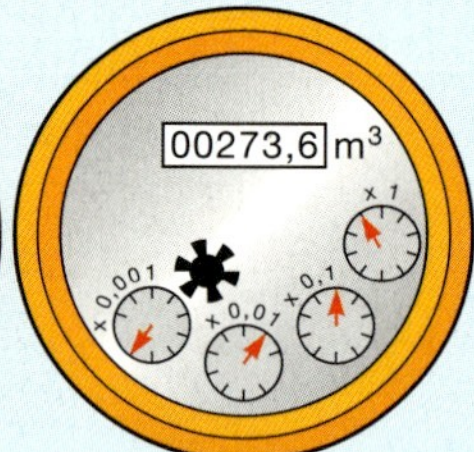

5 a) Wo kann man im Haushalt Wasser sparen?
b) Wie viel Liter Wasser kannst du pro Tag sparen? Die Bilder helfen dir dabei.
c) Wie viel Liter Wasser kann deine Familie pro Tag sparen?

Normalprogramm ca. 75 *l*
Sparprogramm ca. 60 *l*

150 – 200 *l*

Beim Duschen braucht man höchstens ein Drittel.

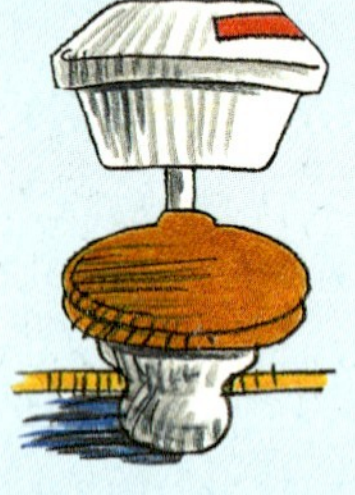

Spülkasten:
normaler Verbrauch 9 *l*
mit Spartaste 3 *l*

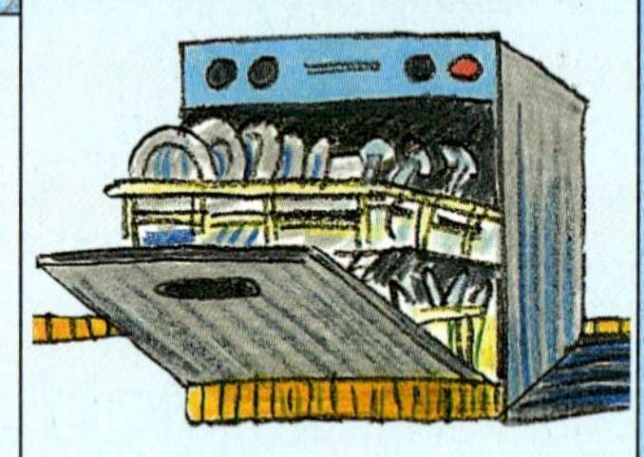

Ein Spülgang:
Normalprogramm ca. 25 *l*
Sparprogramm ca. 20 *l*
Handabwasch ca. 40 *l*
gleiche Menge Geschirr

7 Unvorstellbar groß ist der Wasserreichtum der Erde. Etwa 1400 Millionen Kubikkilometer Wasser bedecken die Erde, aber nur knapp 4 Millionen davon sind als Trinkwasser geeignet.
a) Stelle den Wasservorrat der Erde auf einem sehr langen Papierstreifen dar. Wie lang müsst ihr sie abschneiden, wenn für je 1 Million Kubikkilometer Wasser 1 mm abgemessen wird?
b) Gebt an einem Ende des Papierstreifens im Vergleich dazu die Trinkwassermenge an, die der gesamten Menschheit zur Verfügung steht.

4 Schätze den Wasserverbrauch deiner Schule an einem Tag, in einem Monat, in einem Jahr. Überprüfe deine Schätzung, indem du den Hausmeister fragst.

8 a) In welchen Gebieten der Erde herrscht Wassermangel?
b) Diskutiert Ursachen und Folgen sowie Möglichkeiten der Verbesserung.

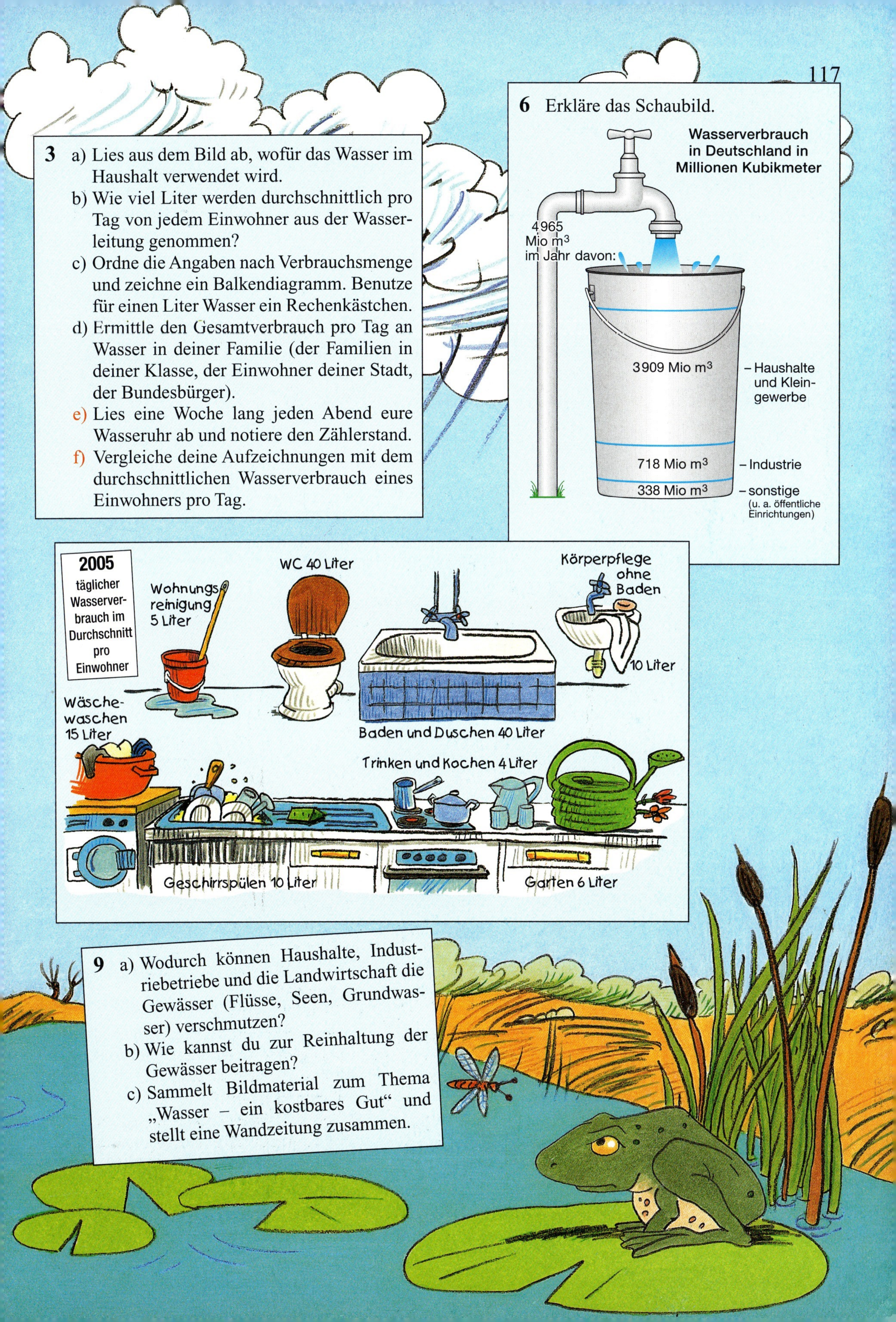

3 a) Lies aus dem Bild ab, wofür das Wasser im Haushalt verwendet wird.
b) Wie viel Liter werden durchschnittlich pro Tag von jedem Einwohner aus der Wasserleitung genommen?
c) Ordne die Angaben nach Verbrauchsmenge und zeichne ein Balkendiagramm. Benutze für einen Liter Wasser ein Rechenkästchen.
d) Ermittle den Gesamtverbrauch pro Tag an Wasser in deiner Familie (der Familien in deiner Klasse, der Einwohner deiner Stadt, der Bundesbürger).
e) Lies eine Woche lang jeden Abend eure Wasseruhr ab und notiere den Zählerstand.
f) Vergleiche deine Aufzeichnungen mit dem durchschnittlichen Wasserverbrauch eines Einwohners pro Tag.

6 Erkläre das Schaubild.

9 a) Wodurch können Haushalte, Industriebetriebe und die Landwirtschaft die Gewässer (Flüsse, Seen, Grundwasser) verschmutzen?
b) Wie kannst du zur Reinhaltung der Gewässer beitragen?
c) Sammelt Bildmaterial zum Thema „Wasser – ein kostbares Gut“ und stellt eine Wandzeitung zusammen.

Station 1 Immer drei

Je drei Kärtchen haben denselben Wert.

$0,3\ cm^3$

$3\ m^3$

$3\ dm^3$ | $3\ hl$

$300\ dm^3$ | $3\,000\,000\ cm^3$

$0,0003\ dm^3$ | $3000\ ml$

$300\ mm^3$ | $300\ l$

$3\ l$ | $3000\ dm^3$

Station 8 Quader

a) Baue aus festem Karton einen Quader, der 8 cm lang, 6 cm breit und 5 cm hoch ist.
b) Zeichne das Netz dieses Quaders.
c) Berechne Oberfläche und Volumen.

Station 7 Umbauen

Dein Würfelturm steht auf Platz 1. Du sollst ihn auf Platz 2 neu aufbauen. Platz 3 darfst du als „Zwischenlager“ benutzen. Du darfst dabei keinen größeren Würfel auf einen kleineren legen. Und natürlich nur immer einen Würfel umlegen.

Platz 1 Platz 2 Platz 3

Station 6 Wie viel ist drin?

Ordne die Volumeneinheiten richtig zu.

Station 2 Was passt?

Aus welchen Netzen kannst du Würfel bauen?

a) b) c) d)

Station 3 Ist die Kiste voll?

Wie viele Würfel passen in die folgenden Kisten?

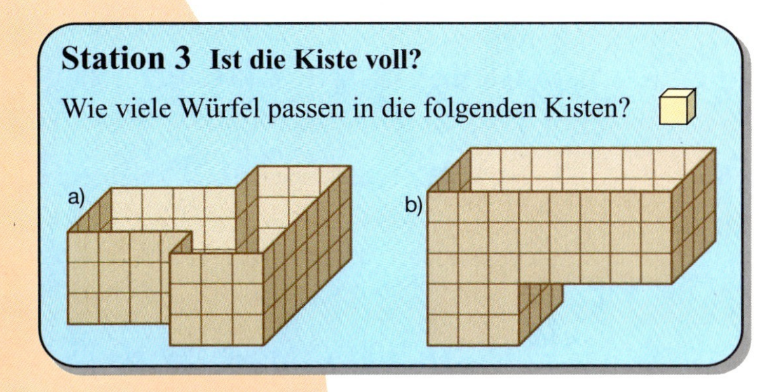

Station 4 Würfelberge

Hier könnt ihr zu zweit arbeiten. Einer baut aus 12 Würfeln einen Würfelberg, der andere zeichnet den Bauplan. Es geht auch umgekehrt. Wechselt euch ab.

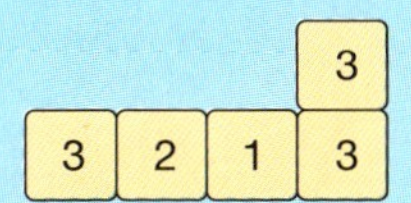

Station 5 Einer oder mehrere?

Wie viele Gummiringe sind um diesen Würfel gespannt?
Es ist immer derselbe Würfel in verschiedenen Ansichten gezeichnet.

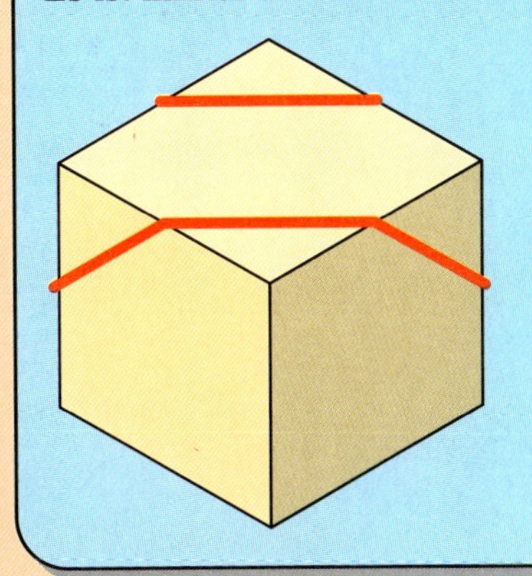

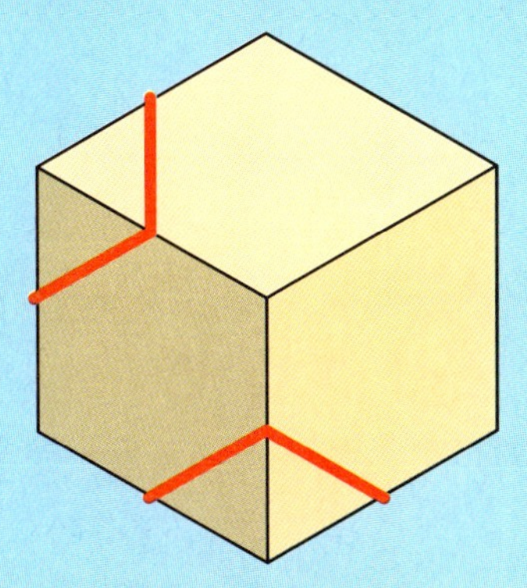

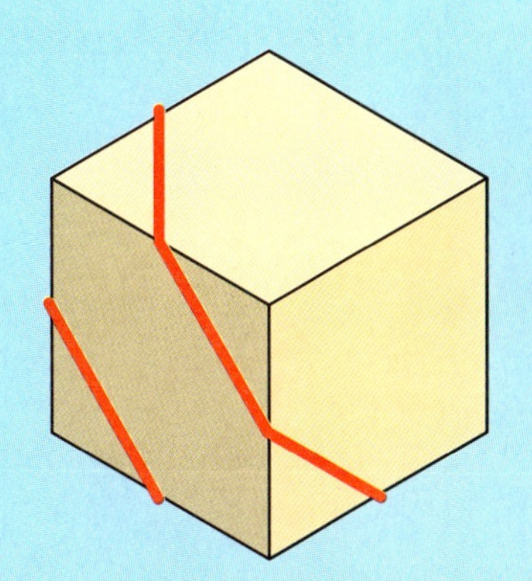

Bleibe fit!

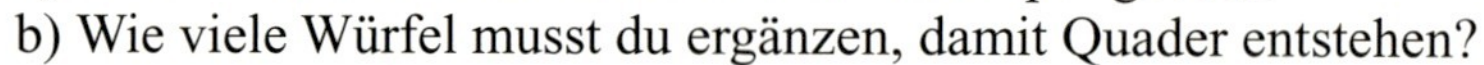

1 a) Aus wie vielen Würfeln wurden diese Körper gebaut?
b) Wie viele Würfel musst du ergänzen, damit Quader entstehen?

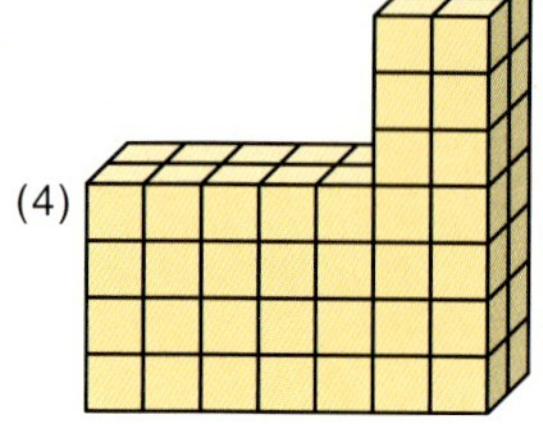

2 Wandle um.
a) in m^3: 4000 dm^3 28000 dm^3 9800 dm^3 270 dm^3 635 dm^3 7000 *l* 3750 *l* 180 *l*
b) in dm^3: 6000 cm^3 3800 cm^3 800 cm^3 350 cm^3 75 cm^3 2 m^3 8,3 m^3 0,6 m^3 0,025 m^3

3 Verwandle in die angegebenen Volumeneinheiten.

a)
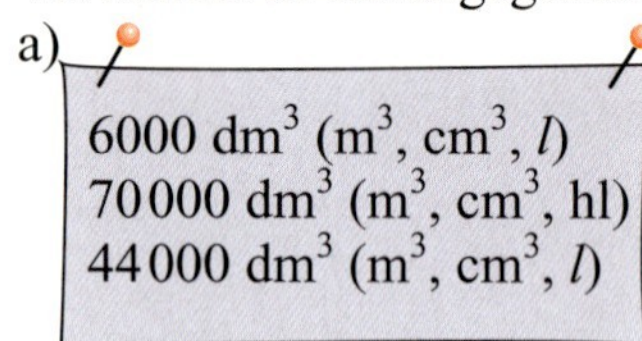
6000 dm^3 (m^3, cm^3, *l*)
70000 dm^3 (m^3, cm^3, hl)
44000 dm^3 (m^3, cm^3, *l*)

b)
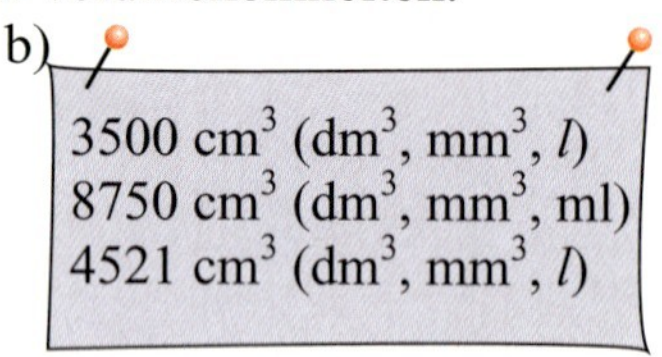
3500 cm^3 (dm^3, mm^3, *l*)
8750 cm^3 (dm^3, mm^3, ml)
4521 cm^3 (dm^3, mm^3, *l*)

c)
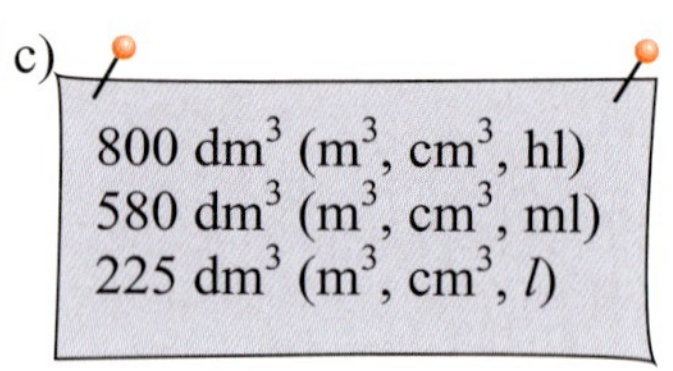
800 dm^3 (m^3, cm^3, hl)
580 dm^3 (m^3, cm^3, ml)
225 dm^3 (m^3, cm^3, *l*)

4 Zeichne jeweils das Netz und berechne die Oberfläche.

a)
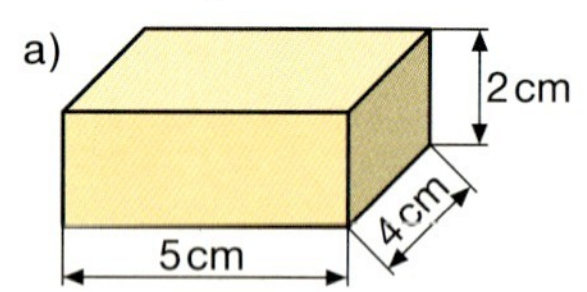

b)
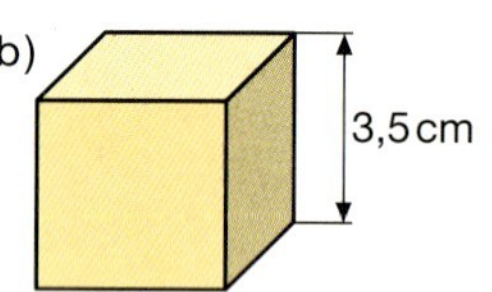

5 Berechne Volumen und Oberfläche der Körper.

a)
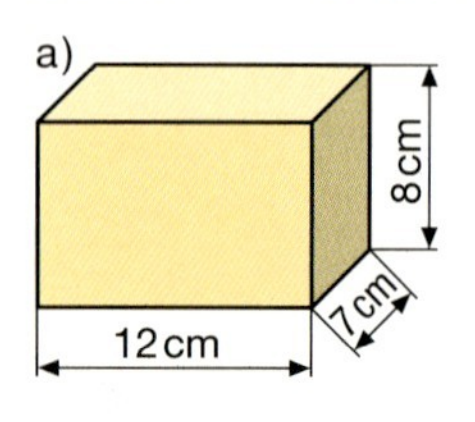

b)
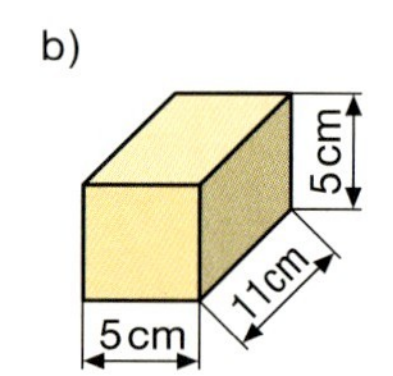

c)
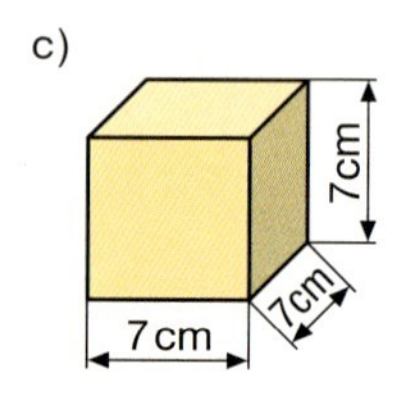

d)
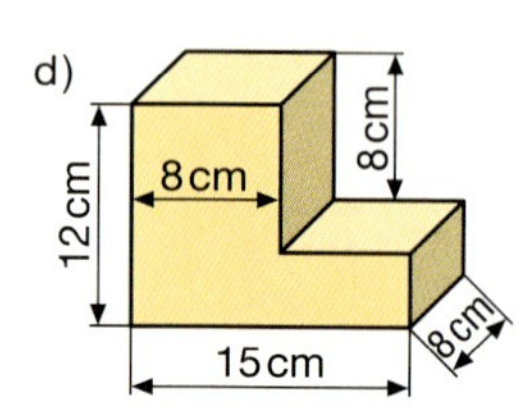

6 Berechne die fehlenden Größen der Quader.

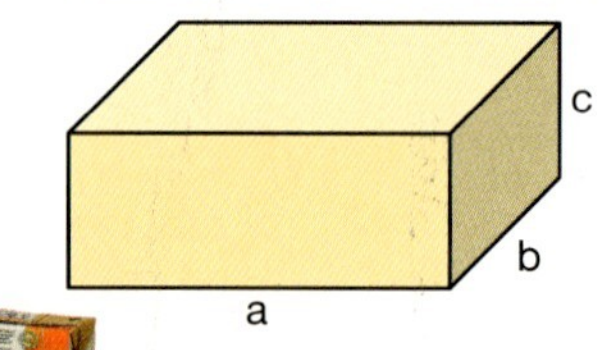

a	3 cm	2 m	3 m	7 cm	8 m
b	9 cm	2 m	4 m	■	8 m
c	18 cm	2 m	5,5 m	9 cm	■
V	■	■	■	441 cm^3	512 m^3
O	■	■	■	■	■

Maße in cm

7 Gib den Inhalt der Saftpackungen in cm^3 und *l* an. Welche Angabe wird wohl jeweils auf den Packungen stehen?

8 Ein Schwimmbecken ist 12 m lang, 8 m breit und 1,80 m tief.
a) Der Boden und die Wände sollen gefliest werden.
Wie viel m^2 Fliesen sind erforderlich?
b) Wie viel Liter Wasser können höchstens eingefüllt werden?

Test 1

1 a) Ordne die Quader nach ihrem Volumen.
b) Gib ihr Volumen in Einheitswürfeln an.

(1)

(2)

(3)

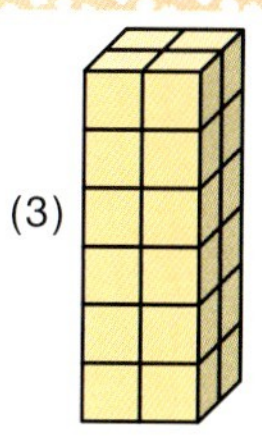

2 Wandle in die Einheit um, die in Klammern steht.

a) $7\ m^3$ (dm^3)
$1200\ m^3$ (dm^3)
$340\,000\ mm^3$ (dm^3)

b) $5\ dm^3$ (cm^3)
$1{,}7\ dm^3$ (cm^3)
$36\ mm^3$ (cm^3)

c) $67\ dm^3$ (l)
$302\ l$ (hl)
$5{,}02$ hl (l)

3 Zeichne das Netz dieses Quaders und berechne seine Oberfläche.

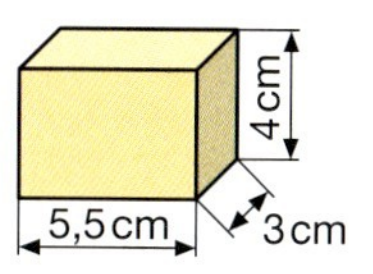

4 Berechne Oberfläche und Volumen.

a) $a = 6{,}5\ m$; $b = 2\ m$; $c = 8\ m$

b) $a = 9\ cm$

5 Ein Schaumstoffwürfel hat eine Kantenlänge von 23 cm. Berechne sein Volumen.

6 Simone will diese quaderförmige Schachtel mit Deckel für ihr Spielzeug verwenden. Sie beklebt die Seitenflächen und den Deckel mit bunter Folie. Wie viele dm^2 Folie braucht sie mindestens?

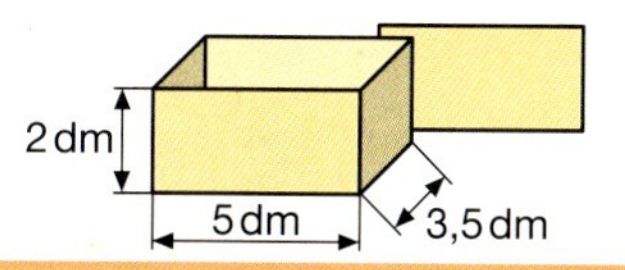

Test 2

1 Berechne Oberfläche und Volumen.

a)

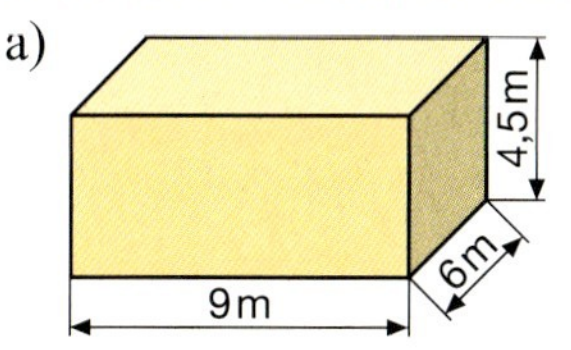

b)

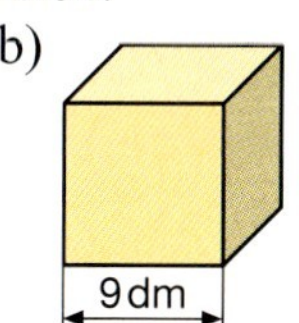

c)

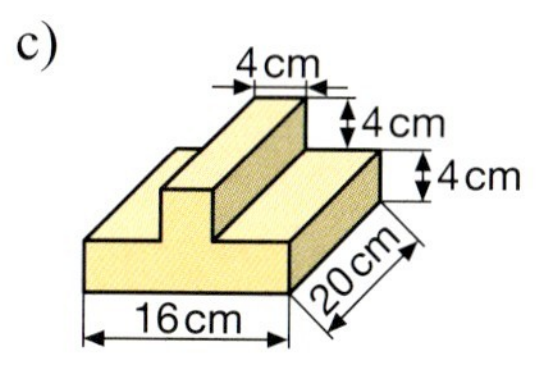

2 Wandle in die Einheit um, die in Klammern steht.

a) $5100\ m^3$ (m^3)
$0{,}3\ dm^3$ (cm^3)
$125{,}3\ m^3$ (dm^3)

b) $13\ cm^3\ 61\ mm^3$ (cm^3)
$4\ m^3\ 2\ dm^3$ (dm^3)
$12\ dm^3\ 13\ cm^3$ (dm^3)

c) $0{,}3\ dm^3$ (l)
$8{,}2$ hl (l)
$23\ m^3$ (l)

3 Familie Schödl stellt einen Schnellkomposter für Biomüll in den Garten. Er ist 80 cm lang, 75 cm breit und 1 m hoch. Berechne sein Fassungsvermögen in Litern.

4 Der Gruppenraum der Schule hat ein Volumen von $105\ m^3$. Der Raum ist 5 m breit und 3 m hoch. Wie lang ist der Gruppenraum?

5 Nach dem letzten Hochwasser steht im Kellerraum von Familie Seitz das Wasser 25 cm hoch. Der Kellerraum ist 2 m breit, 3 m lang und 2,40 m hoch.

a) Wie viele Eimer (10 l) Wasser muss Familie Seitz hinaustragen?

b) Anschließend streicht Frau Seitz die Wände und Decke komplett mit wasserfester Farbe. Wie viel Quadratmeter Fläche muss gestrichen werden, wenn die Tür eine Fläche von $2{,}5\ m^2$ hat?

c) Ein Eimer reicht für $8\ m^2$ und kostet 28,50 €. Wie viel kostet die Farbe für den Raum?

Wiederholen & Sichern

Rechenrallye – 5. Etappe

Auf der 5. Etappe musst du mindestens 80 Punkte sammeln. Dann geht es auf die nächste Etappe.

Nr.		Punkte
1	Rechne im Kopf a) 1,4 · 10 b) 3,75 · 100 c) 23,4 : 10 d) 312,8 : 100 6,23 · 10 4,8 · 100 16,74 : 10 13,79 : 100 18,01 · 10 13,03 · 100 7,08 : 10 1,27 : 100	3 3 3 3
2	a) Halbiere: 4,8; 10,6; 8,4; 6,12; 3,6; 7,2; 3,4 b) Verdopple: 1,4; 2,3; 4,4; 6,5; 8,6; 10,8; 7,7	7 7
3	a) 4,5 · 7 b) 104,3 · 5 c) 4,007 · 89 d) 43,2 : 9 40,6 · 6 0,65 · 8 0,392 · 103 72,9 : 9	4 + 4 4 + 4
4	Rechne im Kopf. a) 1,3 + 2,4 b) 4,5 + 3,5 c) 12,21 – 10,11 7,5 – 2,2 6,12 – 4,01 43,3 + 4,2 6,1 + 8,3 4,13 + 6,87 22,54 – 6,44	3 3 3
5	Schreibe untereinander und berechne. a) 13,68 + 25,04 b) 8,369 – 4,255 50,93 + 41,9 124,3 – 71,86	4 4
6	Erdbeerjogurt 0,69 € Schoko-Pudding 1,13 € Magermilch-Jogurt 0,29 € Viktoria kauft zwei Schokopudding, drei Erdbeerjogurt und vier Magermilchjogurt. Sie bezahlt mit einem 10-€-Schein.	4
7	a) Addiere zur Summe der Zahlen 3,7 und 1,3 die Zahl 0,8. b) Subtrahiere von der Differenz der Zahlen 100,42 und 60,22 die Zahl 20. c) Addiere zur Differenz der Zahlen 62,9 und 21,6 die Zahl 6,7. d) Subtrahiere von der Summe der Zahlen 5,45 und 6,45 die Zahl 3,3.	2 2 2 2
8	Schreibe in kg. a) 7 t 400 kg b) 9000 g c) 3 kg 230 g d) 82 kg 74 g 14 t 61 kg 58 000 g 34 kg 120 g 44 kg 6 g 361 t 38 kg 21 000 000 mg 5 kg 603 g 0 kg 985 g	3 3 3 3
9	Wandle in die Einheit um, die in der Klammer steht. a) 3,5 ha (m^2) b) 2800 m^2 (ha) c) 24,53 ha (m^2) d) 2,15 a (m^2) 50 a (ha) 150 ha (km^2) 1054 m^2 (a) 1,5 km^2 (m^2)	4 4
10	Wandle in die angegebene Einheit um. a) 6 dm^3 (cm^3) b) 22 m^3 (dm^3) c) 9,3 m^3 (dm^3) 2300 m^3 (dm^3) 7,1 dm^3 (cm^3) 45 cm^3 (dm^3) 670 000 mm^3 (cm^3) 67 mm^3 (cm^3) 4,9 cm^3 (mm^3)	3 3 3 100

Wie heißt dein Lieblingssänger?
... und Lieblingssängerin?
... und deine Lieblingsgruppe?
Die „6“ kommt viel seltener als die anderen Zahlen.

1 Die Otto-Hahn-Schule hat eine Partnerschule in Belgien gefunden. Die Klasse 6b möchte sich ihrer Partnerklasse vorstellen. Was wird die belgischen Schülerinnen und Schüler interessieren? Erstellt eine Liste mit Themen **(Urliste).** Bildet Gruppen. Sie sollen die Befragungen durchführen.

2 Die Gruppe „Familie" fragte nach der Anzahl der Geschwister. Die erhaltenen Daten hat die Gruppe als **Strichliste** notiert und dann in eine **Häufigkeitstabelle** übertragen. Schreibe die beiden Tabellen in dein Heft und ergänze die Häufigkeitstabelle.

Strichliste

Anzahl der Geschwister	Häufigkeit
0	𝍸 |||
1	𝍸 |
2	𝍸
3	||
4	
5	|

Häufigkeitstabelle

Anzahl der Geschwister	Häufigkeit
0	8
1	■
2	■
■	■
■	■
■	■

In einer **Urliste** werden die Daten in noch ungeordneter Form aufgeschrieben. **Strichlisten** helfen beim Zählen. In der **Häufigkeitstabelle** können die Daten übersichtlich geordnet werden. Im **Säulendiagramm** oder **Balkendiagramm** kann man Daten anschaulich darstellen.

3 *„Wie viele Fernsehgeräte gibt es in eurem Haushalt?“.* Die Antworten auf diese Frage hat die Gruppe in einer **Häufigkeitstabelle** zusammengefasst und in einem **Säulendiagramm** anschaulich dargestellt.

Alle Säulen müssen gleich breit sein.

Häufigkeitstabelle

Anzahl der Fernsehgeräte	Häufigkeit
0	1
1	9
2	8
3	4

Säulendiagramm

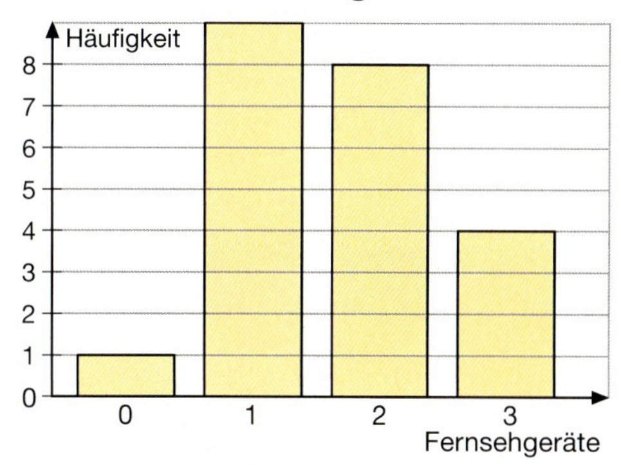

Stelle auch die Ergebnisse der Umfrage nach der Anzahl der Geschwister in einem Säulendiagramm dar.

4 Eine Gruppe hat alle Schülerinnen und Schüler der Klasse 6b nach ihrem Lieblingstier befragt. Die Ergebnisse sind in dem folgenden Säulendiagramm zu sehen.

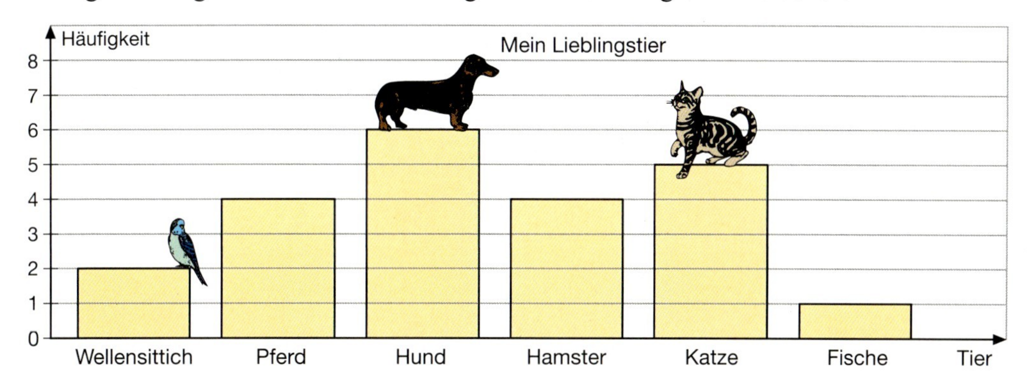

a) Lies die Häufigkeiten aus dem Diagramm ab und trage sie in eine Häufigkeitstabelle ein.
b) Wie lässt sich die Darstellung des Säulendiagramms noch verbessern?

5 Die Gruppe „Freizeit“ stellte ihren Mitschülern folgende Fragen und erhielt diese Strichlisten als Ergebnisse.

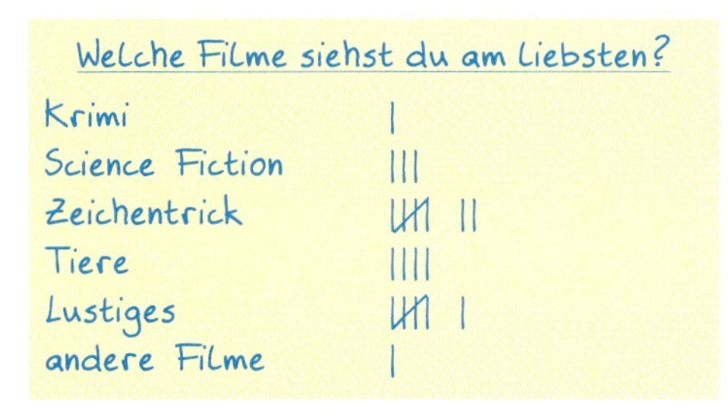

Stelle die Ergebnisse der Umfragen in zwei Säulendiagrammen anschaulich dar.

6 Zum Abschluss der Gruppenarbeit stellt jede Gruppe ihre Ergebnisse den Mitschülern mithilfe von Plakaten vor. Sie malt dazu die Umfrageergebnisse und Diagramme auf. Die Partnerklasse erhält auch Fotos und Kopien der Ergebnisse.

1 Urlaubsreisende wurden nach ihrem Reiseziel befragt.

a) Wie viele Urlauber haben ihren Urlaub in der Bundesrepublik Deutschland verbracht?

b) Wie viele Urlauber fahren nach Spanien, Österreich, Italien, Griechenland, in die Türkei und in die übrigen Länder?

c) Gib an, wie viele Urlauber nicht in Urlaub gefahren sind.

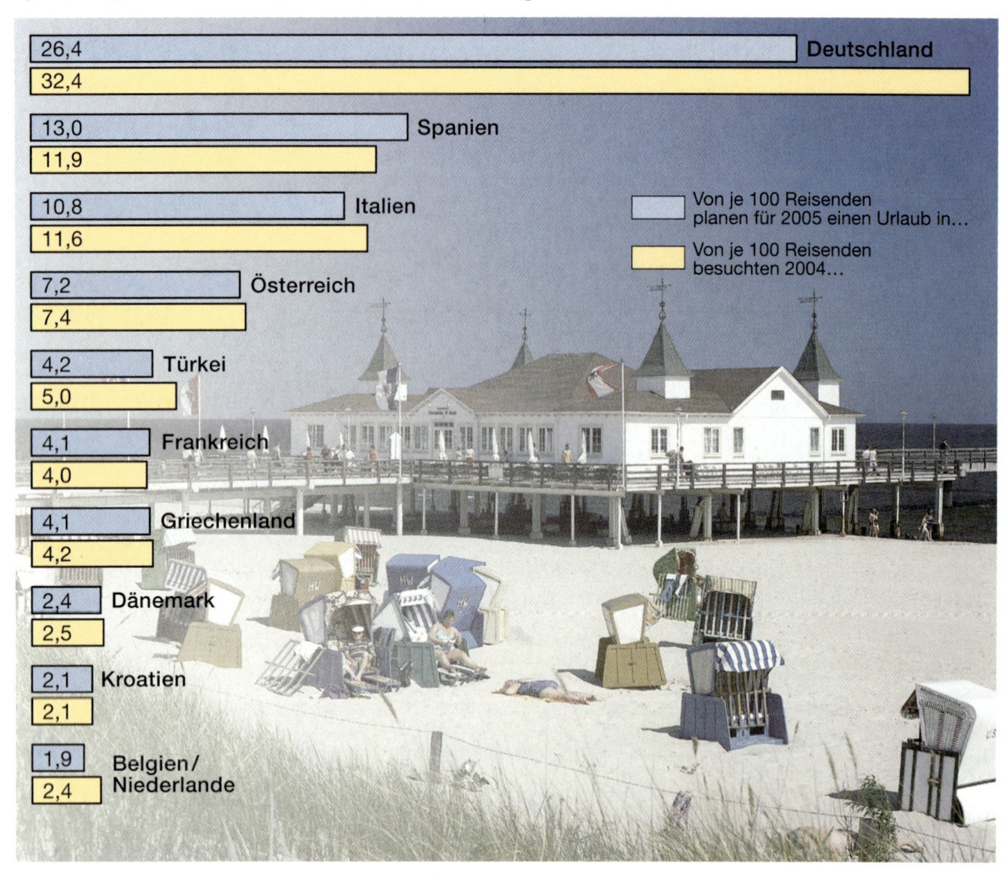

Das wichtigste Urlaubsziel der Deutschen bleibt das eigene Land, Spanien ist das beliebteste Reiseziel im Ausland.

2

Die Ergebnisse der Befragung sind als Säulendiagramm dargestellt.

a) Wie häufig wurde jedes Verkehrsmittel benutzt?

b) Übertrage das Diagramm ins Heft und ergänze die Anzahlen.

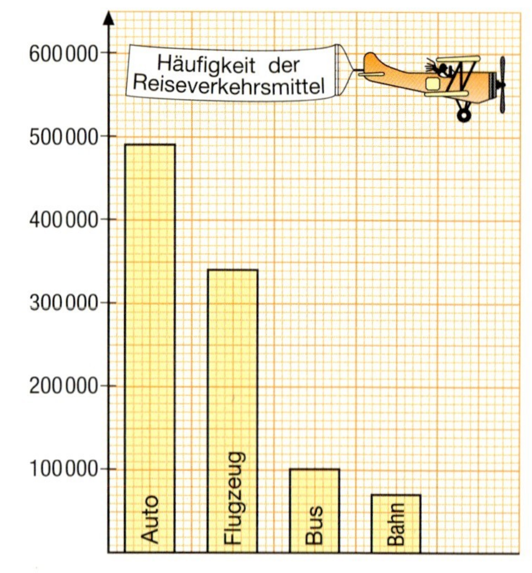

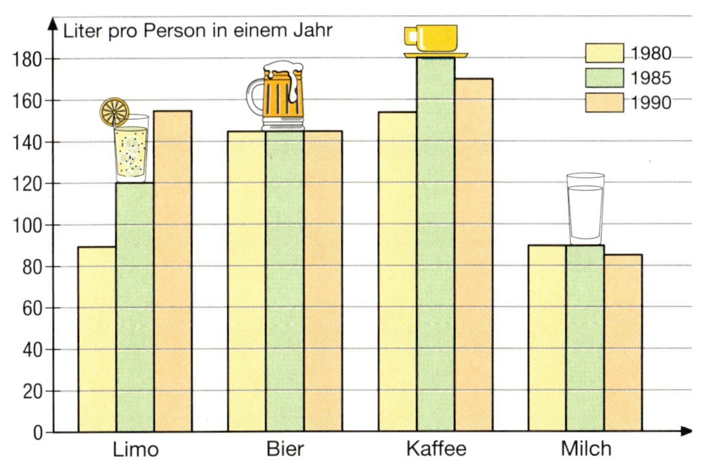

1 So hat sich der Getränkeverbrauch im Laufe der Jahre verändert.

a) Wie viel Liter der verschiedenen Getränke wurden verbraucht?

Getränkeverbrauch (pro Person in Litern angegeben)

	Limo	Bier	Kaffee	Milch
1995	90	142	180	80
2000	92	136	165	81
2005	106	126	159	82

b) Erstelle ein Säulendiagramm mit den Zahlen von 2000 und 2005.

c) Vergleiche, wie viel Liter der verschiedenen Getränke in diesen beiden Jahren verbraucht wurden.

2

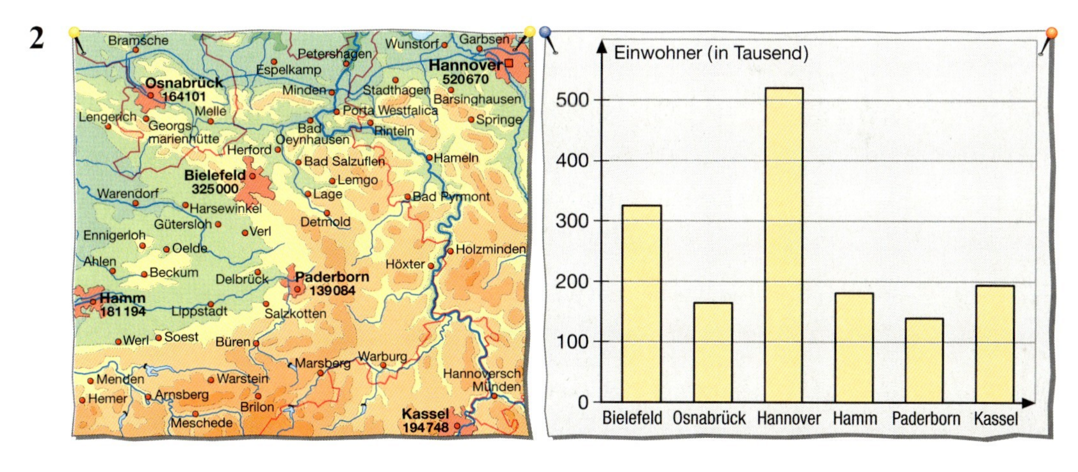

a) Welche Stadt hat die meisten Einwohner, welche die wenigsten?

b) Lies aus dem Säulendiagramm die Einwohnerzahl der 5 Städte ab. Vergleiche sie mit den Zahlen in der Karte. Was stellt du fest?

3 Veranschauliche die Kanäle Deutschlands in einem Streckendiagramm:

Mittelland-Kanal: 465 km
Dortmund-Ems-Kanal: 267 km
Main-Donau-Kanal: 172 km
Nordostsee-Kanal: 99 km

1

Wie viel Euro Taschengeld erhältst du im Monat?

25 €	30 €	20 €	20 €	25 €
20 €	25 €	18 €	15 €	30 €
32 €	40 €	35 €	40 €	24 €
35 €	30 €	40 €	30 €	40 €
50 €	20 €	30 €	25 €	20 €

a) Lege eine Häufigkeitstabelle an. Wie häufig kommen die einzelnen Beträge vor? Welcher Betrag kommt am häufigsten vor?

b) Berechne den Mittelwert. Vergleiche mit dem häufigsten Wert.

$$\textbf{Mittelwert} = \frac{\textbf{Summe aller Daten}}{\textbf{Anzahl der Daten}}$$

Noten: 2, 3, 2, 2, 4, 3, 4

$$\text{Mittelwert} = \frac{2+3+2+4+3+4}{6}$$
$$= 3$$

2 Berechne die Durchschnittsnote aus den Notenspiegeln.

a)

Note	1	2	3	4	5	6
Anzahl	1	5	6	4	3	1

b)

Note	1	2	3	4	5	6
Anzahl	2	5	8	6	4	0

3

Kl. 6a

6, 7, 3, 2, 10, 0, 12, 11, 9, 13, 14,
9, 5, 7, 15, 7, 7, 5, 4, 9, 10, 11

Kl. 6b

9, 7, 11, 10, 9, 4, 4, 7, 15, 7, 6, 7,
11, 13, 9, 12, 12, 0, 9, 2, 0, 7, 6

a) Lege für jede Klasse eine Strichliste mit der Anzahl der Fehler an.

b) Bestimme die Anzahl der Fehler. Schreibe sie in eine Tabelle.

c) Bestimme den Mittelwert.

4 a) Sven wollte bei der viertägigen Klassenfahrt je Tag im Durchschnitt nicht mehr als 10 € ausgeben. Berechne, ob er seine Absicht eingehalten hat. Er hat 9,85 €; 6,75 €; 8,35 € und 13,05 € ausgegeben.

b) Seine Schwester Silke war 7 Tage in der Jugendherberge. Sie hat ausgegeben: 9,75 €; 6,90 €; 10,20 €; 11,05 €; 9,90 €; 10,95 €; 9,25 €. Vergleiche ihre durchschnittliche Ausgabe pro Tag mit der von Sven.

5 An einer Autobahnbaustelle ist als Geschwindigkeit 80 $\frac{\text{km}}{\text{h}}$ angegeben. Die Polizei misst die Geschwindigkeiten.

a) Wie viele Autofahrer halten die vorgeschriebene Geschwindigkeit ein?

b) Welche Geschwindigkeit liegt in der Mitte der geordneten Liste **(Median)**?

c) Mit welcher durchschnittlichen Geschwindigkeit wurde an der Baustelle gefahren?

Geschwindigkeit in $\frac{\text{km}}{\text{h}}$

79	85	90	70	75	78	100
65	78	88	95	110	80	90
77	80	60	75	88	92	91
99	85	77	79	90	79	90
98	77	72	80	80	48	70

1

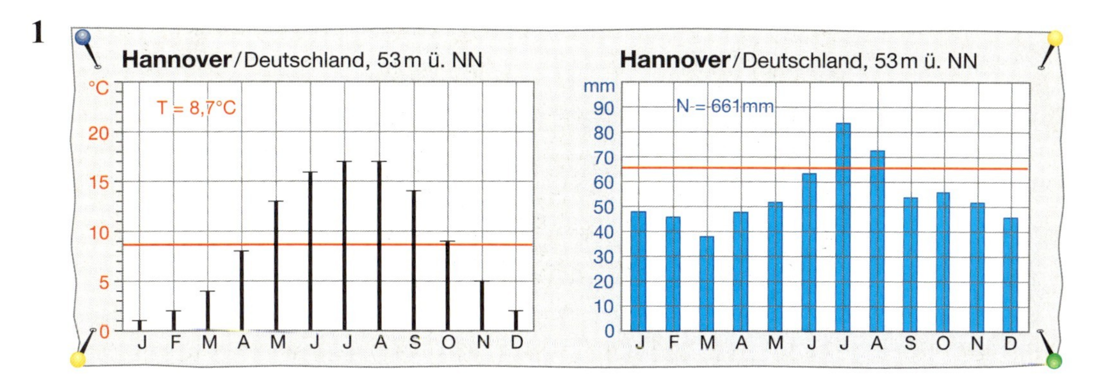

a) Was ist in den beiden Diagrammen jeweils dargestellt?
b) Welche Bedeutung hat die rote Linie?
c) In welchen Monaten liegt die Temperatur unter dem Mittelwert, in welchen Monaten über dem Mittelwert?
d) In welchen Monaten liegen die Niederschläge unter dem Mittelwert, in welchen Monaten über dem Mittelwert?
e) Addiere alle Werte, die unter dem Mittelwert liegen und alle Werte, die über dem Mittelwert liegen. Vergleiche.

2 Drei Mädchen planen für ihre Klasse ein Sommerfest. Bei der Vorbereitung haben sie ausgegeben: Silke 42,50 €, Caroline 35,75 € und Maria sogar 45,25 €.
a) Wie werden die Kosten auf die 26 Schülerinnen und Schüler aufgeteilt?
b) Wie viel Geld erhalten die Mädchen zurück?

Montag	76 km
Dienstag	35 km
Mittwoch	84 km
Donnerstag	17 km
Freitag	53 km
Samstag	68 km
Sonntag	27 km

3 Familie Berger macht in den Sommerferien eine Radwanderung. Abends notiert sie sich die gefahrenen Strecken.
a) Berechne ihre durchschnittliche Tagesstrecke.
b) An welchen Tagen wurde dieser Mittelwert unterschritten, an welchen Tagen wurde er überschritten?
c) Wie viele Tage wird sie für die Reststrecke von 294 km noch einplanen, wenn sie ihren Schnitt beibehalten will?

4 Tina hat folgende Ergebnisse im Weitsprung erreicht: 2,70 m, 2,61 m, 2,80 m, 2,86 m, 2,79 m, 2,74 m. Ihre Freundin Corinna hat folgende Weiten erzielt: 2,72 m, 2,76 m, 2,74 m, 2,80 m, 2,82 m, 2,78 m.
a) Berechne für beide die durchschnittliche Weite.
b) Welche Weiten liegen über dem Mittelwert, welche unter dem Mittelwert?
c) Wer ist besser?

5 a) Suche zu 9 und 13 noch eine Zahl, sodass der Mittelwert 10 beträgt.
b) Suche zu 36 und 24 noch eine Zahl, sodass der Mittelwert 20 beträgt.

6 Christine steht nach drei Klassenarbeiten in Mathematik auf der Note „3“. Welche Noten kann sie geschrieben haben?

Gruppe 1: Karten

Material: 4 Asse, 3 Könige, 2 Damen und 1 Bube eines Kartenspiels, Blatt und Stift

Legt eine Tabelle an, in der ihr eure Ergebnisse als Strichliste eintragt. Mischt nun die zehn Karten gründlich.

As	König	Dame	Bube

Eure Aufgabe ist es, eine Karte zu ziehen, das Ergebnis in die Tabelle einzutragen, die Karte zurückzustecken und neu zu mischen. Das macht ihr 50-mal. Notiert vorher, was ihr glaubt, wie die Tabelle nachher aussehen wird (Wo sind die meisten Striche? Wo die wenigsten? usw.). Begründet kurz eure Meinung.

Gruppe 2: Würfel

Material: 1 Würfel, Blatt und Stift

Legt eine Tabelle an, in der ihr eure Ergebnisse als Strichliste eintragt.

1	2	3	4	5	6

Aufgabe: Mit einem Würfel würfeln und das Ergebnis in die Tabelle eintragen. Das macht ihr 50-mal.
Notiert vorher, was ihr glaubt, wie die Tabelle nachher aussehen wird (Wo sind die meisten Striche? Wo die wenigsten? usw.). Begründet kurz eure Meinung.

Gruppenpuzzle:

Es werden 3 Gruppen mit 4 Personen gebildet. Diese Gruppen bearbeiten ihre jeweiligen Aufgaben. Dann werden aus den 3 Gruppen 4 neue gebildet mit jeweils 3 Personen. In diesen werden die einzelnen Versuche und die angefertigten Notizen kurz vorgestellt und anschließend die Vermutungen mit den Beobachtungen verglichen.

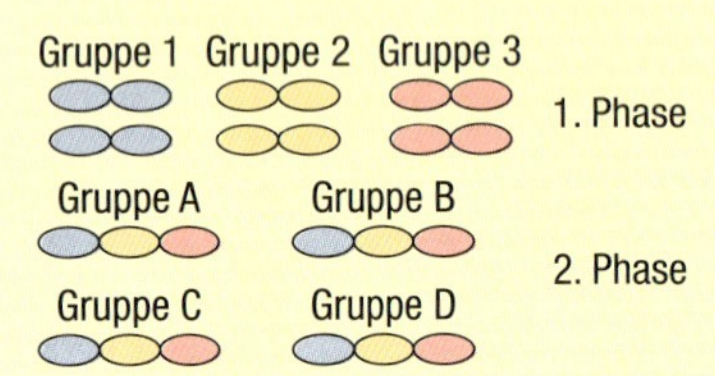

Gruppe 3: Münzen

Material: 2 Münzen, Blatt und Stift

Aufgabe: Legt eine Tabelle an. Tragt eure Ergebnisse als Strichliste ein.

2 x Motiv	1 x Motiv 1 x Zahl	2 x Zahl

Werft zwei Münzen und tragt das Ergebnis in die Tabelle ein. Das macht ihr 50-mal. Notiert vorher, was ihr glaubt, wie die Tabelle nachher aussehen wird (Wo sind die meisten Striche? Wo die wenigsten? usw.) Begründet kurz eure Meinung.

So berechnen wir die Wahrscheinlichkeit eine Dame zu ziehen:

Es gibt zwei Damen. Insgesamt gibt es 10 Karten.

Anteil: 2 von 10 = $\frac{2}{10} = \frac{1}{5}$

Man sagt: Die Wahrscheinlichkeit beträgt $\frac{1}{5}$.

1 Berechne ebenso die Wahrscheinlichkeit für
a) das Ziehen eines Asses, eines Königs und eines Buben,
b) das Werfen der Zahlen 1, 2, 3, 4, 5 und 6,
c) „2 x Motiv“, „1 x Motiv, 1 x Zahl“ und „2 x Zahl“.

2 Wenn du bei den einzelnen Versuchen auf ein Ergebnis tippen solltest, welches würdest du nehmen? Warum?

3 a) Erkläre, wie das Glücksrad funktioniert.
b) Auf welche Farbe würdest du beim Glücksrad setzen? Warum?
c) Berechne die Wahrscheinlichkeit für „grün“, „gelb“, „blau“ und „rot“.
d) Skizziere ein Glücksrad, bei dem alle Farben gleich wahrscheinlich sind.
e) Skizziere ein Glücksrad für folgende Wahrscheinlichkciten: rot $\frac{1}{6}$, grün $\frac{1}{3}$ und blau $\frac{1}{2}$.

4 a) Erkläre, wie ein Schiedsrichter beim Anpfiff eines Fußballspiels die Seitenwahl mit einer Münze entscheidet.
b) Wirf eine Münze 100-mal. Wie oft tritt „Bild “auf? Wie oft tritt „Zahl“ auf? Vergleiche.
c) Wie groß ist die Wahrscheinlichkeit von „Bild“ und „Zahl“? Unterscheiden sich „Theorie“ und „Praxis“?

5 In einem Glas liegen 5 rote Kugeln, 3 weiße Kugeln und 2 schwarze Kugeln. Paul nimmt mit geschlossenen Augen eine Kugel heraus. Mit welcher Wahrscheinlichkeit ist es eine rote (weiße, schwarze) Kugel?

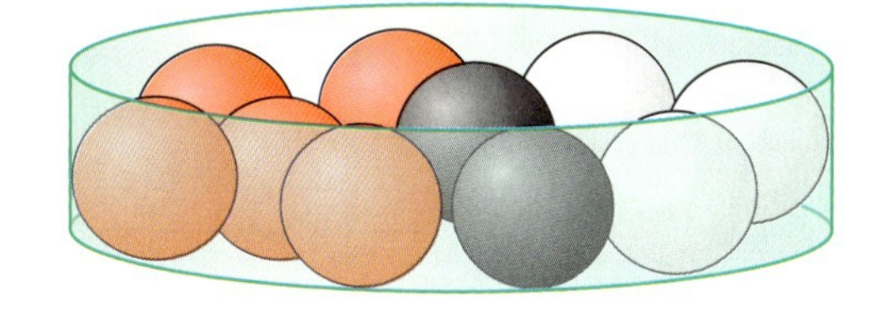

6

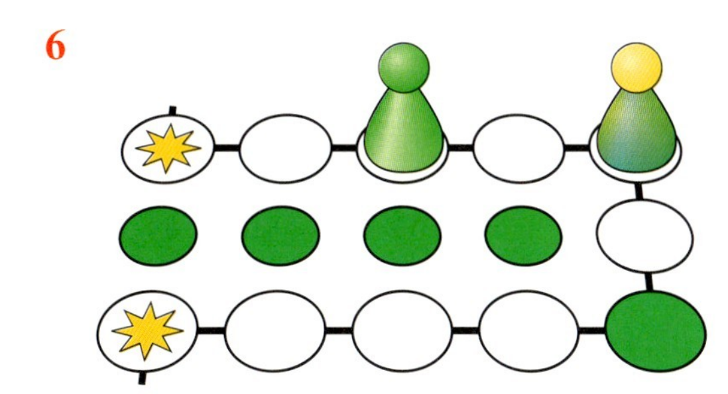

Wie groß ist die Wahrscheinlichkeit, dass die grüne Spielfigur beim nächsten Wurf
- ins Haus gelangt,
- eine andere Spielfigur schlägt,
- weder eine Spielfigur schlägt noch ins Haus gelangt?

Addiere die einzelnen Wahrscheinlichkeiten. Was fällt dir auf? Kannst du das Ergebnis begründen?

10 Beim Spiel „Augensumme“ werden die beiden Würfelzahlen addiert. Wer die richtige Augensumme voraussagt, hat gewonnen. Dann beginnt ein neues Spiel.
a) Spiele mit deinem Nachbarn 30-mal und schreibe die Augensummen auf.
b) Welche Augensumme gewinnt am häufigsten? Kannst du das begründen?

8 Bei einer Lotterie werden 1000 Lose mit den Nummern 000 bis 999 verkauft. Wie wahrscheinlich ist es, ein Los zu ziehen, bei dem
a) alle Ziffern gleich sind,
b) die erste Ziffer weder eine 0 noch eine 9 ist,
c) keine der Ziffern eine 9 ist?

Wiederholen & Sichern

Rechenrallye – 6. Etappe

Auf der 6. Etappe musst du mindestens 75 Punkte sammeln. Viel Spaß.

Nr.		Punkte
1	Berechne den Platzhalter im Kopf. a) 3,8 + □ = 9,9 b) □ − 3,5 = 7,8 c) 17,3 + □ = 24,1 d) 18,7 − □ = 13,1 e) 0,8 + □ = 10,2 f) □ − 6,5 = 20,4	3 3
2	Rechne einzeln. a) 0,125 · 10 · 100 · 1000 · 8 · 64,8 · 125,4 b) 82,4 : 10 : 100 : 1000 : 4 : 8 : 40	6 6
3	Vergleiche. Setze <, > oder =. a) 6,60 □ 6,6 b) 80,04 □ 80,40 c) 0,799 □ 0,79 d) 0,35 □ 0,349	4
4	a) 46,018 + 74,69 b) 205,46 − 91,684 c) 109,006 − 81,986	2 + 2 + 2
5	Runde das Ergebnis auf Hundertstel oder Tausendstel. Achte auf die Größe. a) 2,68 m : 8 b) 24,240 km : 96 c) 36,750 kg : 4 d) 12,99 m : 6	2 + 2 2 + 2
6	Berechne das Volumen und die Oberfläche der würfelförmigen Boxen. a) a = 9 cm b) a = 60 cm c) a = 0,5 m d) a = 2,40 m	4 + 4
7	Berechne das Volumen und die Oberfläche der Quader. a) a = 6 cm; b = 4 cm; c = 10 cm b) a = 8 m; b = 30 dm; c = 50 dm	4 + 4 4 + 4
8	Gib in der nächstkleineren Einheit an. a) 6 m^2; 6,5 dm^2; 10,6 cm^2; 0,9 cm^2 b) 8 m^3; 6,5 dm^3; 0,65 cm^3; 0,4 dm^3 c) 2,1 m^2; 4,7 dm^2; 9,4 cm^2; 0,6 cm^2 d) 2 m^3; 8,6 dm^3; 0,35 cm^3; 0,09 dm^3	4 4 4 4
9	Die Klasse 6b möchte ein Aquarium mit 120 Litern aufstellen. Welches Aquarium wird die Klasse kaufen? Begründe. Aquarium mit Zubehör Stabiler Rahmen 50 cm breit, 30 cm lang, 40 cm hoch Aquarium mit Pumpe sehr günstig 50 cm × 60 cm × 40 cm	3 + 3 + 1
10	Löse die Gleichung durch Umformen. a) 2 · □ + 8 = 24 b) 4 · □ − 7 = 29 c) 6 · □ − 6,9 = 47,1 5 · □ − 9 = 31 3 · □ + 10 = 43 7 · □ + 8,4 = 58,1	4 + 4 + 4 95

Was wird gemessen, gewogen und gestoppt?

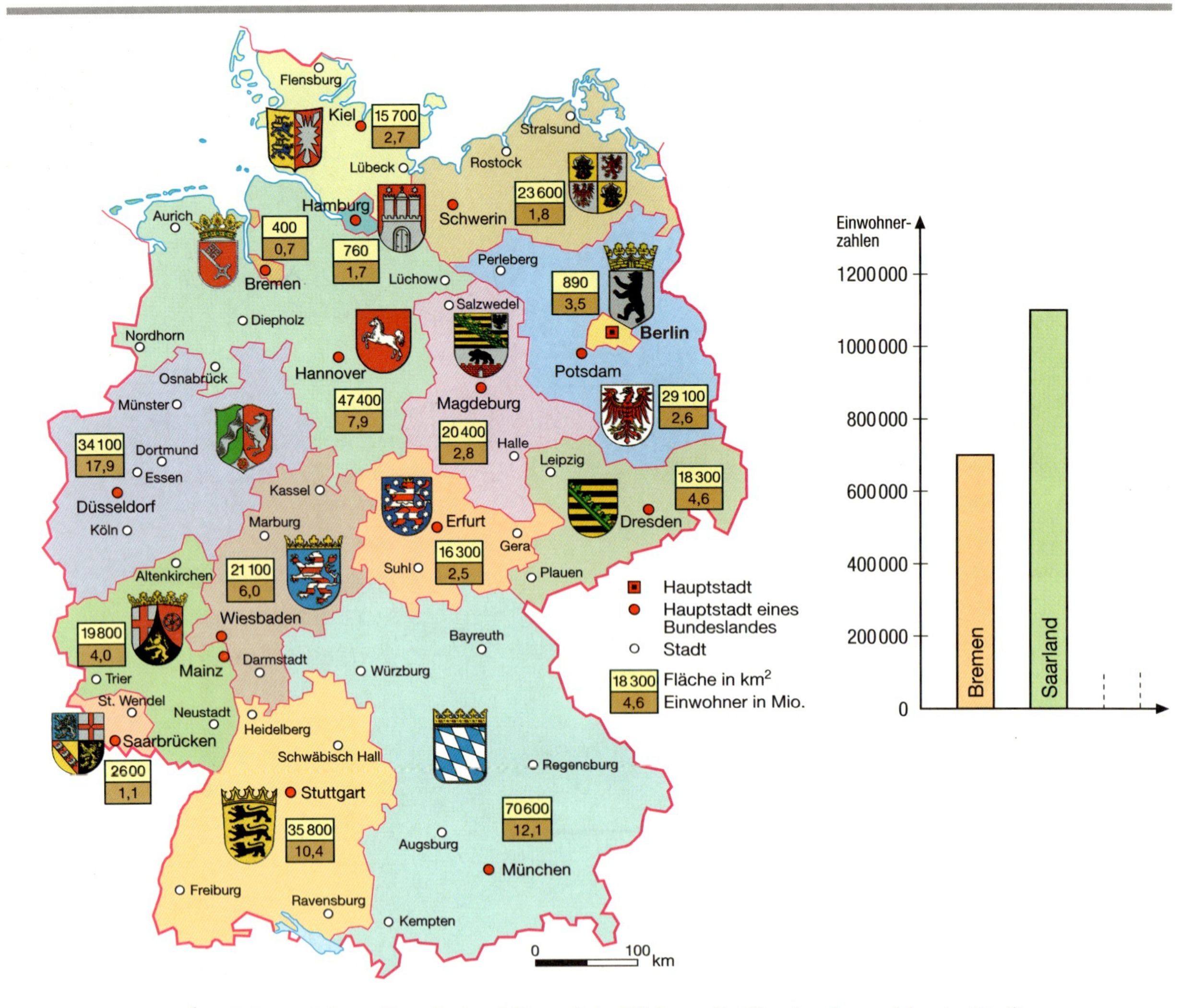

1 a) In welchem Bundesland liegt dein Wohnort? Gib eine benachbarte Stadt an.
b) Bestimme die Bundesländer vom Norden bis zum Süden der Bundesrepublik Deutschland. Welche Stadt ist jeweils Sitz der Landesregierung?
c) Kannst du Angaben zum Landeswappen machen?

2 a) Welches Bundesland ist der Fläche nach das größte, welches ist das kleinste?
b) Ordne die Einwohnerzahlen der Größe nach und schreibe sie auf.
c) Vervollständige das Säulendiagramm für die 6 einwohnerkleinsten Bundesländer im Heft (1 mm $\triangleq$ 20 000 Einwohner).
d) Zeichne ein Säulendiagramm für die 6 einwohnergrößten Bundesländer (1 cm $\triangleq$ 1 000 000 Einwohner) ins Heft. Runde.

3 a) Vergleiche die Bundesländer nach Einwohnerzahl und Flächengröße.
b) Gib die Einwohnerzahl für die Bundesrepublik Deutschland an. Überschlage zuerst.
c) Berechne die gesamte Fläche der Bundesrepublik Deutschland.

4 a) Was weißt du über die eingezeichneten Städte der Bundesrepublik, was weißt du über die eingezeichneten Städte deines Bundeslandes?
b) Besorge dir Einwohnerzahlen dieser Städte. Kannst du sie als Säulendiagramm darstellen? Wähle Städte aus und bestimme einen günstigen Maßstab.

Adler: 6,30 m Länge, 40 PS

1
Staffelstein:
Rechenmeister Adam Ries
1492–1559
Aus dem „Rechenbüchlein“

Vom Lindwurm

Unten an der schönen Linden
war gar ein kleiner Wurm zu finden
Der kroch hinauf mit aller Macht,
acht Ellen richtig bei der Nacht
und alle Tage kroch er wieder
vier Ellen dran hernieder.

Zwölf Nächte trieb er dieses Spiel,
bis daß er von der Spitze fiel
am Morgen in die Pfütze
und kühlte sich ab von seiner Hitze.
Mein Schüler, sage ohne Scheu,
wie hoch dieselbe Linde sei.

2
Der „Adler“ ist die erste deutsche Lokomotive aus dem Jahre 1835. Sie zog am 7.12.1835 die erste deutsche Eisenbahn zwischen Nürnberg und Fürth, beförderte 60 Personen und brauchte für die 6 Kilometer lange Strecke 9 Minuten.

a) Mit welcher Geschwindigkeit (Kilometer in einer Stunde) fuhr der Zug?
b) Der EC „Joseph Haydn“ benötigt für die 102 km lange Strecke zwischen Nürnberg und Würzburg heute etwa eine Stunde. Der ICE „Jakob Fugger“ durchfährt die 220 km zwischen Würzburg und Augsburg in 110 min.

Vergleiche die Geschwindigkeiten.

3
Nürnberg:
Albrecht Dürer
(Maler und Grafiker)
* 21.5.1471
† 6.4.1528 in
Nürnberg

a) Untersuche das magische Quadrat und finde die magische Zahl.
b) Übertrage das Quadrat mehrmals in dein Heft. Färbe immer mit der gleichen Farbe vier Zahlenfelder, welche die magische Zahl ergeben. Wie viele Möglichkeiten findest du?

4 bayerische Zugspitzbahn
Von der Alpspitze bis zur Zugspitze

Man kann den höchsten deutschen Berg, die Zugspitze, mit der Eibseeseilbahn oder mit der Zahnradbahn erreichen. Die Eibseeseilbahn fasst 44 Personen, die Zahnradbahn 280 Personen. In einem Jahr wurden auf der Eibseeseilbahn 150 000 Personen befördert, davon 38 000 Personen mit einem ermäßigten Fahrpreis. Mit der Zahnradbahn fuhren zum normalen Fahrpreis 350 000 Personen, zum ermäßigten Preis 92 000 Personen.

Fahrpreise (pro Person)		
	normal	ermäßigt
Eibsee-Seilbahn	30 €	18 €
Zahnradbahn	30 €	18 €

1 Ordne zu.

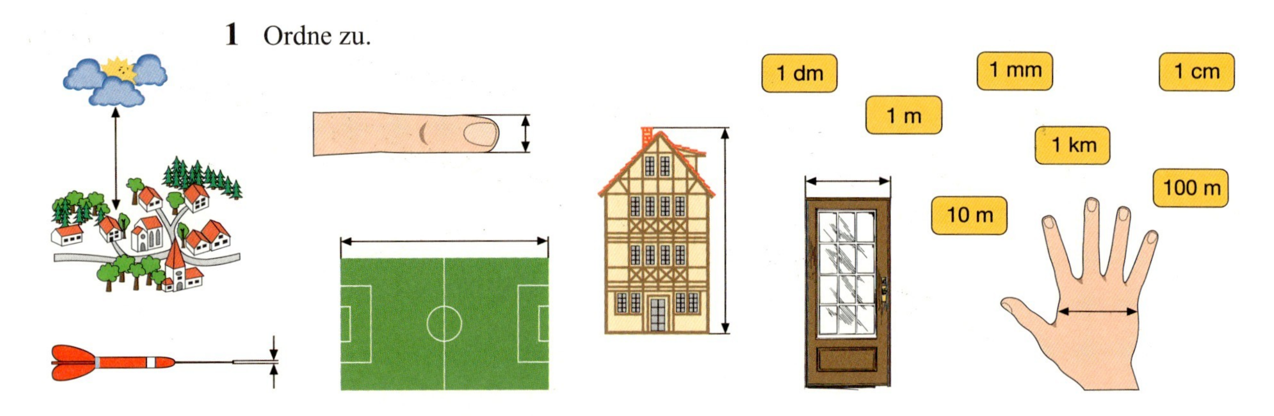

2 In welchen Maßeinheiten werden die Längen folgender Gegenstände gemessen: Buchdicke, Streichholz, Fluss, Kranhöhe, Auto, Baumhöhe.

3 Schätze, miss und vergleiche mit deinem Partner.
a) Nenne Gegenstände im Klassenzimmer, die länger als ein Meter sind.
b) Nenne Gegenstände, die höchstens 1 cm lang oder 1 cm hoch oder 1 cm breit sind. Um wie viele Millimeter hast du dich verschätzt?

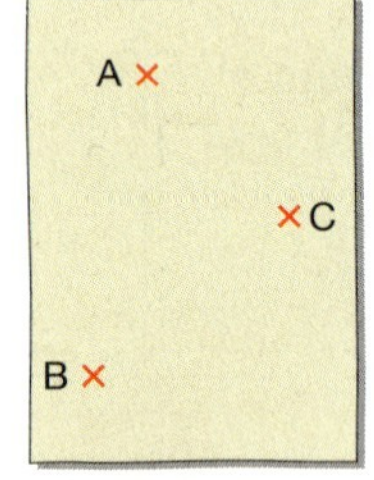

4 Zeichne auf ein unliniertes Blatt Papier ohne Lineal ein Quadrat mit 10 cm Seitenlänge. Miss nach. Um wie viele Millimeter hast du dich verschätzt?

5 Zeichne drei Punkte A, B und C beliebig auf ein unliniertes Blatt Papier. Schätze die Länge der Strecken $\overline{AB}$, $\overline{AC}$ und $\overline{BC}$. Miss nach. Um wie viele Millimeter hast du dich verschätzt?

1 km = 1000 m =	10 000 dm =	100 000 cm =	1 000 000 mm
1 m =	10 dm =	100 cm =	1 000 mm
	1 dm =	10 cm =	100 mm
		1 cm =	10 mm

6 Wandle um
a) in cm: 35 dm; 68 dm; 74 m; 3 m; 7 km; 128 km; 4000 mm; 1230 mm
b) in m: 7 km; 89 km; 60 dm; 900 dm; 7000 dm; 3000 mm; 17 000 mm
c) in dm: 81 m; 103 m; 300 mm; 13 000 mm; 120 cm; 1340 cm; 3 km; 16 km
d) in mm: 11 cm; 127 cm; 9 dm; 36 dm; 107 dm; 6 m; 345 m; 9 km; 890 cm
e) in km: 8000 m; 45 000 m; 340 000 dm; 1 680 000 dm; 23 000 000 mm

7 Ordne nach Größe.
a) Beginne mit der kürzesten Strecke.
36 721 cm; 86 km; 68 m; 36 dm; 35 821 cm; 8 km; 680 000 mm; 680 dm
b) Beginne mit der längsten Strecke.
320 dm; 3 km; 320 000 mm; 32 100 cm; 32 dm; 31 m; 31 km; 31 200 cm

8 Schreibe ins Heft und ergänze Längeneinheiten. Es gibt mehrere Möglichkeiten.
a) 4 ▪ = 400 ▪ b) 50 ▪ = 5 ▪ c) 6 ▪ = 6000 ▪ d) 5600 ▪ = 56 ▪
e) 93 ▪ = 93 000 ▪ f) 450 ▪ = 45 ▪ g) 34 000 ▪ = 34 ▪ h) 7200 ▪ = 72 ▪

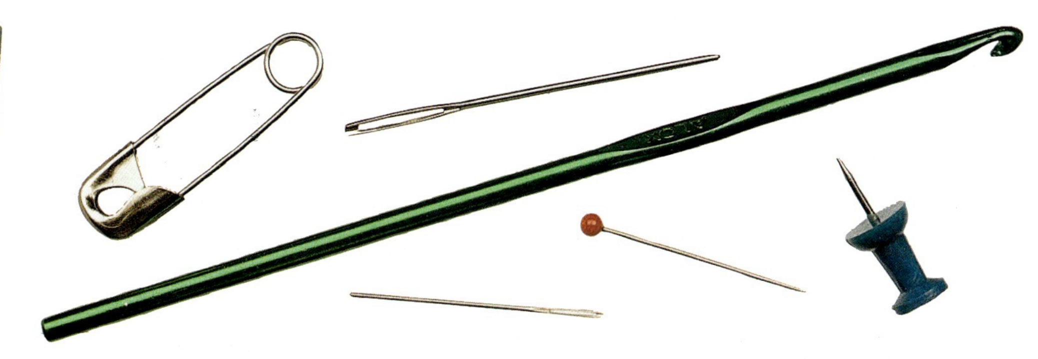

1 a) Schätze die Längen der Nadeln. Miss nach.
b) Schreibe die gemessenen Längen in mm, cm, dm und m.

32 mm = 3,2 cm = 0,32 dm = 0,032 m

2 a) Lies die eingetragenen Werte in allen Einheiten.
b) Übertrage die Stellenwerttafel in dein Heft. Trage folgende Längen ein:
2,3 cm; 5,6 km; 0,7 dm; 405 m; 0,007 m; 0,3 m; 65 dm; 74,03 m; 18 dm
c) Lass dir von deinem Partner Längen diktieren und trage sie ein.

1 mm = 0,1 cm = 0,01 dm = 0,001 m
1 cm = 0,1 dm = 0,01 m
1 dm = 0,1 m

1 m = 0,001 km

km			m	dm	cm	mm
					3	2
			5	0	9	
				3	0	1
	3	0	0	4		
					1	3

3 Wandle um
a) in m: 15 dm; 4,7 km; 4,07 km; 5700 mm; 60 cm; 8001 cm; 6,003 km; 81 000 mm
b) in dm: 6 m; 300 cm; 60 mm; 4,6 m; 3 m 5 cm; 0,006 km; 3462 cm; 7 dm 3 mm
c) in cm: 8 dm; 310 mm; 5,3 dm; 6 dm 3 mm; 0,4 dm; 6532 mm; 3 cm 7 mm
d) in mm: 5,3 cm; 9 m 3 cm 7 mm; 0,7 cm; 0,7 dm; 0,7 m; 0,004 m; 1,6 m
e) in km: 123 m; 3 000 000 m; 400 000 dm; 4000 m; 40 dm; 600 000 cm; 0,004 m

4 a) Zeichne Strecken mit folgenden Längen ins Heft.
5,6 cm; 1,1 dm; 0,07 m; 0,8 dm; 8,3 cm; 0,6 cm; 1,2 dm; 0,12 m
b) Schreibe die Längen in mm.

5 Schreibe in der Einheit, die in Klammern steht.

a) 23 mm (cm)
5 dm (m)
329 cm (dm)
431 m (km)

b) 3,5 cm (mm)
17,3 m (dm)
51,5 dm (m)
1,02 km (m)

c) 235 mm (dm)
804 cm (m)
5030 mm (m)
8,3 cm (dm)

d) 0,68 m (cm)
0,8 dm (mm)
31,05 m (cm)
0,06 km (m)

6 Übertrage ins Heft. Setze >, = oder <.

a) 1,84 km ■ 1840 m
2,36 m ■ 236 mm
4,03 dm ■ 0,4 m

b) 0,34 dm ■ 303 mm
6,005 m ■ 6005 mm
3,7 km ■ 37 000 m

c) 56,7 m ■ 5 m 6 dm 7 cm
37,8 dm ■ 3 m 7 dm 8 cm
0,41 km ■ 410 m

1 Berechne die Summen und Differenzen.

a) 6,79 m + 450 cm
b) 34 m 45 cm + 18,34 m
c) 349 mm − 9,67 cm
d) 56 km 801 m − 30,005 km
e) 35 km + 6,57 km + 301 m
f) 3,47 m + 34 dm + 30 mm
g) 478,89 m − 87,13 m − 5671 cm − 34 m
h) 741 km − 123,9 km − 7001 m

2 Berechne die Produkte und Quotienten.

a)
25,62 m · 13
0,601 km · 25
277,2 cm : 9

b)
0,574 m · 60
1,418 km · 12
18,3 dm : 15

c)
6 dm 89 mm · 7
18 m 54 cm · 28
172 cm 8 mm : 72

d)
36,40 m : 70 cm
0,608 km : 8 m
23,78 m : 29 cm

3 Berechne und wandle in Meter um. Richtige Lösungen ergeben ein Wort.

a) 3 m · 7 − (74 dm − 6,7 m)
b) 28 · 12 100 mm + 14 · 24,2 m
c) 640 cm · 8 − 6 · 6400 mm
d) (77,89 m − 44 725 mm) : 3 + 9,45 dm
e) 3 dm + 0,078 m : 26 − (202 mm − 0,1 m)
f) (600 dm − 4888 cm − 7 cm) : 17

12	T
20,3	S
677,6	P
12,8	I
0,201	Z
0,65	E

4 Ersetze den Platzhalter.

a) 2,18 m · 40 = ▪ m
b) 45 m 3 cm − ▪ = 6,9 m
c) 0,43 km + ▪ = 890 m
d) ▪ : 9 = 55,980 km
e) ▪ · 4 = 173 mm
f) 9,12 m : ▪ = 304 dm

5 Bei einem Radrennen wird ein Rundkurs von 9,36 km Länge 13-mal gefahren. Dazu kommen 2-mal 4,16 km (so weit liegen Start und Ziel vom Rundkurs entfernt). Wie lang ist die gesamte Radstrecke?

6 Dirk und Iris trainieren für das Schwimmfest auf der 25-m-Bahn im Hallenbad.

a) Welche Strecke schwimmt Dirk bei 9 Bahnen (17 und 21 Bahnen)?
b) Iris möchte 800 m schwimmen. Welche Strecke hat sie nach 29 Bahnen zurückgelegt?
c) Wie viele Bahnen muss sie noch für die 800-m-Strecke zurücklegen?

7 Die Laufbahn auf dem Sportplatz ist 400 m lang. Wie viele Runden müssen bei einem 800-m-Lauf (3-km-Lauf, 10-km-Lauf) gelaufen werden?

8 Beim Marathonlauf müssen 42,195 km gelaufen werden. Nach zwei Stunden haben die Läufer folgende Strecken zurückgelegt: Fritz K. 28 km 500 m; Pia H. 32,800 km, Volker L. 39,4 km, Bernd B. 35 km 200 m. Wie weit muss jeder noch bis ins Ziel laufen?

9 Der beste Weitspringer unter den Haustieren ist das Pferd. Es springt 8 m weit. Der beste Weitspringer unter den Insekten ist der Floh. Er springt 38 cm weit.

a) Wie oft muss ein Floh springen, damit er so weit kommt wie ein Pferd mit einem Sprung?
b) Wie weit springst du? Wie oft muss ein Floh springen, um deine Weite zu erreichen?

10 a) In der Segelschule werden von einem 100 m langen Tau 22 Seilstücke mit der Länge 3,5 m abgeschnitten. Wie viel Meter Tau bleibt übrig?
b) Wie viele Seilstücke mit 4 m Länge könnte man noch zuschneiden?

1 Die Regattastrecke im Sportpark Duisburg-Wedau ist ca. 2000 m lang und 125 m breit.

a) Wie oft passt die Fläche des Regattabeckens auf einen Quadratkilometer?

b) Suche nach Fächen, die ungefähr einen Flächeninhalt von 1 km^2 haben (Altstadt, Parkanlage, Feld, Talsperre, ...).

2 Ein Fußballfeld mit der Laufbahn hat ungefähr die Fläche von einem **Hektar**. Man kann sich diese Fläche als ein Quadrat mit 100 m Seitenlänge vorstellen. Die Kinder auf dem Bild haben ein **Ar** abgesteckt.

Große Flächeneinheiten:		
	km^2	(Quadratkilometer)
	ha	(Hektar)
	a	(Ar)

3 a) Wie viele Quadratmeter passen in ein Ar?

b) Wie viele Ar ergeben einen Hektar und wie viele Hektar einen Quadratkilometer?

4 Erkundigt euch, wie groß die Fläche eurer Heimatgemeinde ist. Sie wird normalerweise in Quadratkilometern angegeben.

$1\ km^2 = 100\ ha$
$1\ ha = 100\ a$
$1\ a = 100\ m^2$

1 Wandle in a um.

a) 2 ha   7 ha   12 ha   15 ha   50 ha   100 ha   241 ha   302 ha   500 ha
b) $100\ m^2$ $400\ m^2$ $700\ m^2$ $900\ m^2$ $1000\ m^2$ $1200\ m^2$ $1600\ m^2$ $3000\ m^2$ $4500\ m^2$

2 Wandle in ha um.

a) 200 a   500 a   700 a   900 a   1000 a   1300 a   1500 a   2500 a   3200 a
b) $3\ km^2$ $6\ km^2$ $8\ km^2$ $10\ km^2$ $13\ km^2$ $17\ km^2$ $30\ km^2$ $34\ km^2$ $40\ km^2$ $50\ km^2$

3 Verwandle in die nächstkleinere Einheit.

a) 4 ha   7 a $6\ km^2$ 6 ha   9 a   12 ha
b) $7\ km^2$ 5 ha   8 a $30\ km^2$ 50 ha   80 a
c) $6\ dm^2$ $12\ cm^2$ $9\ m^2$ 18 ha   45 a
d) $9\ dm^2$ $24\ m^2$ 30 ha $60\ km^2$ 22 a

4 Verwandle wie im Beispiel.

6 ha 75 a
= 600 a + 75 a
= 675 a

a) $8\ a\ 54\ m^2$ b) $12\ a\ 37\ m^2$ c) 3 ha 89 a   d) 10 ha 56 a
e) $4\ a\ 7\ m^2$ f) $25\ a\ 9\ m^2$ g) 7 ha 30 a   h) 27 ha 9 a
i) $7\ a\ 3\ m^2$ k) $40\ a\ 6\ m^2$ l) 9 ha 4 a   m) 40 ha 8 a

5 Verwandle in die nächstgrößere Einheit.   835 a = 8 ha 35 a

a) $458\ m^2$ b) $1560\ m^2$ c) 775 a   d) 368 ha
e) $704\ m^2$ f) $2440\ m^2$ g) 308 a   h) 505 ha
i) $908\ m^2$ k) $3002\ m^2$ l) 1070 a   m) 908 ha

6 Verwandle in die größere Einheit. Benutze das „Haus der Flächeneinheiten".

Beispiele:

	km²		ha		a		m²		
4 ha 70 a =				4	7	0			= 4,70 ha
$12\ km^2$ 9 ha =	1	2	0	9					= $12{,}09\ km^2$

a) $13\ a\ 57\ m^2$ b) 8 ha 9 a   c) $10\ a\ 8\ m^2$ d) $40\ a\ 7\ m^2$
e) 24 ha 16 a   f) $12\ a\ 7\ m^2$ g) 60 ha 5 a   h) $20\ km^2$ 6 ha
i) $7\ km^2$ 34 ha   k) $6\ km^2$ 4 ha   l) $30\ km^2$ 9 ha   m) 70 ha 4 a

7 Das Tennisfeld für das Doppel hat einen Flächeninhalt von ca. $260\ m^2$, das Basketballfeld von ca. $364\ m^2$ und das Badmintonfeld von ca. $82\ m^2$. Gib die Flächeninhalte der Spielfelder in der nächstgrößeren Maßeinheit mit Dezimalzahl an.

8 Der Große Brombachsee bedeckt eine Fläche von $9{,}3\ km^2$, der Kleine Brombachsee 270 ha. Berechne den Unterschied.

1 a) Wie groß sind die Tafelflächen? Gib in verschiedenen Einheiten an.
b) Schätze die Größe verschiedener Flächen im Klassenzimmer. Welche Flächenmaße brauchst du dazu?

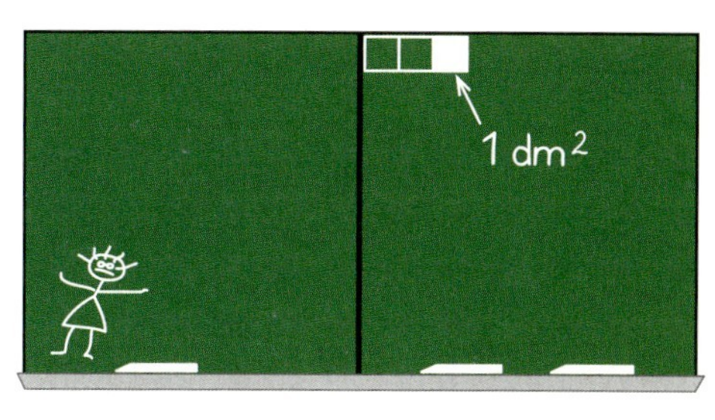

1a

1ha

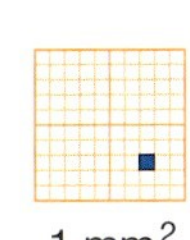
1 mm²

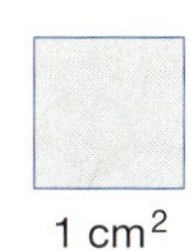
1 cm²

1 dm²

1 m²

1 km²

2 Auf dem Sportplatz könnt ihr gut Flächen schätzen, messen und berechnen.
Wie groß ist das Fußballfeld? Welchen Flächeninhalt hat die Sprunggrube, die Hochsprungmatte, …?
Schätze zuerst, berechne mit deinem Partner.

3 Mit welchen Maßeinheiten würdest du die Größe folgender Flächen angeben: Wald, Fußboden, Stadtgebiet, Handykarte, Postkarte, Grundstück, Niedersachsen, Zeichenblock?

$1\ cm^2 = 100\ mm^2$	$1\ dm^2 = 100\ cm^2$	$1\ m^2 = 100\ dm^2$
$1\ a = 100\ m^2$	$1\ ha = 100\ a$	$1\ km^2 = 100\ ha$

4 Wandle in die nächstkleinere Einheit um.

a)	b)	c)	d)	e)	f)
$4\ m^2$	$7\ km^2$	75 a	$78\ m^2$	2 ha	$60\ km^2$
$9\ dm^2$	81 ha	$66\ dm^2$	$44\ cm^2$	$39\ dm^2$	6 a
$5\ cm^2$	$65\ cm^2$	$18\ cm^2$	$35\ dm^2$	$70\ cm^2$	$33\ m^2$

5 Wandle in die nächstgrößere Einheit um.

a)	b)	c)	d)	e)	f)
$7300\ dm^2$	$400\ dm^2$	7000 a	$23\,000\ cm^2$	$67\,000\ cm^2$	4800 ha
$500\ cm^2$	$1300\ cm^2$	$3200\ mm^2$	$600\ dm^2$	20 000 a	4 000 000 a
56 000 ha	$900\ mm^2$	$5200\ dm^2$	$7500\ cm^2$	$43\,000\ mm^2$	$17\,000\,000\ m^2$

1 a) Lies die eingetragenen Werte in verschiedenen Einheiten.
b) Übertrage die Tabelle in dein Heft. Trage folgende Flächenmaße ein und schreibe in verschiedenen Einheiten:
$6{,}78\ \text{dm}^2$ $4{,}07\ \text{km}^2$ $78{,}03\ \text{m}^2$
$0{,}47$ ha $0{,}03\ \text{cm}^2$ $0{,}72$ a
c) Lass dir von deinem Partner Flächenmaße diktieren und trage ein.

km²		ha		a		m²		dm²		cm²		mm²	
							3	4	5				
										5	6	3	1
	2	7	8										
									5	3	1		
			3	7	6								
				1	1	7	2						
					6	9	0						

$1\ \text{mm}^2 = 0{,}01\ \text{cm}^2$ $1\ \text{cm}^2 = 0{,}01\ \text{dm}^2$ $1\ \text{dm}^2 = 0{,}01\ \text{m}^2$
$1\ \text{m}^2 = 0{,}01$ a 1 a $= 0{,}01$ ha 1 ha $= 0{,}01\ \text{km}^2$

2 Schneide aus Millimeterpapier ein Quadrat mit der Seitenlänge 1 cm aus und klebe es in dein Heft. Gib seinen Flächeninhalt in verschiedenen Einheiten an.

3 Gib den Flächeninhalt in mm^2, cm^2 und dm^2 an.

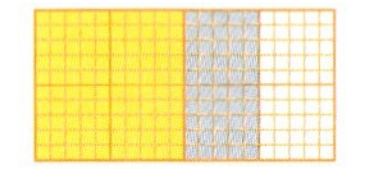
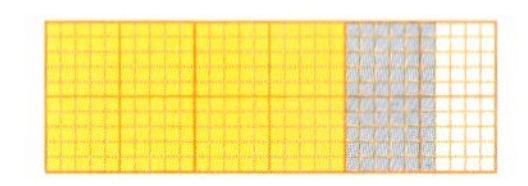
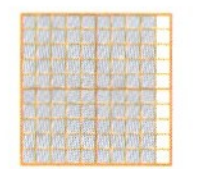
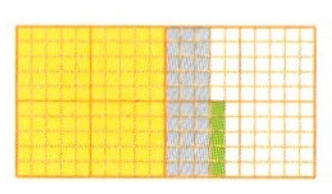
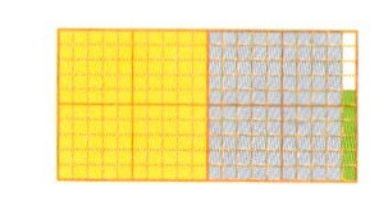

4 Verwandle in die nächstgrößere Einheit.

a)
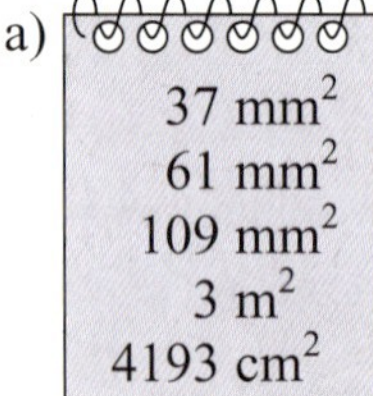

b)
82 cm²
6 cm²
330 cm²
5 dm²
218 dm²

c)
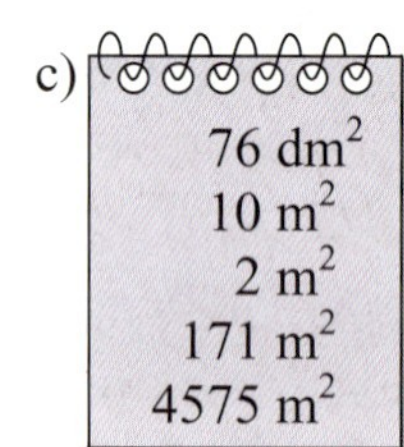

d)
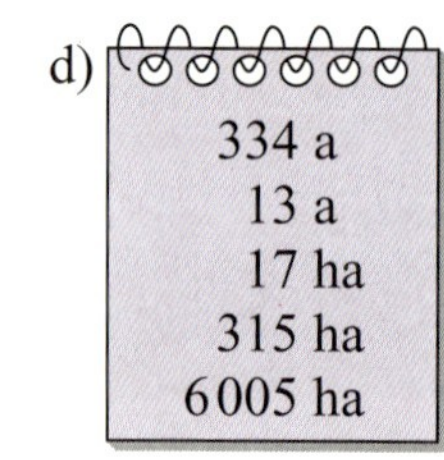

5 Verwandle in die nächstkleinere Einheit.
a) $0{,}02\ \text{m}^2$; $0{,}35\ \text{m}^2$; $0{,}8\ \text{m}^2$; $0{,}09\ \text{m}^2$
b) $0{,}06\ \text{cm}^2$; $0{,}84\ \text{cm}^2$; $1{,}4\ \text{cm}^2$; $0{,}05\ \text{cm}^2$
c) $0{,}67\ \text{dm}^2$; $0{,}56\ \text{dm}^2$; $0{,}9\ \text{dm}^2$; $0{,}03\ \text{dm}^2$
d) $0{,}01\ \text{m}^2$; $0{,}75\ \text{m}^2$; $0{,}43\ \text{m}^2$; $0{,}08\ \text{m}^2$
e) 0,89 a; 0,3 a; 0,9 a; 0,04 a
f) 0,31 ha; 0,71 ha; 0,4 ha; 0,07 ha

Die Stellenwerttafel hilft dir.

6 Wandle um.

a) in m²: 6 m² 30 dm²; 76 dm²; 7 dm²; 2 m² 85 cm²; 8 m² 4 cm²; 5 cm²

b) in cm²: 7 cm² 34 mm²; 30 cm² 9 mm²; 8 mm²; 0,4 dm²; 1,83 dm²; 0,075 m²

c) in mm²: 103 cm²; 0,4 cm²; 11 dm²; 0,137 dm²; 0,03 cm²; 0,9 cm²

d) in dm²: 3 dm² 16 cm²; 5 dm² 69 cm²; 1034 cm²; 8136 mm²; 4 cm²; 0,2 m²

e) in cm²: 3 cm² 75 mm²; 80 cm² 9 mm²; 3 mm²; 0,7 dm²; 0,85 m²; 17,3 dm²

7 Schreibe ins Heft und ergänze Flächeneinheiten. Es gibt mehrere Möglichkeiten.
a) 3,5 ▪ = 350 ▪ b) 8000 ▪ = 0,8 ▪ c) 1,02 ▪ = 102 ▪ d) 0,04 ▪ = 4 ▪
e) 7 ▪ = 0,0007 ▪ f) 20 700 ▪ = 2,07 ▪ g) 19 ▪ = 0,19 ▪ h) 18 007 ▪ = 180,07 ▪

1 Achte auf gleiche Flächeneinheiten. Gib das Ergebnis in der größeren Einheit an.

a) $8\ m^2 + 43\ dm^2$ b) $13{,}6\ dm^2 + 314\ cm^2$ c) $15{,}3\ cm^2 + 1400\ mm^2$
d) $54\ dm^2 + 127\ dm^2$ e) $60\ ha + 6{,}74\ km^2$ f) $3\ mm^2 + 48\ cm^2$
g) $1\ m^2 - 45\ dm^2$ h) $1\ dm^2 - 76\ cm^2$ i) $7\ cm^2 - 81\ mm^2$
k) 1 ha − 6 a l) $1\ km^2 - 14\ ha$ m) $7{,}3\ cm^2 - 25\ mm^2$

2 Ersetze den Platzhalter.

a) $13\ m^2 + \square\ dm^2 = 1896\ dm^2$ b) $17\ dm^2 - \square\ cm^2 = 11{,}5\ dm^2$
c) $804\ m^2 - \square\ dm^2 = 47\ dm^2$ d) $1345\ mm^2 - \square\ cm^2 = 845\ mm^2$
e) $623\ dm^2 + \square\ dm^2 = 50\ m^2$ f) $943\ a - \square\ a = 15\ m^2$

3 Ergänze auf einen Quadratmeter.

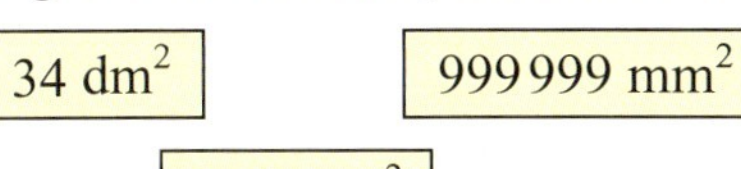

$117\ cm^2$ | $0{,}73\ m^2$ | $34\ dm^2$ | $999999\ mm^2$ | $42{,}65\ dm^2$ | $81{,}7\ dm^2$ | $2025\ cm^2$ | $0{,}3\ m^2$ | $45\ cm^2$

4 Rechne im Kopf.

a) $\square \cdot 10\ km^2 = 70\ km^2$ b) $5 \cdot 12\ cm^2 = \square\ cm^2$ c) $7 \cdot 8\ a = \square\ m^2$
d) $13 \cdot \square\ mm^2 = 169\ mm^2$ e) $4 \cdot \square\ m^2 = 360\ m^2$ f) $\square \cdot 15\ ha = 600\ ha$

5 a) $4\ m^2 : 8$ b) $2\ dm^2 : 5$ c) $6\ ha : 20$ d) $12\ km^2 : 40$
e) $4\ dm^2\ 14\ cm^2 : 8$ f) $3\ a\ 50\ m^2 : 25$ g) $4\ m^2\ 35\ dm^2 : 15$ h) $10\ cm^2\ 14\ mm^2 : 30$

6 Von Kopf bis Schwanz

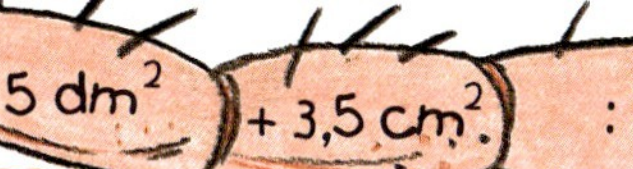

7 Miss Länge und Breite einer Seite dieses Buches.

a) Berechne den Flächeninhalt einer Seite in cm^2 (mm^2; dm^2; m^2)
b) Wie viele Quadratmeter Papier werden bei diesem Buch bedruckt?

8 Das neue Bebauungsgebiet der Stadt Lüneburg ist 2,50 ha groß. Es sind schon vier Bauplätze mit 6,60 a, 8,85 a, 4,5 a und 10,43 a verkauft worden.

a) Welche Fläche hat die Stadt noch zu vergeben?
b) Der Quadratmeterpreis liegt bei 155 €. Wie viel Euro kosten die einzelnen Bauplätze?

9 Auf dem Sportplatz kann man gut Flächen schätzen, messen und berechnen. (Sprunggrube, Fußballfeld, Hochsprungmatte, ...)

a) Schreibe mit deinem Partner zunächst Aufgaben auf.
b) Gehe nun auf den Sportplatz und schätze die Fläche.
c) Miss die Länge und Breite aus und notiere die Maße.
d) Bereche den Flächeninhalt.

100g

1g

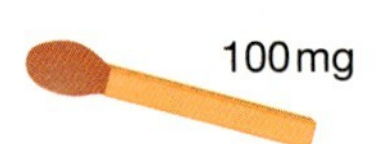

10mg
1cm² Papier

langes Haar 1mg

1 a) Vergleiche. Welcher der abgebildeten Gegenstände ist 10-mal (100-mal) so schwer wie der andere?
b) Welcher Gegenstand wiegt 1000-mal so viel wie ein Haar, ein 50-€-Schein, ein Fahrrad?
c) Stelle selbst solche Vergleiche an.

1 t = 1000 kg	1 kg = 1000 g	1 g = 1000 mg

2 Wandle in die angegebene Einheit um.

a)
7000 g (kg)
45 kg (g)
6000 mg (g)
67000 g (kg)
670 g (mg)
3000 mg (g)

b)
23000 g (kg)
8 g (mg)
5000 mg (g)
5 kg (g)
15 g (mg)
12 000 mg (g)

c)
6000 kg (t)
36 t (kg)
13 t 802 kg (kg)
49 000 kg (t)
420 t (kg)
5 kg 700 g (g)

d)
45 000 kg (t)
4 t 700 kg (kg)
6 kg 759 g (g)
4 t (kg)
9 t 480 kg (kg)
45 kg 206 g (g)

3 a) Lies die eingetragenen Werte in verschiedenen Einheiten.
b) Übertrage die Tabelle in dein Heft. Trage folgende Gewichtsangaben ein und schreibe in verschiedenen Einheiten:
56,08 kg 45,007 g 0,3 t 56 mg
0,046 kg 1310 mg 21,103 t 4,7 g
c) Lass dir von deinem Partner Gewichte diktieren und trage sie ein.

t		kg			g			mg		
					5	9	6			
							4	8	0	4
	3	7	0	1						
									7	1
							3	2		
			5	4	0	0	7			

1 mg = 0,001 g	1 g = 0,001 kg	1 kg = 0,001 t

4 Schreibe wie in den Beispielen. 9 g = 0,009 kg 78 mg = 0,078 g

a) 6 g
3 mg

b) 21 g
87 mg

c) 234 g
508 mg

d) 1345 g
6207 mg

e) 17 600 g
25 609 mg

f) 108 009 g
450 001 mg

5 Schreibe in Kilogramm. 1 kg 8 g = 1,008 kg

a) 3 kg 246 g
5 kg 187 g
8 kg 24 g

b) 3 kg 7 g
4 kg 9 g
7 kg 1 g

c) 617 g
48 g
3 g

d) 67 kg 456 g 387 mg
12 kg 13 g 12 mg
3 kg 3 g 3 mg

e) 367 003 mg
78 004 mg
1002 mg

6 Schreibe in kg und t. 5634 g = 5,634 kg = 0,005634 t

a) 5629 g
8941 g

b) 5098 g
7002 g

c) 17 809 kg
23 905 kg

d) 789 kg
349 kg

e) 78 kg
6 kg

7 Ordne nach der Größe. Beginne mit dem größten Wert.

a) 6 kg 450 g 6050 g 0,6 t 600,5 kg 6,5 kg 64 000 mg 0,6 g
b) 456,3 kg 4 kg 562 g 0,4 g 400,3 kg 0,4 t 45 630 mg 4653 kg

1 Berechne. Überschlage zuerst.

a) 5 kg + 235 g + 4509 g
b) 6 kg + 78 g + 0,567 kg
c) 0, 8 g + 9,650 g + 8 g 349 mg
d) 56,700 kg − 67 g
e) 43 560 mg − 5 g 45 mg
f) 4,3 kg − 78 900 mg

2

a)
6,371 g · 6
5,301 kg · 9
4 · 1,365 t
3 · 0,421 t
0,602 g · 7

b)
13,014 kg · 17
12,145 g · 21
26,003 t · 14
31 · 0,471 kg
0,402 g · 100

c)
6,300 kg : 9
7,020 t : 6
0,782 kg : 23
0,380 g : 8
67,680 t : 24

d)
2,480 kg : 16 g
6,560 t : 80 kg
10,556 g : 26 mg
23,296 t : 8 kg
10,920 g : 3 mg

3 Berechne die Terme. TIPP: *Alle Ergebnisse enthalten die Ziffernfolge 42.*

a) 5 · (18 kg + 37 000 g − 0,029 t) + 0,290 t
b) (3894,5 kg − 894 500 g) : 6 − 0,08 t
c) 0,0494 kg − (0,098 g · 75 + 3,23 g · 55) : 25
d) 59,8 t : 40 + 0,541 t · 5

4 Ergänze die Einheiten.

a) 34 ☐ + 456 ☐ = 34 456 kg
b) 6,7 ☐ + 447 ☐ = 7147 kg
c) 0,5 ☐ + 1,32 ☐ = 1820 kg
d) 0,6 ☐ − 560 ☐ = 40 mg
e) 23 000 ☐ − 2,9 ☐ = 20,1 g
f) 8,3 ☐ + 0,001 ☐ = 9300 g

5 a) Berechne die fehlenden Werte im Heft.

Fahrzeug	Gesamtgewicht	Leergewicht	Ladegewicht
Auto	1465 kg	975 kg	
Linienbus	17,2 t	10,54 t	
Sattelzug	37,3 t		25 t
Kleinlaster	7500 kg		3 t
Güterwaggon		13 t	21 t

Entnimm fehlende Werte der Tabelle.

b) Welches Fahrzeug darf eine Brücke mit diesem Zeichen passieren?

17,5 t

6 Ein Sattelzug wird beladen. Es werden 17 Stahlträger zu je 0,8 t und 56 Rohre zu je 85 kg aufgeladen. Wie viele Tonnen dürfen noch zugeladen werden?

7 Es sollen 46 Paletten mit je 390,5 kg transportiert werden. Wie oft muss gefahren werden, wenn ein Sattelzug (ein Kleinlaster) eingesetzt wird?

8 a) Ein Güterzug mit 19 Waggons ist vollbeladen. Wie schwer ist der gesamte Zug, wenn die Lokomotive 78,5 t wiegt?

b) Ein Güterzug mit 32 Waggons hat eine Gesamtladung von 624 t. Wurde das zulässige Ladegewicht überschritten?

9 Ein Elefant kann mit seinem Rüssel 500 kg tragen. Wie viele Elefanten wären nötig, um einen vollbesetzten Linienbus hochzuheben?

1 Schätze zuerst, dein Partner stoppt die Zeit.
a) Wie lange brauchst du um diese Sätze in normaler Geschwindigkeit zu sprechen?
b) Wie lange brauchst du um diese Sätze in normaler Geschwindigkeit zu schreiben?

2 Wandle um
a) in Sekunden: 4 min; 12 min; 25 min; 21 min 16 s; 32 min 12 s; 2 h; 4 h 17 min 3 s
b) in Minuten: 180 s; 420 s; 840 s; 3 h; 5 h 13 min; 4 h 25 min; 2 h 240 s; 6 h 360 s
c) in Stunden: 240 min; 900 min; 18 000 s; 54 000 s; 90 min; 3 Tage; 1 Woche; 1 Jahr

3 Berechne die Zeitspannen.

4 h 42 min + 29 min = 4 h 71 min = 5 h 11 min
6 h 14 min − 36 min = 5 h 74 min − 36 min = 5 h 38 min

a)
8 h 35 min + 46 min
9 h 32 min + 64 min
7 h 5 min + 13 h 18 min

b)
14 h 9 min + 3 h 56 min
17 h 6 min + 26 h 57 min
21 h 48 min + 32 h 48 min

c)
12 h 53 min − 3 h 36 min
7 h 48 min − 3 h 15 min
19 h 37 min − 9 h 45 min

4 Ingrid wohnt in Northeim und möchte mit ihrer Freundin zu einem Einkaufsbummel nach Hannover fahren.
a) Wie lange ist sie von Northeim nach Hannover unterwegs? Berechne für alle Züge die Fahrtzeit. Gib auch die Zugnummer an.
b) Ihre Freundin Anne wohnt in Kreiensen und möchte dort in den Zug steigen. Bei welchen Zügen ist das möglich? Wann muss sie zusteigen?
c) Erfinde selbst solche Aufgaben.

DB **Northeim (Han) Abfahrtsplan**

09:01		**IC 2378**	**Hamburg-Altona** Northeim (Han) 09:01 – Kreiensen 09:13 – Alfeld (Leine) 09:26 – Hannover Messe/Laatzen 09:52 Hannover Hbf 09:57 – Celle 10:17 – Uelzen 10:41 – Lüneburg 10:58 – Hamburg-Harburg 11:17 Hamburg Hbf 11:27 – Hamburg Dammtor 11:33 – Hamburg-Altona 11:41 nicht täglich, 27. Okt bis 12. Nov Di – Sa; nicht 2. bis 6. Nov
09:05		**RE 16107**	**Erfurt Hbf** Northeim (Han) 09:05 – Katlenburg 09:11 – Wulften 09:17 ⊙ Herzberg (Harz) 09:28 – Schwarzfeld 09:34 – Nordhausen 10:26 – Wolkramshausen 10:48 – Erfurt Hbf 11:50 täglich
09:10		**RB 24370**	**Ottbergen** Northeim (Han) 09:10 – Hardegsen 09:22 – Volpriehausen 09:29 ⊙ Bodenfelde 09:42 – Bad Karlshafen 10:05 – Lauenförde-Beverungen 10:10 – Wehrden 10:16 – Ottbergen 10:22 täglich
09:14		**RB 24649**	**Braunschweig Hbf** Northeim (Han) 09:14 – Einbeck Salzderhelden 09:22 – Kreiensen 09:30 ⊙ Seesen 09:49 Goslar 10.09 – Bad Harzburg 10:28 – Vienenburg 10:58 Braunschweig Hbf 11:35 täglich
09:21		**RB 24474**	**Uelzen** Northeim (Han) 09:14 – Einbeck Salzderhelden 09:28 – Kreiensen 09:34 ⊙ Hannover Bismarckstr. 10:31 – Hannover Hbf 10:37 – Langenhagen Mitte 10:48 – Celle 11:09 – Uelzen 11:51
09:39		**RE 14067**	**Göttingen** Northeim (Han) 09:39 – Nörten-Hardenberg 09:44 – Göttingen 09:53 täglich
09:52		**RB 34814**	**Göttingen** Northeim (Han) 09:52 – Göttingen 10:07 täglich

Anzeige aller Halte bis zu diesem Zeichen ⊙, dahinter Anzeige der wichtigsten Halte.

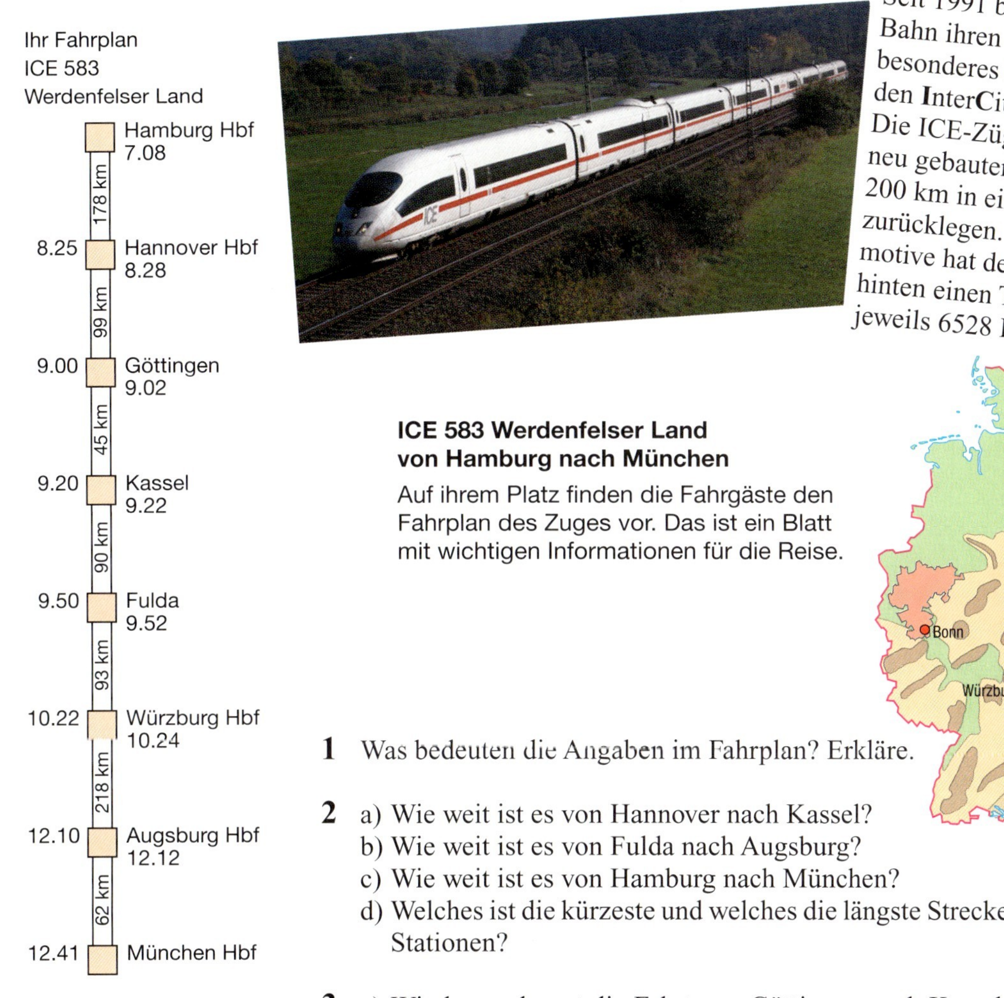

Seit 1991 bietet die Deutsche Bahn ihren Fahrgästen ein besonderes Reiseerlebnis: den **I**nter**C**ity**E**xpress (ICE). Die ICE-Züge können auf den neu gebauten Strecken über 200 km in einer Stunde zurücklegen. Statt einer Lokomotive hat der ICE vorne und hinten einen Triebwagen mit jeweils 6528 PS.

ICE 583 Werdenfelser Land
von Hamburg nach München

Auf ihrem Platz finden die Fahrgäste den Fahrplan des Zuges vor. Das ist ein Blatt mit wichtigen Informationen für die Reise.

1 Was bedeuten die Angaben im Fahrplan? Erkläre.

2 a) Wie weit ist es von Hannover nach Kassel?
b) Wie weit ist es von Fulda nach Augsburg?
c) Wie weit ist es von Hamburg nach München?
d) Welches ist die kürzeste und welches die längste Strecke zwischen zwei ICE-Stationen?

3 a) Wie lange dauert die Fahrt von Göttingen nach Kassel, von Augsburg nach München, von Hannover nach Kassel, von Fulda nach Augsburg?
b) Wie lange fährt der ICE von Hamburg nach München?
c) Der ICE hat 5 min (17 min; 21 min) Verspätung. Wann kommt er an?

4 Der ICE „Altenbeken“ benötigt für die Strecke von Frankfurt/Main nach Berlin 4 Stunden und 46 Minuten. Der Zug fährt in Frankfurt um 8.15 Uhr ab und hält achtmal. Bis zum vierten Halt hat er 19 Minuten Verspätung. Dann kann er zwischen jedem Halt wieder 3 Minuten aufholen. Wann müsste der ICE fahrplanmäßig in Berlin ankommen? Wann trifft er mit Verspätung ein?

5 Berechne die fehlenden Werte.

Abfahrt	7.13	20.07	12.56	21.46		
Ankunft	9.34		17.37		13.35	19.07
Fahrtdauer		3 h 23 min		1 h 58 min	5h 24 min	8 h 43 min

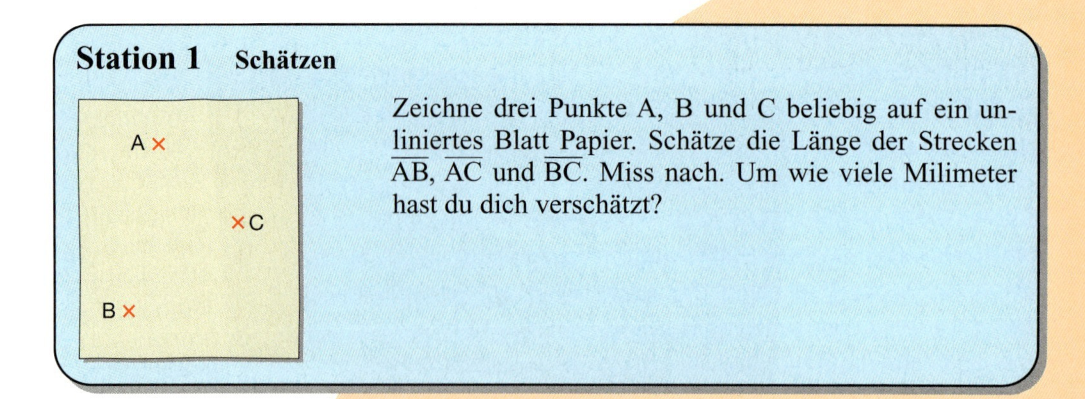

Station 1 **Schätzen**

Zeichne drei Punkte A, B und C beliebig auf ein unliniertes Blatt Papier. Schätze die Länge der Strecken $\overline{AB}$, $\overline{AC}$ und $\overline{BC}$. Miss nach. Um wie viele Milimeter hast du dich verschätzt?

Station 8 **Würfelturm**

Zeichne das Ergebnis auf.

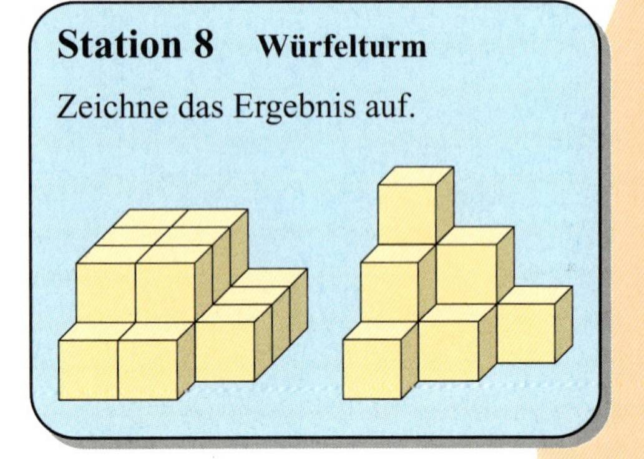

Station 9 **Flächeninhalte**

Gib den Flächeninhalt in mm^2 und cm^2 an.

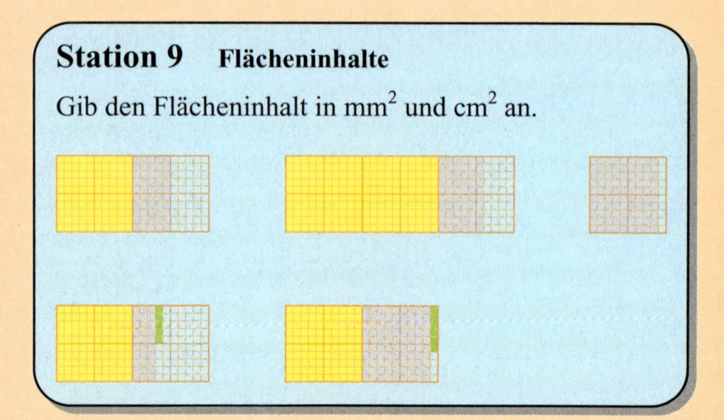

Station 7 **Regenwald**

Am Amazonas gab es 1997 noch 4 Millionen km^2 tropischen Regenwald.
a) Im Jahr 1997 wurden 2 Millionen ha gerodet. Wie viel km^2 sind das?
b) Wie lange kann man so weitermachen, bis der ganze Wald vernichtet ist?

Station 6 **Schwimmender Fisch**

Lege 3 Streichhölzer so um, dass der Fisch in entgegengesetzter Richtung schwimmt.

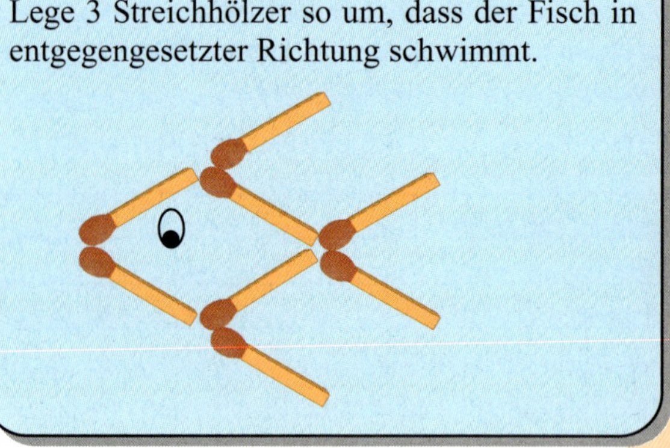

Station 2 **Was fehlt hier?**

Von diesem Würfel wurde ein Stück abgeschnitten. Schreibe den Namen des abgeschnittenen Körpers auf.

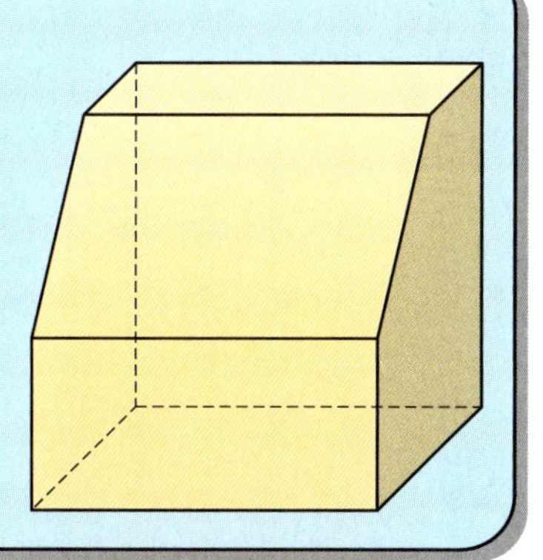

Station 3 **Rund um die Tonne**

Ergänze auf eine Tonne.

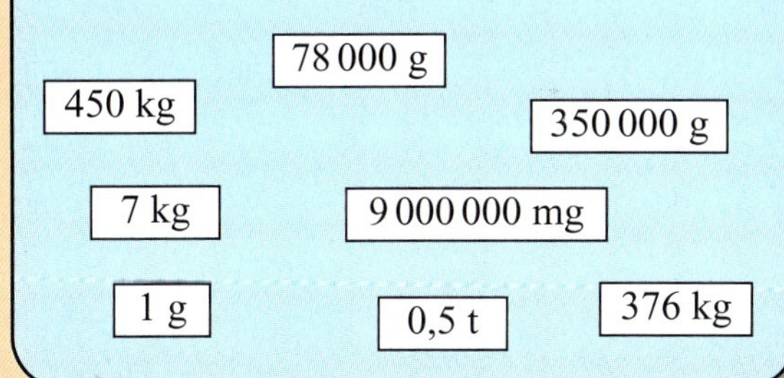

Station 4 **Ordnen**

Ordne der Größe nach. Beginne mit der kleinsten.

a) 4 km 80 m; 4800 m; 4,5 km
b) 3,5 kg; 3300 g; 3 kg 600 g
c) 5 min 20 s; $5\frac{1}{2}$ min; 315 s
d) 9,24 km^2; 942 ha; 9 km^2 44 ha

Station 5 **Zeit**

Stelle die Zeitangaben analog und digital auf den Uhren dar.

a) halb 8 morgens
b) viertel vor 10 abends

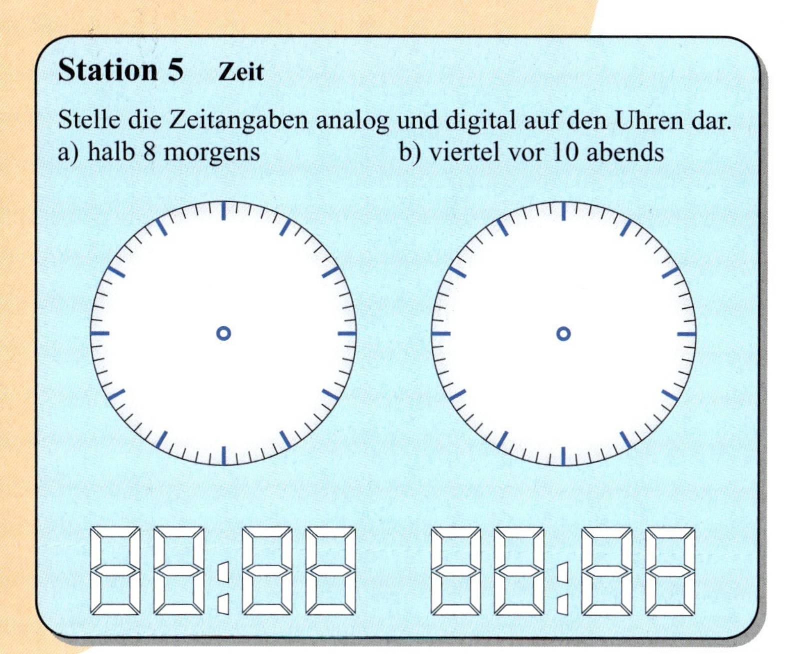

Bleibe fit!

1 Schreibe in Meter.
a) 2 dm; 6 dm; 25 cm; 70 cm; 85 cm
b) 4 cm; 7 cm; 1 cm; 8 cm; 3 dm; 6 dm
c) 6 m 4 dm; 3 m 46 cm; 9 m 75 cm
d) 20 m 81 cm; 30 m 40 cm; 100 m 33 cm

2 Wandle in die angegebene Einheit um.

a)
5 min (s)
7 min (s)
13 min 15 s (s)
3 h (min)
1 h 36 min (min)

b)
300 min (h)
7200 s (h)
2 h 18 min (min)
4 h 46 min (min)
2 h 2 min 2 s (s)

c)
8000 g (kg)
17 kg (g)
74000 g (kg)
14 t 800 kg (kg)
13 kg 15 g (kg)

d)
187 kg (t)
170 g (mg)
24713 mg (g)
82 mg (g)
3 t 4 kg (t)

3 Schreibe in der nächstkleineren Einheit.
a) 3 dm^2; 18 cm^2; 8 dm^2; 7 dm^2; 9 cm^2
b) 34 a; 8,06 a; 0,01 ha; 0,35 ha
c) 0,05 cm^2; 24,3 dm^2; 0,2 dm^2; 1,06 cm^2
d) 4 km^2; 0,71 km^2; 0,4 km^2; 3,09 km^2

4 a) 23,609 km + 112341 m + 89,1 km
b) 17,04 m + 283,97 m + 34 cm
c) 77,7 g + 66,063 g + 0,09 g
d) 998,88 m^2 + 322,1 dm^2 + 4420,21 m^2
e) 24,296 kg + 11309 g + 0,083 kg
f) 0,2 t + 3725 kg + 92,45 t
g) 11,01 m + 8880 cm + 9,9 m
h) 22,10 € + 900,01 € + 78899 ct

5 Ergänze

a) auf 1 kg:	0,8 kg	0,03 kg	0,012 kg	599 g	237 g	99939 mg
b) auf 10 m:	8,2 m	6,31 m	0,5 m	98 dm	81,5 dm	230,3 cm
c) auf 100 t:	43,3 t	78,011 t	5604 kg	345 kg	0,3 t	999998 g

6 Berechne die fehlenden Werte.

Abfahrt	8.15	21.08	13.52	10.46	
Ankunft	10.42		18.25		15.12
Fahrtdauer		2 h 23 min		3 h 47 min	4 h 7 min

7 Rechne im Kopf.

a)

·	8	20	100
1,2 t			
200 cm			
2,5 m^2			
12,1 dm			

b)

:	3	5	10
3 cm^2			
15,60 €			
4,5 kg			
330 m			

8 Für das Schulfest haben die Schülerinnen und Schüler der Klasse 6c 3,5 kg Tee eingekauft. Sie füllen den Tee in 50-g-Tüten ab.
a) Wie viele Euro nehmen sie ein, wenn eine Tüte 1,85 € kostet?
b) Wie viele Tüten zu je 125 g könnten sie abfüllen?

9 Frau Hocke freut sich über ihren neuen Schrittzähler. Sie geht mit ihrem Sohn Oliver spazieren. Bei einer Schrittlänge von 70 cm werden dabei 5480 Schritte registriert.
a) Wie viele km haben sie zurückgelegt?
b) Olivers Schrittlänge beträgt nur 50 cm. Wie viele Schritte musste er machen?

Test 1

1 Wandle in die angegebene Einheit um.

a) 85 cm (dm); 300 cm (m); 45 mm (cm)
b) 5 dm^2 (cm^2); 1,8 m^2 (dm^2); 17,34 ha (a)
c) 7500 g (kg); 13,7 kg (g); 11,03 t (kg)
d) 480 min (h); 180 s (min); 1 h 43 min (min)

2 Setze <, > oder =.

a) 4,46 m ■ 445 cm
b) 0,51 km ■ 510 m
c) 6,9 m ■ 69 dm
d) 7,004 m ■ 7004 cm
e) 0,43 dm ■ 430 cm
f) 58,7 dm ■ 5 m 8 dm 7 cm

3 Berechne.

a) 68,4 dm^2 + 31 cm^2
b) 3,9 kg − 738 g
c) 0,47 m + 5,6 dm
d) 186 kg − 0,1 t

4 a) 0,87 kg · 3 b) 1,58 km^2 · 18 c) 8 m^2 : 16 d) 24 km : 80

5 In der Tierhandlung kann man Futter offen kaufen. 100 g Nagerfutter kosten 0,35 €. Eva kauft für ihr Meerschweinchen 1,3 kg und Sophia für ihren Hamster 0,8 kg. Wie viel Euro müssen sie jeweils bezahlen?

6 Ein Zug fährt um 8.17 Uhr ab, nach 1 h 10 min hat er 20 min Aufenthalt. Die restliche Fahrtzeit beträgt 2 h 45 min. Wann kommt der Zug an?

Test 2

1 Wandle in die angegebene Einheit um.

a) 7 cm (dm); 4003 cm (m); 76 m (km)
b) 72 cm^2 (dm^2); 3,4 m^2 (dm^2); 4 a (ha)
c) 56 g (kg); 0,02 kg (g); 4 a (ha)
d) 2 h 15 min (min); 4 min 6 s (s); 5 h 5 min 5 s (s)

2 Ordne nach der Größe. Beginne mit dem kleinsten Wert.
347,5 kg; 3 kg 474 g; 0,3 g; 300,5 kg; 0,3 t; 34 750 mg; 3475 kg

3 Ersetze den Platzhalter.

a) 36 m 4 dm − ■ = 7,8 dm
b) 0,57 km + ■ = 712 m
c) 0,4 t − ■ = 156 kg
d) ■ + 34 g = 3,9 kg
e) 3,4 m^2 + ■ = 418,3 dm^2
f) 36,01 dm^2 − ■ = 4010 cm^2

4 Ein Karton Seife wiegt 5,9 kg. Ein Stück Seife wiegt 80 g. Der leere Karton und die Verpackungen sind insgesamt 1,1 kg schwer. Wie viele Seifen sind in einem Karton verpackt?

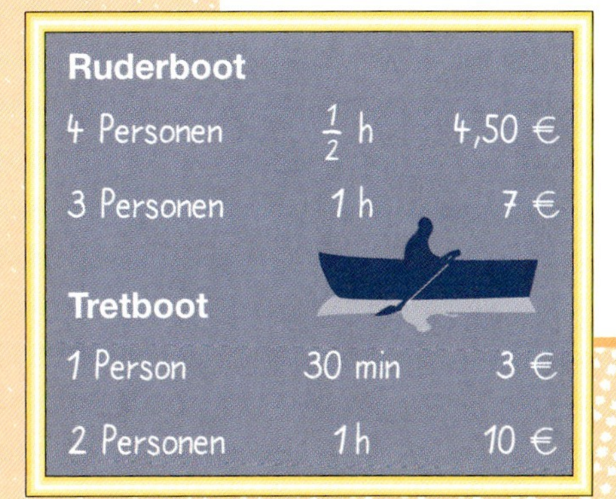

5 Während ihrer Klassenfahrt unternehmen die 27 Schüler der Klasse 6b eine Bootsfahrt auf der Leine. Acht Schüler wollen eine $\frac{1}{2}$ Stunde Tretboot fahren, die restlichen wählen für 60 min Ruderboote.

a) Wie viele und welche Boote müssen sie mieten?
b) Der Lehrer zahlt an der Kasse und teilt den Betrag gleichmäßig auf jeden Schüler auf.

Wiederholen & Sichern

Rechenrallye – 7. Etappe

Auf der letzten Etappe musst du mindestens 70 Punkte sammeln. Viel Spaß.

Nr.		Punkte
1	Rechenketten. a) 6 $\cdot 6$ $: 12$ $\cdot 9$ $+ 23$ $: 5$ $\cdot 8$ $- 17$ $: 9$ b) 150 $- 30$ $: 6$ $\cdot 3$ $: 2$ $+ 42$ $: 8$ $\cdot 9$ $- 11$ c) 66 $: 3$ $+ 18$ $: 4$ $\cdot 7$ $- 16$ $: 9$ $\cdot 11$ $: 2$ d) 63 $: 7$ $\cdot 3$ $+ 73$ $: 20$ $\cdot 8$ $: 4$ $: 5$ $- 2$	4 4 4 4
2	Löse die einfachen Gleichungen im Kopf. a) $3 + \square = 17$ b) $\square - 5 = 12$ c) $3 \cdot \square = 12$ d) $15 : \square = 5$ $5 + \square = 23$ $\square - 4 = 6$ $5 \cdot \square = 30$ $18 : \square = 2$ $\square + 6 = 11$ $\square - 21 = 18$ $\square \cdot 4 = 16$ $36 : \square = 12$	3 3 3
3	„Punkt vor Strich, wenn nicht die Klammer sagt: zuerst komm ich.“ a) $5 \cdot (21 + 4)$ b) $2{,}2 \cdot 3 + 4{,}4 \cdot 2$ c) $(17 + 3) \cdot 4 - 14$ $3 \cdot (100 - 40)$ $16 : 4 + 6 \cdot 3$ $(26 - 8) : 3 + 4$ $(19 - 4) \cdot 3$ $1{,}9 \cdot 2 + 2{,}8 : 2$ $4 \cdot (3{,}2 + 1{,}8 - 3)$	6 6 6
4	Bestimme den Platzhalter. a) $3 \cdot \square = 14 - 5$ b) $5 \cdot \square = 22 + 8$ c) $9 \cdot \square = 36{,}7 + 8{,}3$ $4 \cdot \square = 31 + 9$ $3 \cdot \square = 33{,}5 - 6{,}5$ $8 \cdot \square = 26{,}2 - 9{,}4$	4 + 4 + 4
5	Wie heißt die Zahl? a) Multipliziere eine Zahl mit 2, addiere 8. Du erhältst 20. b) Multipliziere eine Zahl mit 5, subtrahiere 10. Du erhältst 25. c) Dividiere eine Zahl durch 8, addiere 20. Du erhältst 26.	2 2 2
6	Rechter Winkel? Spitz oder stumpf? a) b) c) d) e)	5
7	Zeichne die Winkel mit dem Geodreieck. a) 90° b) 45° c) 55° d) 25° e) 110° f) 145°	12
8	Wandle in die angegebene Einheit um. a) $5\ dm^3$ (cm^3) b) $15\ m^3$ (dm^3) c) $4{,}5\ m^3$ (dm^3) $140\ dm^3$ (cm^3) $9{,}4\ m^3$ (dm^3) $92\ cm^3$ (dm^3) $580\,000\ mm^3$ (cm^3) $89\ mm^3$ (cm^3) $5{,}8\ cm^3$ (mm^3)	3 3 3
9	Yasemin kann jeden Monat 8 € für neue Skier sparen. Sie hat schon 202 € zusammen. Wie viele Monate muss Yasemin noch warten, bis sie sich die Skier für 183 € und die Bindung für 59 € leisten kann?	3 90

Übungszirkel: Geometrische Figuren Seite 28/29

Station 1 Alles dreht sich

a) Alle Figuren sind drehsymmetrisch
b) Drehwinkel: a) 180° b) 90° c) 45° d) 180°

Station 2 Uhrzeiger und Winkel

1) 15°
2) 9
3) 120° und 240°
4) –

Station 3 Rauf, runter, hin und her.

a)

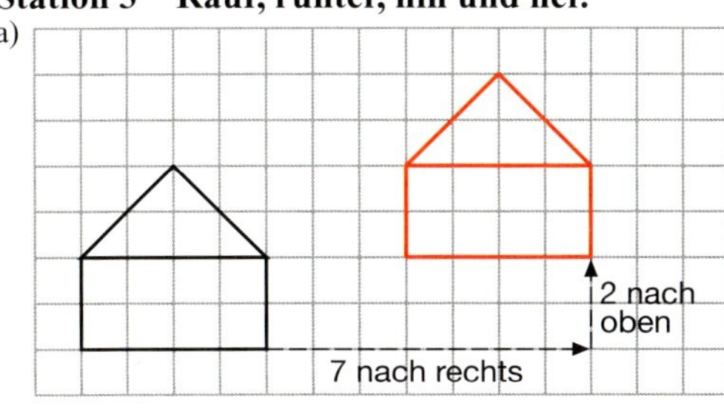

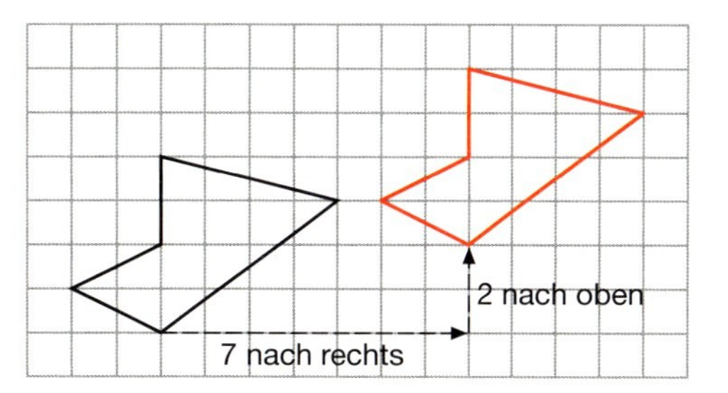

b)

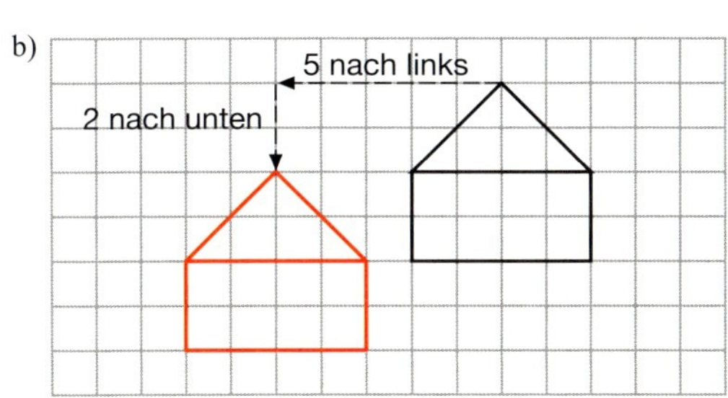

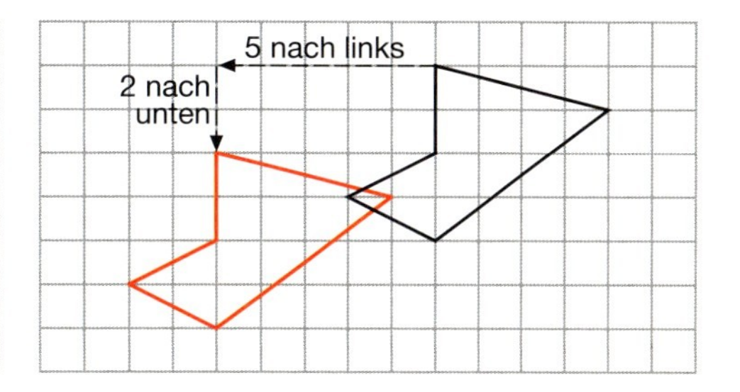

Station 4 Umlegen oder wegnehmen.

(1)

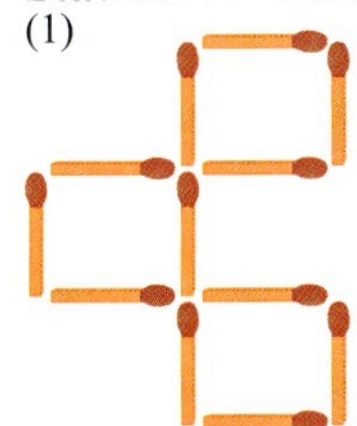

(2)

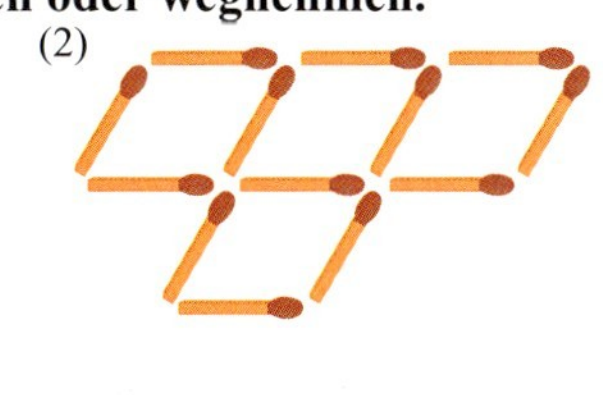

(3)

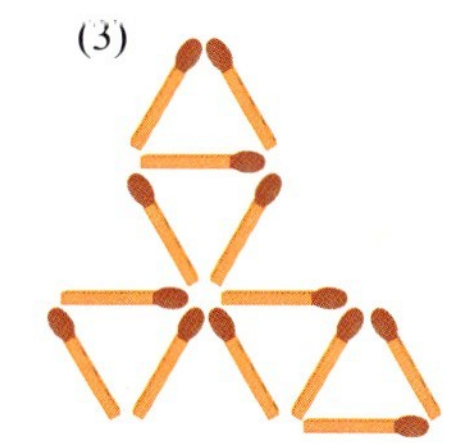

Anmerkung: Die Dreiecke müssen alle gleich groß sein. Sie bestehen immer aus 3 Streichhölzern.

Station 5 Woher kommt der Wind?

a) 90°; 270° b) 180°; 180° c) 45°; 315°
d) 45°; 315° e) 90°; 270° f) 45°; 315°

Station 6 Richtig gesehen?

a) von oben b) von hinten
c) von links d) von unten e) von rechts

Station 7 Schneckenhaus und Spirale

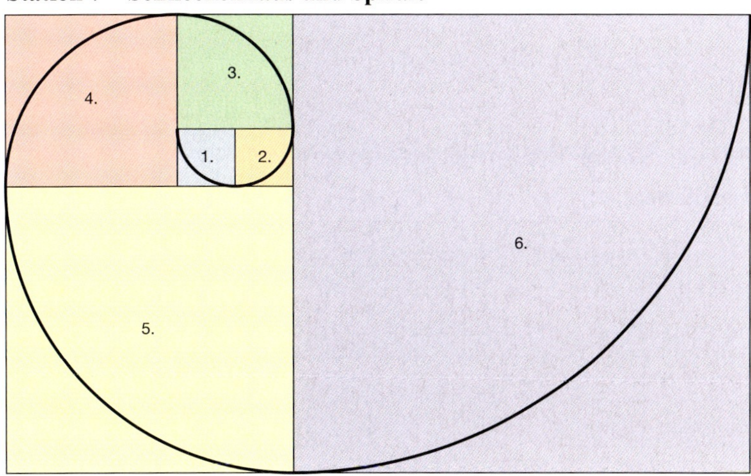

Station 8 Da kann man sich ganz schön verzählen.

	(1)	(2)	(3)
Dreiecke	44	40	48
Rechtecke	18	10	10
Trapez	36	18	20
Rauten	–	5	1

Übungszirkel: Brüche Seite 56/57

Station 1 Primzahlen

Die Primzahlen bis 100: 2, 3, 5, 7, 11, 13, 17, 19, 23, 29, 31, 37, 41, 43, 47, 53, 59, 61, 67, 71, 73, 79, 83, 89, 97

Station 2 Würfelspiel: Brüche vergleichen

–

Station 3 Zeichnen und Drehen

a) $\frac{3}{4}$

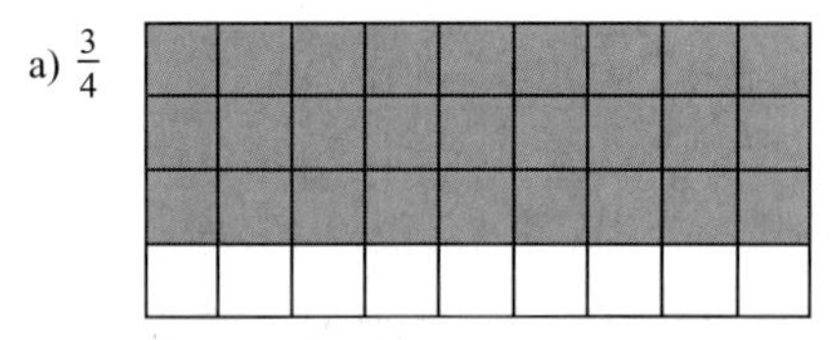

b) $\frac{2}{3}$

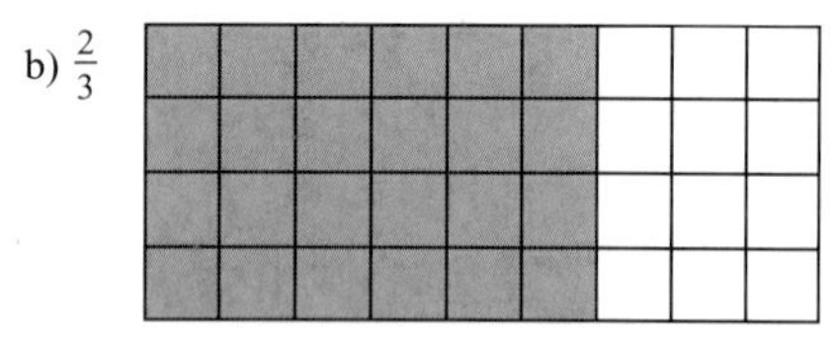

c) $\frac{5}{6}$

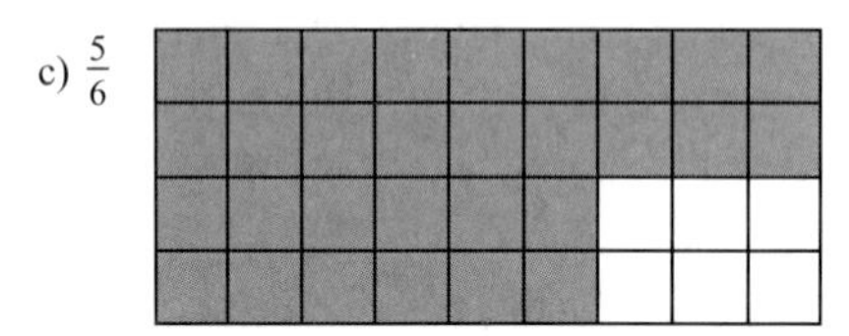

d) $\frac{11}{12}$

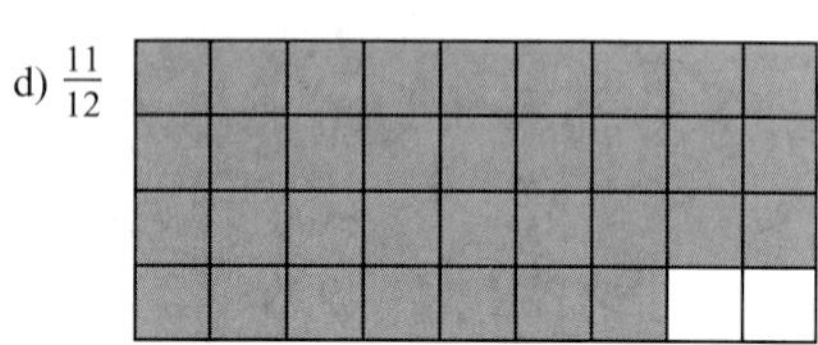

e) $\frac{7}{9}$

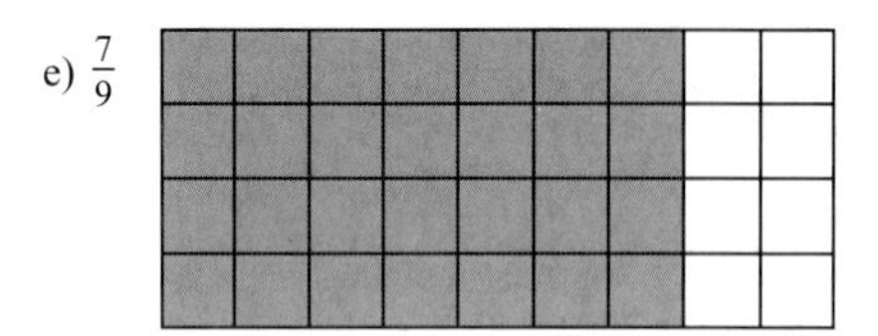

f) $\frac{7}{36}$

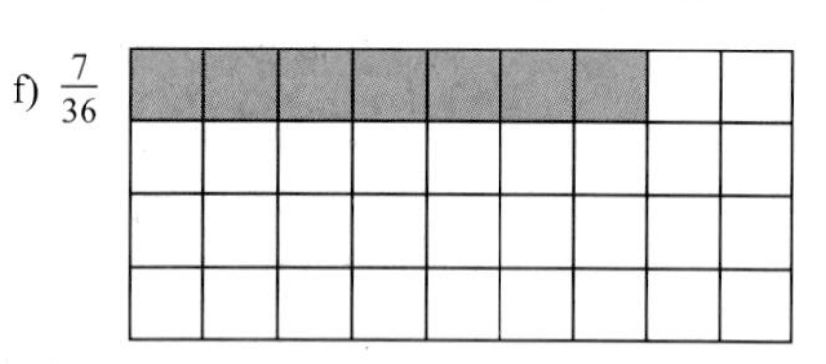

1 Kästchen ≙ 1 cm

Station 4 Zauberquadrate

Übungszirkel: Dezimalbrüche Seite 84/85

a)

$\frac{4}{9}$	1	$\frac{2}{9}$
$\frac{1}{3}$	$\frac{5}{9}$	$\frac{7}{9}$
$\frac{8}{9}$	$\frac{1}{9}$	$\frac{6}{9}$

Summe: $\frac{15}{9} = 1\frac{2}{3}$

Die fehlenden Zahlen lauten:
$\frac{9}{9}$ (1); $\frac{2}{9}$; $\frac{7}{9}$; $\frac{1}{9}$; $\frac{6}{9}$ ($\frac{2}{3}$)

b)

$\frac{1}{5}$	$\frac{7}{10}$	$\frac{3}{5}$
$\frac{9}{10}$	$\frac{1}{2}$	$\frac{1}{10}$
$\frac{2}{5}$	$\frac{3}{10}$	$\frac{4}{5}$

Summe: $\frac{3}{2} = 1\frac{1}{2}$

Die fehlenden Zahlen lauten:
$\frac{1}{5}$; $\frac{3}{5}$; $\frac{9}{10}$; $\frac{1}{10}$; $\frac{4}{5}$

Station 5 Vier ist Sieger – ein Spiel für zwei Personen

Beispiellösung:

$\frac{1}{12}$	$\frac{6}{15}$	$\frac{1}{6}$	$\frac{35}{100}$	$\frac{3}{9}$
$\frac{18}{40}$	$\frac{4}{9}$	$\frac{6}{16}$	$\frac{5}{6}$	$\frac{3}{15}$
$\frac{1}{4}$	$\frac{10}{32}$	$\frac{3}{5}$	$\frac{15}{50}$	$\frac{2}{3}$
$\frac{10}{16}$	$\frac{4}{5}$	$\frac{1}{2}$	$\frac{1}{3}$	$\frac{8}{60}$
$\frac{1}{8}$	$\frac{10}{24}$	$\frac{9}{10}$	$\frac{6}{40}$	$\frac{3}{4}$

$\frac{4}{48}$	$\frac{4}{10}$	$\frac{15}{90}$	$\frac{21}{60}$	$\frac{30}{90}$
$\frac{45}{100}$	$\frac{16}{36}$	$\frac{15}{40}$	$\frac{10}{12}$	$\frac{6}{30}$
$\frac{5}{20}$	$\frac{25}{80}$	$\frac{36}{60}$	$\frac{30}{100}$	$\frac{10}{15}$
$\frac{20}{32}$	$\frac{16}{20}$	$\frac{18}{36}$	$\frac{16}{48}$	$\frac{4}{30}$
$\frac{8}{64}$	$\frac{25}{60}$	$\frac{45}{50}$	$\frac{15}{100}$	$\frac{12}{16}$

Station 6 Platten legen

a) Für 13 Platten ergibt sich nur eine Möglichkeit.
b) Man kann nur mit 18, 24 und 32 Platten verschiedene Rechteckmuster legen. Für 17, 19 und 31 Platten gibt es jeweils nur eine Möglichkeit.
c) Man kann mit 2, 3, 5, 7, 11, 13, 17 und 19 Plattn jeweils nur eine Reihe legen.

Station 7 Teiler

Teiler von 18: 1, 2, 3, 6, 9, 18
Teiler von 20: 1, 2, 4, 5, 10, 20
Teiler von 24: 1, 2, 3, 4, 6, 8, 12, 24
Teiler von 40: 1, 2, 4, 5, 8, 10, 20, 40
60: 1, 2, 3, 4, 5, 6, 10, 12, 15, 20, 30, 60
90: 1, 2, 3, 5, 6, 9, 10, 15, 18, 30, 45, 90
100: 1, 2, 4, 5, 10, 20, 25, 50, 100
144: 1, 2, 3, 4, 6, 8, 9, 12, 16, 18, 24, 36, 48, 72, 144
200: 1, 2, 4, 5, 8, 10, 20, 25, 40, 50, 100, 200

Übungszirkel: Dezimalbrüche Seite 82/83

Station 1 Dezimalmemory

0,0403; 4 h 3 zt
1T 1t; 1000,001
0,7; $\frac{7}{10}$
$12\frac{12}{1000}$; 12,012
1,45; $1\frac{45}{100}$
$\frac{7}{100}$; 0,07
$7\frac{3}{10}$; 7,3
6 H 3 E 1 z; 603,1
$\frac{9}{100}$; 0,09
1,101; 1 E 1 z 1 t
3E 5h 3t; 3,053
$9\frac{8}{1000}$; 9,008

Station 2 Komma verschieben

a) 8 *l*; 80 *l*; 800 *l*
b) 6,5 €; 65 €; 650 €
c) 0,3 kg; 3 kg; 30 kg
d) 7,61 km; 76,1 km; 761 km
e) 47 €; 470 €; 4700 €
f) 0,4 m; 40 m; 400 m
e) 0,02 t; 0,2 t; 2 t
h) 63,1 dm; 631 dm; 6310 dm

Station 3 Wie dick ist ein Blatt?

a) 1,5 cm b) 480 Blätter, 960 Seiten c) –

Station 4 Welches Teil passt?

a) Bosnien-Herzegowina: B b) Kroatien: C

Station 5 Falten

a) $\frac{1}{4}$; 17,1 cm b) –

Station 6 Komma

a) 125,04 : 4 = 31,26
b) 100,05 + 31,25 = 131,3
c) 1,605 · 2 = 3,21
d) 45,305 − 21,205 = 24,1

Station 7 Für drei oder vier

–

Station 8 Verschwundene Rechenzeichen

a) + b) − c) − d) + e) · f) +

Übungszirkel: Volumen und Oberfläche Seite 118/119

Station 1 Immer drei

3 m³ = 3000 dm³ = 3 000 000 cm³
3 dm³ = 3 *l* = 3000 ml
3 hl = 300 *l* = 300 dm³
0,3 cm³ = 0,0003 m³ = 300 mm³

Station 2 Was passt?

b) c)

Station 3 Ist die Kiste voll?

a) 120 b) 120

Station 4 Würfelberge

–

Station 5 Einer oder mehrere?

1 Gummiring

Station 6 Wie viel ist drin?

Badewanne: 80 dm³; Baucontainer: 70 m³; „Dixie-Klo“: 2 m³; Eimer: 10 *l*

Station 7 Umbauen

Der kürzeste Lösungsweg besteht aus 7 Zügen (Platzwechsel): 1 – 2, 1 – 3, 2 – 3, 1 – 2, 3 – 1, 3 – 2 und 1 – 2.

Station 8 Quader

a) –
b) –
c) O = 236 cm²
V = 240 cm³

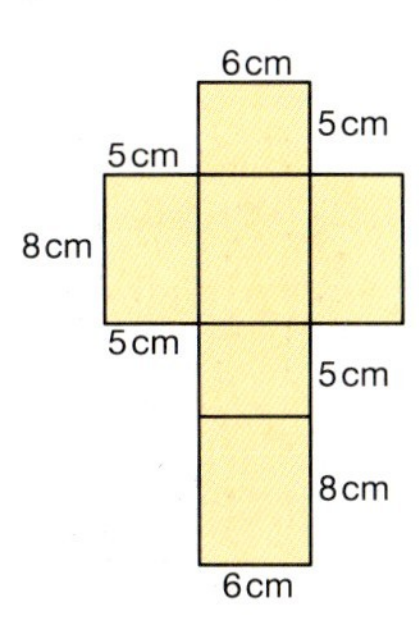

Übungszirkel: Volumen und Oberfläche Seite 148/149

Station 1 Schätzen
–

Station 2 Was fehlt hier?
Prisma

Station 3 Rund um die Tonne
78 000 g + 922 000 g (922 kg)
450 kg + 550 kg
350 000 g + 650 000 g (650 kg)
7 kg + 993 kg
9 000 000 mg + 991 kg
1 g + 999 999 g
0,5 t + 500 kg
376 kg + 624 kg

Station 4 Ordnen
a) 4 km 80 m < 4,5 km < 4800 m
b) 3300 g < 3,5 kg < 3 kg 600 g
c) 315 s < 5 min 20 s < $5\frac{1}{2}$ min
d) 9,24 km^2 < 942 ha < 9 km^2 44 ha

Station 5 Zeit
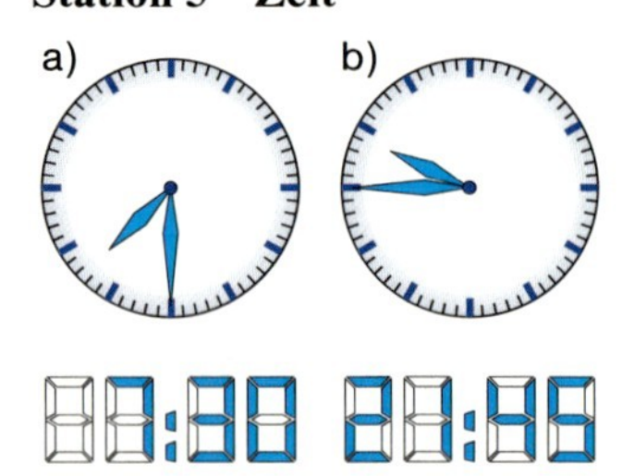

Station 6 Schwimmender Fisch
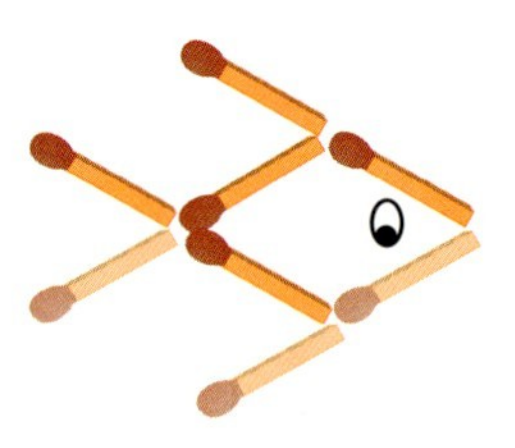

Station 7 Regenwald
a) 2 000 000 ha = 20 000 km^2
b) 4 000 000 km^2 : 20 000 km^2 = 200
200 Jahre

Station 8 Würfelturm

Station 9 Flächeninhalte
50 mm^2 = 0,50 cm^2
60 mm^2 = 0,60 mm^2
90 mm^2 = 0,90 mm^2
95 mm^2 = 0,95 mm^2
35 mm^2 = 0,35 mm^2

Bleibe fit! Seite 30

1 a) 1: Trapez; 2: Kreis; 3: Drachen; 4: Rechteck; 5: Parallelogramm; 6: Raute; 7: gleichseitiges Dreieck, nur das Rechteck (Nr. 4) hat rechte Winkel
b) 1: eine; 2: beliebig viele; 3: eine, 4: zwei; 5: keine; 6: zwei; 7: drei
c) zwei; 2: –; 3: zwei Paare benachbarter Seiten; 4: zwei Paare gegenüberliegender Seiten, 5: zwei Paare gegenüberliegender Seiten; 6: vier; 7: drei

2 a) 4 nach rechts, 4 nach oben b) 2 nach rechts, 2 nach oben c) 1 nach links, 4 nach unten

3 a) 5 nach rechts, 2 nach oben b) 5 nach rechts, 1 nach unten c) 2 nach links, 3 nach unten d) 2 nach links, 3 nach unten

4 a) 1,8: Vollwinkel; 2: spitzer Winkel; 3: stumpfer Winkel; 4: stumpfer Winkel; 5: stumpfer Winkel; 6: stumpfer Winkel; 7: spitzer Winkel

5 a); b); c)

6 –

Bleibe fit! Seite 58

1 a) $\frac{2}{9}$ b) $\frac{31}{54}$ c) $\frac{35}{140} = \frac{1}{4}$ d) $\frac{75}{100} = \frac{3}{4}$

2 a) $\frac{3}{4}$; $\frac{3}{5}$; $\frac{3}{4}$; $\frac{1}{5}$ b) $\frac{2}{3}$; $\frac{4}{5}$; $\frac{3}{5}$; $\frac{5}{8}$ c) $\frac{4}{5}$; $\frac{3}{5}$; $\frac{3}{4}$; $\frac{5}{6}$

3 a) $\frac{2}{3} < \frac{3}{4} < \frac{5}{6} < \frac{11}{12}$ b) $\frac{3}{4} < \frac{4}{5} < \frac{5}{6} < \frac{7}{8}$ c) $\frac{5}{9} < \frac{7}{12} < \frac{5}{8} < \frac{2}{3}$

4 a) $\frac{11}{12}$ b) $\frac{1}{2}$ c) $1\frac{7}{40}$ d) $\frac{7}{12}$ e) $1\frac{13}{24}$

$1\frac{13}{18}$ $\frac{7}{24}$ $1\frac{27}{40}$ $\frac{13}{36}$ $\frac{1}{6}$

5 a) $\frac{1}{2}$ b) Sie kann 9 € sparen.

6 Sie kann noch $\frac{1}{8}$ kg Leberwurst kaufen.

7 a) 2; $2\frac{1}{4}$; $2\frac{2}{5}$; $2\frac{5}{8}$ b) $4\frac{2}{3}$; $5\frac{1}{4}$; $5\frac{3}{5}$; $6\frac{1}{8}$ c) 4; $4\frac{1}{2}$; $4\frac{4}{5}$; $5\frac{1}{4}$ d) 8; 9; $9\frac{3}{5}$; $10\frac{1}{2}$

e) $6\frac{2}{3}$; 12; $21\frac{7}{8}$; $34\frac{1}{2}$ f) $5\frac{1}{3}$; $9\frac{3}{5}$; $17\frac{1}{2}$; $27\frac{3}{5}$ g) 12; $21\frac{3}{5}$; $39\frac{3}{8}$; $62\frac{1}{10}$ h) 4; $7\frac{1}{5}$; $13\frac{1}{8}$; $20\frac{7}{10}$

8 a) 2 kg b) 6 kg c) 10,5 kg d) 30 kg

9 a) $\frac{1}{9}$ b) $\frac{2}{15}$ c) $\frac{5}{12}$ d) $\frac{3}{5}$ e) $\frac{16}{27}$

10 Das sind $5\frac{1}{4}$ Stunden in der Woche.

11 Sie geht von $\frac{1}{4}$ kg pro Person aus.

12 a) 6, 12, 18, 24, 30, 36, 42, 48, 54, 60, 66, 72, 78, 84, 90
7, 14, 21, 28, 35, 42, 49, 56, 63, 70, 77, 84, 81, 98, 105
12, 24, 36, 48, 60, 72, 84, 96, 108, 120, 132, 144, 156, 168, 180
16, 32, 48, 64, 80, 96, 112, 128, 144, 160, 176, 192, 208, 224, 240
25, 50, 75, 100, 125, 150, 175, 200, 225, 250, 275, 300, 325, 350, 375
b) Teiler von 16: 1, 2, 4, 8, 16
Teiler von 67: 1,67
Teiler von 35: 1, 5, 7, 35
Teiler von 48: 1, 2, 3, 4, 6, 8, 12, 16, 24, 48
Teiler von 98: 1, 2, 7, 14, 98

13 Teilbar durch 5: 78 970, 6385, 45 350, 19 865
Teilbar durch 10: 78 970, 45 350

Bleibe fit!
Seite 84

1 a) $\frac{15}{100} = 0{,}15$ b) $\frac{4}{100} = 0{,}04$ c) $\frac{6}{100} = 0{,}06$ d) $\frac{3}{100} = 0{,}03$ e) $\frac{59}{100} = 0{,}59$
f) $\frac{12}{100} = 0{,}12$ g) $\frac{1}{100} = 0{,}01$

2 a) 0,7; 0,9; 0,23; 0,48; 0,125; 0,987
b) 0,06; 0,08; 0,032; 0,056; 0,003
c) 2,17; 6,7; 4,24; 2,3; 6,0999
d) 1,05; 10,008; 20,006; 5,0017

3 a) $8{,}606 > 8{,}6 > 8{,}16 > 8{,}060 > 8{,}006$
b) $0{,}005 > 0{,}0015 > 0{,}0010 > 0{,}0002 > 0{,}0001$

4 a) 7 kg; 19 kg; 200 kg; 1 kg; 1 kg; 1 kg
b) 6 g; 47 g; 1 g; 101 g; 1 g; 1 g

5

a)	b)	c)	d)
45,125	131,082	29,009	54,406
196,104	674,2	0,01	187,297
200,827	250	181,357	0,05

6 $67{,}9\ t - 8{,}4\ t - 3{,}5\ t - 5{,}6\ t + 13{,}8\ t = 64{,}2\ t$

7 a) 8,1 b) 4,0 c) 3 d) 1,5 e) 8 f) 6,3
g) 60 h) 3,24 i) 350 k) 20 l) 0,72 m) 0,060

8 a) 0,24 € b) 0,15 m c) 0,43 kg d) 61,75 cm e) 2,45 t f) 228,40 €
g) 1,85 km h) 3,125 t

9

a)	b)	c)	d)	e)
30,8	243,6	960,3	437	2454,12
870	33,6	20,4	5489,7	28861,63
4256	6247,43	52 479,09	5,58	1524,897
70	17 563,56	66,928	131,7	2244,22

10

a)	b)	c)	d)	e)
0,39	4,7	0,067	60,115	34,606
1,438	6,7	0,172	141,104	35,394
0,8867	8,7	28,8	8,14	0,88041
0,0734	1,82	333,5	0,667	576,4

Bleibe fit!
Seite 120

1

	(1)	(2)	(3)	(4)
a)	24	52	64	68
b)	4	20	20	30

2 a) $4\ m^3$; $28\ m^3$; $9{,}8\ m^3$; $0{,}27\ m^3$; $0{,}635\ m^3$, $7\ m^3$; $3{,}75\ m^3$; $0{,}18\ m^3$
b) $6\ dm^3$; $3{,}8\ dm^3$; $0{,}8\ dm^3$; $0{,}35\ dm^3$; $0{,}75\ dm^3$; $2000\ dm^3$; $8300\ dm^3$; $600\ dm^3$; $25\ dm^3$

3 a) $6\ m^3 = 6\,000\,000\ cm^3 = 6000\ l$
$70\ m^3 = 70\,000\,000\ cm^3 = 700\ hl$
$44\ m^3 = 44\,000\,000\ cm^3 = 44\,000\ l$

b) $3{,}5\ dm^3 = 3\,500\,000\ mm^3 = 3{,}5\ l$
$8{,}75\ dm^3 = 8\,750\,000\ mm^3 = 8750\ ml$
$4{,}521\ dm^3 = 4\,521\,000\ mm^3 = 4{,}521\ l$

c) $0{,}8\ m^3 = 800\,000\ cm^3 = 8\ hl$
$0{,}58\ m^3 = 580\,000\ cm^3 = 580\,000\ ml$
$0{,}225\ m^3 = 225\,000\ cm^3 = 225\ l$

4 a) $O = 76\ cm^2$

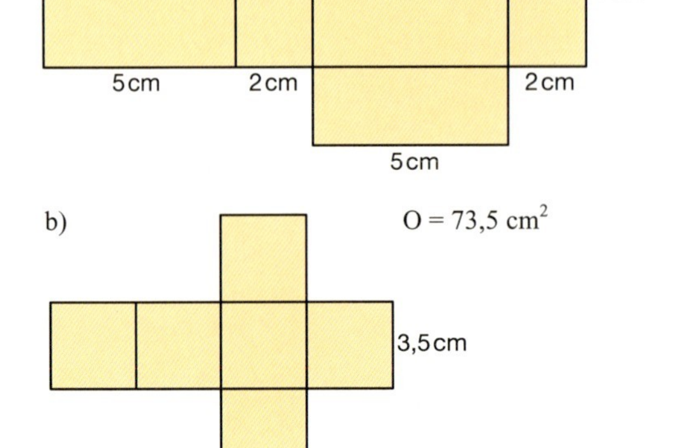

b) $O = 73{,}5\ cm^2$

5

	a)	b)	c)	d)
Volumen	672 cm^3	275 cm^3	343 cm^3	992 cm^3
Oberfläche	472 cm^2	105 cm^2	294 cm^2	680 cm^2

6 V: 486 cm^3; 8 m^3; 66 m^3
O: 486 cm^2; 24 m^2; 101 m^2; 350 cm^2; 384 m^2
b: 7 cm; c : 8 m

7 Multivitaminsaft: 1022,72 cm^3 = 1,02272 *l* ≈ 1 *l*
Orangensaft: 209,25 cm^3 = 0,20925 *l* ≈ 0,2 *l*

8 a) Es sind 168 m^2 Fliesen erforderlich.
b) Es können höchstens 172 800 Liter Wasser eingefüllt werden.

Bleibe fit!
Seite 150

1 a) 20 m; 60 m; 0,25 m; 0,7 m; 0,85m
b) 0,04 m; 0,07 m; 0,01 m; 0,08 m; 0,3 m; 0,6 m
c) 6,4 m; 3,46 m; 9,75 m
d) 20,81 m; 30,4 m; 100,33 m

2

a)	b)	c)	d)
300 s	5 h	8 kg	0,187 t
420 s	2 h	17 000 g	170 000 mg
795 s	138 min	74 kg	24,713 g
180 min	286 min	14 800 kg	0,082 g
96 min	7322 s	13,015 kg	3,004 t

3 a) 300 cm^2; 1800 mm^2; 800 cm^2; 700 cm^2; 900 mm^2
b) 340 m^2; 806 m^2; 1 a; 35 a
c) 5 mm^2; 2430 cm^2; 20 cm^2; 106 mm^2
d) 400 ha; 71 ha; 40 ha; 309 ha

4 a) 225,05 km
b) 301,35 m
c) 143,853 g
d) 5422,311 m^2
e) 35,688 kg
f) 96,375 t
g) 109,71 m
h) 1711,10 €

5 a) 0,2 kg; 0,97 kg; 0,988 kg; 0,401 kg; 0,763 kg; 0,900061 kg
b) 1,8 m; 3,69 m; 9,5 m; 0,2 m; 1,85 m; 7,697 m
c) 56,7 t; 21,989 t; 94,396 t; 99,655 t; 99,7 t; 99,000002 t

6 Abfahrt: 11,05; Ankunft: 23,31; 14,33; Fahrtdauer: 2 h 27 min; 4 h 33 min

7 a) 9,6 t; 24 t; 120 t; 1600 cm; 4000 cm; 20 000 cm; 20 m^2; 50 m^2; 250 m^2; 96,8 dm; 242 dm; 121 dm
b) 1 cm^2; 0,6 cm^2; 0,3 cm^2; 5,2 €; 3,12 €; 1,56 €; 1,5 kg; 0,9 kg; 0,45 kg; 110 m; 66 m; 33 m

8 a) Sie nehmen 129,50 € ein.
b) Sie könnten 28 Tüten zu je 125 g abfüllen.

9 a) Sie haben 3,836 km zurückgelegt.
b) Oliver musste 7672 Schritte machen.

Wiederholen und Sichern Seite 32

Nr. 1 a) 160 b) 400 c) 2 d) 180

Nr. 2 a) 8; 7; 6 b) 8; 6; 9 c) 6; 5; 5

Nr. 3 a) 40 dm; 60 cm; 90 mm; 85 mm b) 700 dm^2; 350 cm^2; 840 mm^2; 70 mm^2
c) 34 dm; 75 cm; 8 mm; 2 cm d) 600 dm^2; 950 cm^2; 60 mm^2; 20 dm^2

Nr. 4 a) 420 s b) 3600 s c) 4 h d) 12 h e) 15 min

Nr. 5 a) 44 min b) 3 h 4 min c) 2 h 26 min

Nr. 6 a) A = 320 m^2, u = 72 m b) A = 324 m^2, u = 72 m c) A = 375 m^2, u = 80 m

Nr. 7 a) 9 m b) 4000 cm c) 7 cm

Nr. 8 a) 90° b) 150° c) 210° d) 300°

Nr. 9 a) rechter Winkel b) stumpfer Winkel c) spitzer Winkel d) gestreckter Winkel

---

Wiederholen und Sichern Seite 60

Nr. 1 a) 20; 30 b) 33; 32 c) 100; 100 d) 44; 42 e) 16; 24

Nr. 2 a) 14; 47; 11 b) 85; 146; 249 c) 48; 89; 51

Nr. 3 a) 36359; 20451 b) 4213; 11932

Nr. 4 a) (17 + 45) + 9 = 71 b) (35 − 18) − 2 = 15
c) (87 − 29) + 32 = 90 d) (91 + 19) − 12 = 98

Nr. 5 a) 5,67 €, 7,02 € b) 34,56 €, 20,02 € c) 0,87 €, 0,72 € d) 0,08 €, 0,03 € e) 40,70 €, 145,70 €

Nr. 6 a) 3 €, 4 € 80 ct b) 3 € 6 ct, 7 € 65 ct c) 14 € 70 ct, 16 € 75 ct d) 10 € 55 ct, 12 € 94 ct

Nr. 7 16 Schüler nehmen an keiner Sportart teil.

Nr. 8 (1): $\frac{1}{2}$; (2): $\frac{1}{3}$; (3): $\frac{1}{12}$; (4): $\frac{1}{4}$; (5): $\frac{1}{6}$ $\frac{1}{12} < \frac{1}{6} < \frac{1}{4} < \frac{1}{3} < \frac{1}{2}$

Nr. 9 a) $\frac{2}{7}$ b) $\frac{65}{180} = \frac{13}{36}$ c) $\frac{4}{38} = \frac{2}{19}$

Nr. 10 a) $\frac{6}{7}$, $\frac{8}{13}$ b) $\frac{9}{25}$, $\frac{21}{100}$ c) $\frac{13}{16}$, $\frac{19}{36}$ d) $\frac{5}{21}$, $\frac{7}{20}$

Wiederholen und Sichern Seite 86

Nr. 1 a) 8; 16; 24; 32; 40; 48; 56; 64; 72; 80 b) 3; 6; 9; 12; 15; 18; 21; 24; 27; 30
c) 7; 14; 21; 28; 35; 42; 49; 56; 63; 70 d) 9; 18; 27; 36; 45; 54; 63; 72; 81; 90

Nr. 2 a) 7; 6; 3 b) 8; 9; 8 c) 4; 7; 2

Nr. 3

	a)	b)	c)
rot	$\frac{1}{2}$	$\frac{1}{6}$	$\frac{3}{8}$
grün	$\frac{1}{8}$	$\frac{1}{3}$	$\frac{1}{8}$

Nr. 4 a) $\frac{12}{21}$; $\frac{9}{24}$; $\frac{15}{18}$ b) $\frac{9}{27}$; $\frac{18}{63}$; $\frac{72}{81}$ c) $\frac{2}{4}$; $\frac{4}{12}$; $\frac{8}{20}$ d) $\frac{2}{3}$; $\frac{1}{6}$; $\frac{4}{7}$

Nr. 5 a) $\frac{3}{2}$, 6 b) 9, 21 c) 10, 3 d) $\frac{3}{5}$, $8\frac{4}{7}$ e) 3, $4\frac{4}{5}$

Nr. 6 Bei 52 Wochen im Jahr sind das 36,4 *l*.

Nr. 7 a) 440 *l*; 846 *l* b) 667 *l*; 260 *l* c) 1309; 3508 d) 41 *l*; 2 *l*

Nr. 8 a) $\frac{3}{100} = 0{,}03$ b) $\frac{4}{100} = 0{,}04$ c) $\frac{3}{100} = 0{,}03$ d) $\frac{5}{100} = 0{,}05$ e) $\frac{9}{100} = 0{,}09$
f) $\frac{16}{100} = 0{,}16$ g) $\frac{2}{100} = 0{,}02$

Nr. 9 a) 10,5; 28; 35; 3500; 147 b) 4,1; 3,28; 1,64; 0,0164; 1,025

Nr. 10 Sie muss 60,14 € bezahlen.

Wiederholen und Sichern Seite 98

Nr. 1 a) 4,3; 13,8; 19,1; 25,1; 10,1; 210 b) 9,58; 6,24; 0,97; 0,88; 20,06; 100
c) 2,036; 7,249; 1,735; 18,4; 11; 0,9

Nr. 2 a) 7,3 m b) 6,7 kg c) 27,15 km d) 8,55 km e) 16,6 m f) 11,75 kg

Nr. 3 a) 740; 7400; 44,4; 185; 66,6; 266,4 b) 3,28; 0,328; 0,0328; 8,2; 6,56; 1,64

Nr. 4 Kevin spart 49,80 €.

Nr. 5 Lara kauft den Mini-Rock, das Top und die Strohtasche für zusammen 44,75 €. Sie hat 0,25 €, also 25 ct übrig behalten.

Nr. 6 a) 0,9 b) 0,96 c) 0,07 d) 9,09 e) 0,025 f) 2,006 g) 15,004

Nr. 7 a) 30 km b) 28 kg c) 40 *l* d) 24 m

Nr. 8 a) $\frac{5}{6}$ b) $\frac{3}{8}$ c) $\frac{1}{6}$ d) $1\frac{1}{5}$ e) $1\frac{11}{12}$ f) $\frac{4}{5}$

Nr. 9 a) 700 dm^2; 350 cm^2; 840 mm^2; 70 mm^2 b) 3000 dm^3; 7500 cm^3; 800 mm^3; 200 cm^3

Nr. 10 Es bleiben 1 € und 5 ct übrig.

Wiederholen und Sichern Seite 122

Nr. 1 a) 14; 62,3; 180,1 b) 375; 480; 1303 c) 2,34; 1,674; 0,708 d) 3,128; 0,1379; 0,0127

Nr. 2 a) 2,4; 5,3; 4,2; 3,06; 1,8; 3,6; 1,7 b) 2,8; 4,6; 8,8; 13; 17,2; 21,6; 15,4

Nr. 3 a) 31,5; 243,6 b) 521,5; 5,2 c) 356,623; 40,376 d) 4,8; 8,1

Nr. 4 a) 3,7; 5,3; 14,4 b) 8; 2,11; 11 c) 2,1; 47,5; 16,1

Nr. 5 a) 38,72; 92,83 b) 4,114; 52,44

Nr. 6 $2 \cdot 1{,}13\,€ + 3 \cdot 0{,}69\,€ + 4 \cdot 0{,}29\,€ = 5{,}49\,€$ Viktoria bekommt 4 € und 51 ct zurück.

Nr. 7 a) $(3{,}7 + 1{,}3) + 0{,}8 = 5{,}8$ b) $(100{,}42 - 60{,}22) - 20 = 20{,}2$
c) $(62{,}9 - 21{,}6) + 6{,}7 = 48$ d) $(5{,}45 + 6{,}45) - 3{,}3 = 8{,}6$

Nr. 8

a)	b)	c)	d)
7400 kg	9 kg	3,230 kg	82,074 kg
14 061 kg	58 kg	34,120 kg	44,006 kg
361 038 kg	21 kg	5,603 kg	0,985 kg

Nr. 9

a)	b)	c)	d)
35 000 m^2	0,28 ha	245 300 m^2	215 m^2
0,5 ha	1,5 km^2	10,54 a	1 500 000 m^2

Nr. 10

a)	b)	c)
6000 cm^3	22 000 dm^3	9300 dm^3
2 300 000 dm^3	7100 cm^3	0,045 dm^3
670 cm^3	0,067 cm^3	4900 mm^3

Wiederholen und Sichern Seite 132

Nr. 1 a) 6,1 b) 11,3 c) 6,8 d) 5,6 e) 9,4 f) 26,9

Nr. 2 a) 1,25; 12,5; 125; 1; 8,1; 15,675 b) 8,24; 0,824; 0,0824; 20,6; 10,3; 2,06

Nr. 3 a) $6{,}60 = 6{,}6$ b) $80{,}04 < 80{,}40$ c) $0{,}799 > 0{,}79$ d) $0{,}35 > 0{,}349$

Nr. 4 a) 120,708 b) 113,776 c) 27,02

Nr. 5 a) 0,34 m b) 0,253 km c) 9,188 kg d) 2,17 m

Nr. 6

	a)	b)	c)	d)
Volumen	729 cm^3	216 dm^3	125 m^3	13 824 dm^3
Oberfläche	486 cm^2	216 dm^2	1,5 m^2	34,56 m^2

Nr. 7

	a)	b)
Volumen	240 cm^3	120 m^3
Oberfläche	248 cm^2	158 m^2

Nr. 8 a) 600 dm^2; 650 cm^2; 1060 mm^2, 90 mm^2 b) 8000 dm^3; 6500 cm^3; 650 mm^3; 400 cm^3

c) 210 dm^2; 470 cm^2; 940 mm^2, 60 mm^2 d) 2000 dm^3; 8600 cm^3; 350 mm^3; 90 cm^3

Nr. 9 Das Aquarium mit Pumpe fasst genau 120 *l*. Dies wird die Klasse kaufen.

Nr. 10 a) 8; 8 b) 9; 11 c) 9; 7,1

Wiederholen und Sichern Seite 152

Nr. 1 a) 7 b) 70 c) 33 d) 0

Nr. 2 a) 14; 18; 5 b) 17; 10; 39 c) 4; 6; 4 d) 3; 9; 3

Nr. 3 a) 125; 180; 45 b) 15,4; 22; 5,2 c) 66; 10; 8

Nr. 4 a) 3; 10 b) 6; 9 c) 5; 2,1

Nr. 5 a) $x \cdot 2 + 8 = 20$, $x = 6$ b) $x \cdot 5 - 10 = 25$, $x = 7$ c) $x : 8 + 20 = 26$, $x = 48$

Nr. 6 a) spitzer Winkel b) rechter Winkel c) spitzer Winkel d) stumpfer Winkel e) rechter Winkel

Nr. 7 –

Nr. 8 a) 5000 cm^3; 140 000 cm^3; 580 cm^3 b) 15 000 dm^3; 9400 dm^3; 0,089 cm^3 c) 4500 dm^3; 0,092 dm^3; 5800 mm^3

Nr. 9 Yasemin muss noch 5 Monate warten.

1. Größen

Längen

Umwandlungszahl 10

$1\ m = 10\ dm$
$1\ dm = 10\ cm$
$1\ cm = 10\ mm$

Beachte:
$1\ km = 1000\ m$
$1\ m = 100\ cm$
$1\ m = 1000\ mm$

Flächeninhalte

Umwandlungszahl 100

$1\ m^2 = 100\ dm^2$
$1\ dm^2 = 100\ cm^2$
$1\ cm^2 = 100\ mm^2$

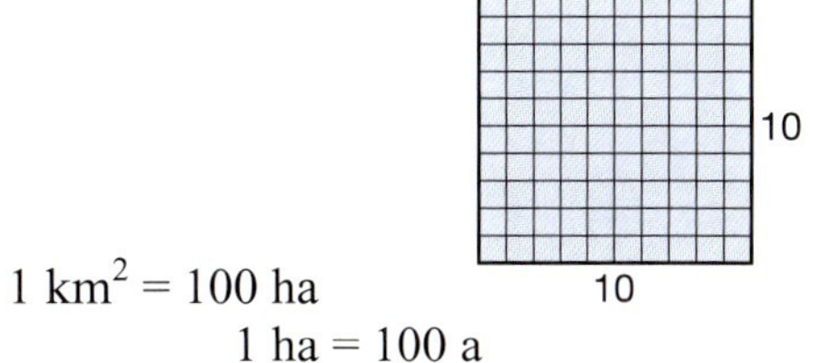

$1\ km^2 = 100\ ha$
$1\ ha = 100\ a$
$1\ a = 100\ m^2$

$1\ km^2 = 1\,000\,000\ m^2$
$1\ m^2 = 10\,000\ cm^2$

Rauminhalte

Umwandlungszahl 1000

$1\ m^3 = 1000\ dm^3$
$1\ dm^3 = 1000\ cm^3$
$1\ cm^3 = 1000\ mm^3$

Beachte:
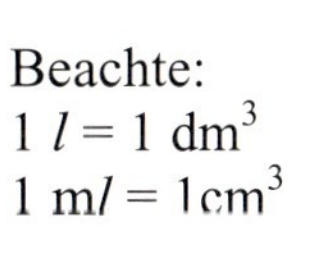
$1\ l = 1\ dm^3$
$1\ ml = 1\ cm^3$

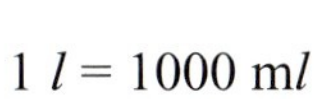
$1\ l = 1000\ ml$

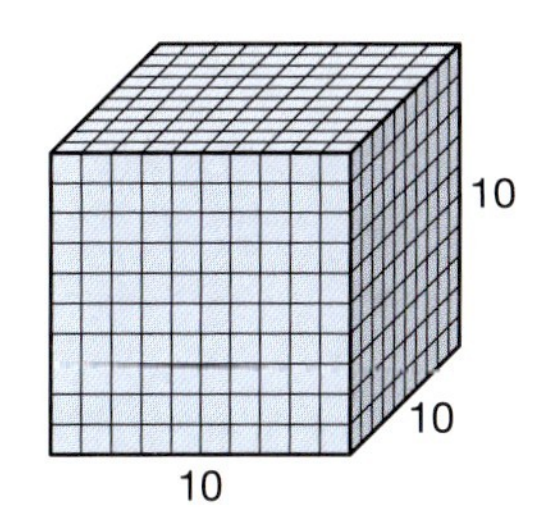

Gewichte

Umwandlungszahl 1000

$1\ t = 1000\ kg$
$1\ kg = 1000\ g$
$1\ g = 1000\ mg$

Geldwerte

Umwandlungszahl 100
1 € = 100 Cent

Zeit

$1\ h = 60\ min$
$1\ min = 60\ s$

Beachte:
1 Jahr = 12 Monate
1 Jahr = 365 Tage
1 Tag = 24 Stunden

2. Natürliche Zahlen

Auf dem Zahlenstrahl stehen die natürlichen Zahlen der Größe nach geordnet.

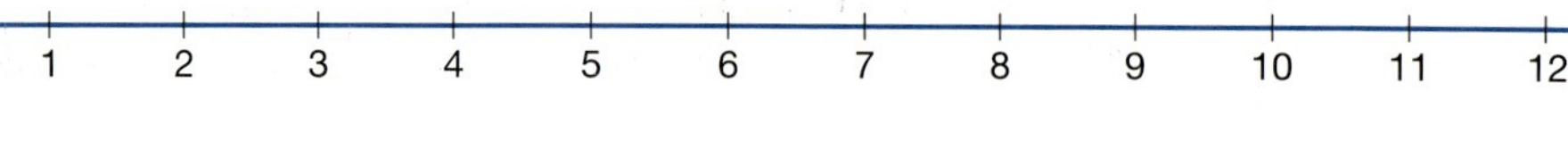

Addieren
$25 + 12 = 37$

Umkehraufgaben

Subtrahieren
$37 - 12 = 25$
$37 - 25 = 12$

Rechengesetze

$$\underbrace{33 + 28}_{61} = \underbrace{28 + 33}_{61}$$

Vertauschungsgesetz:

Beim Addieren darf man die Summanden vertauschen.

$$\underbrace{\underbrace{(23 + 27)}_{50} + 59}_{109} = \underbrace{23 + \underbrace{(27 + 59)}_{86}}_{109}$$

Verbindungsgesetz:

Beim Addieren darf man beliebig zusammenfassen.
Das Ergebnis ändert sich dabei nicht.

Multiplizieren
$5 \cdot 12 = 60$

Umkehraufgaben

Dividieren
$60 : 5 = 12$
$60 : 12 = 5$

Rechengesetze

$$\underbrace{13 \cdot 5}_{65} = \underbrace{5 \cdot 13}_{65}$$

Vertauschungsgesetz:

Beim Multiplizieren darf man die Faktoren vertauschen.

$$\underbrace{\underbrace{(3 \cdot 5)}_{15} \cdot 8}_{120} = \underbrace{3 \cdot \underbrace{(5 \cdot 8)}_{40}}_{120}$$

Verbindungsgesetz:

Beim Multiplizieren kann man beliebig zusammenfassen.
Das Ergebnis ändert sich nicht.

$4 \cdot 12 + 4 \cdot 8 = 4 \cdot (12 + 8)$
$4 \cdot 20 - 4 \cdot 8 = 4 \cdot (20 - 8)$

Verteilungsgesetz:

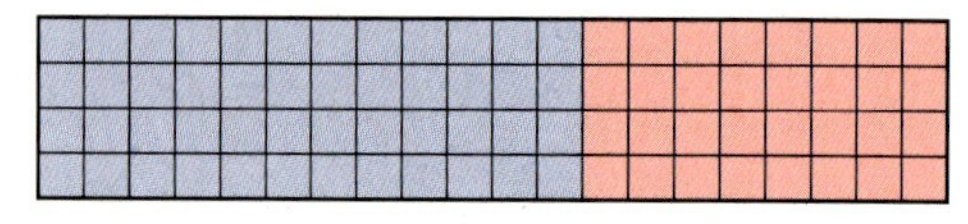

Teiler und Vielfache

$24 : 8 = 3$
24 ist durch 8 teilbar.
8 ist ein **Teiler** von 24.

ist Teiler von: 8 → 24
ist Vielfaches von: 24 → 8

$24 = 3 \cdot 8$
24 ist ein **Vielfaches** von 8.

24 ist nicht durch 5 teilbar. Beim Teilen bleibt ein Rest.
5 ist **nicht Teiler** von 24.

24 ist **nicht Vielfaches** von 5.

Teilbarkeitsregeln

Eine Zahl ist **durch 5 teilbar,** wenn ihre letzte Ziffer 0 oder 5 ist.
Eine Zahl ist **durch 10 teilbar,** wenn ihre letzte Ziffer 0 ist.
Eine Zahl ist **durch 2 teilbar,** wenn ihre letzte Ziffer 0, 2, 4, 6 oder 8 ist.

3. Rechnen mit Brüchen

Bruchteile bilden, z. B. $\frac{5}{8}$ Bilde 8 gleiche Teile. Nimm 5 Teile.

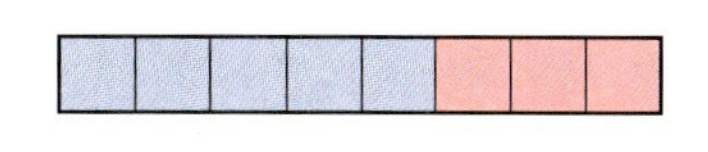

Erweitern Multipliziere Zähler und Nenner mit der gleichen Zahl. $\frac{5}{8} = \frac{5 \cdot 3}{8 \cdot 3} = \frac{15}{24}$

Kürzen Dividiere Zähler und Nenner durch die gleiche Zahl. $\frac{15}{24} = \frac{15 : 3}{24 : 3} = \frac{5}{8}$

Beim Erweitern und Kürzen bleibt der Wert des Bruches gleich.

Addieren von Brüchen

Bilde zuerst den Hauptnenner.

$\frac{2}{5} + \frac{4}{6}$ Hauptnenner = 30

$= \frac{12}{30} + \frac{20}{30}$

$= \frac{32}{30} = \frac{16}{15} = 1\frac{1}{15}$

Subtrahieren von Brüchen

Bilde zuerst den Hauptnenner.

$\frac{16}{15} - \frac{2}{5}$ Hauptnenner = 15

$= \frac{16}{15} - \frac{6}{15}$

$= \frac{10}{15} = \frac{2}{3}$

Brüche und Dezimalbrüche

$\frac{3}{4} = 3 : 4 = 0{,}75$ $\frac{11}{6} = 11 : 6 = 1{,}8\bar{3} \approx 1{,}83$ $0{,}45 = \frac{45}{100} = 0{,}45$

4. Geometrie

Umfang von Rechteck und Quadrat

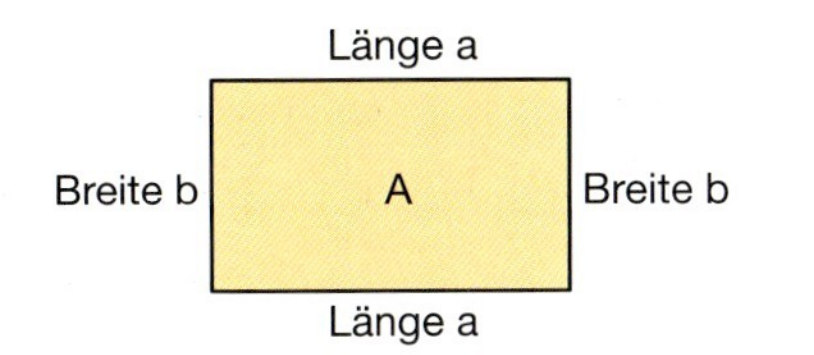

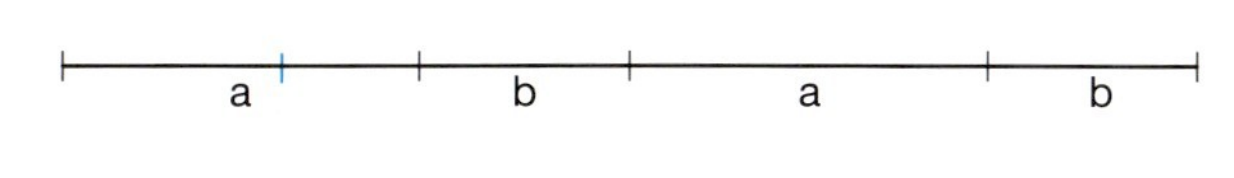

Umfang des Rechtecks: $u = a + b + a + b$
$u = 2 \cdot a + 2 \cdot b$

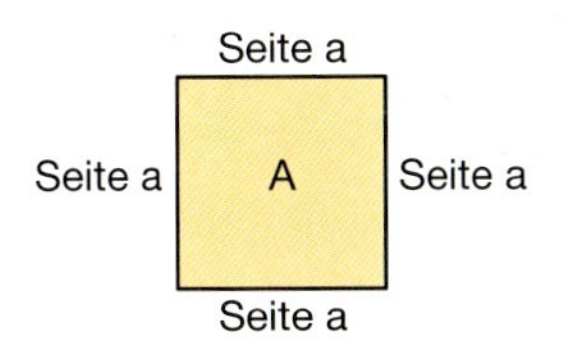

Umfang des Quadrats: $u = a + a + a + a$
$u = 4 \cdot a$

Flächeninhalt des Rechtecks

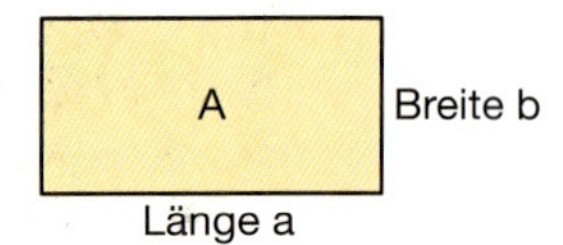

Formel: $A = a \cdot b$

Flächeninhalt des Quadrats

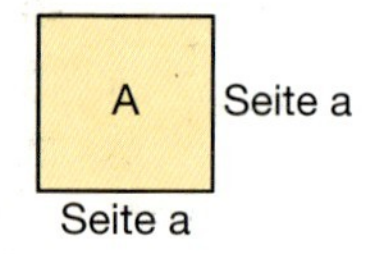

Formel: $A = a \cdot a$

Rauminhalt und Oberfläche von Quader und Würfel berechnen

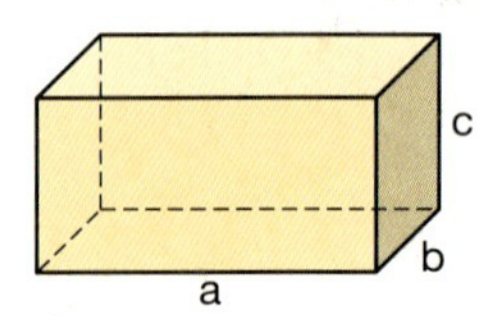

Rauminhalt (Volumen) eines Quaders
$V = a \cdot b \cdot c$

Oberfläche eines Quaders
$O = 2 \cdot a \cdot b + 2 \cdot b \cdot c + 2 \cdot a \cdot c$
$O = 2 \cdot (a \cdot b + b \cdot c + a \cdot c)$

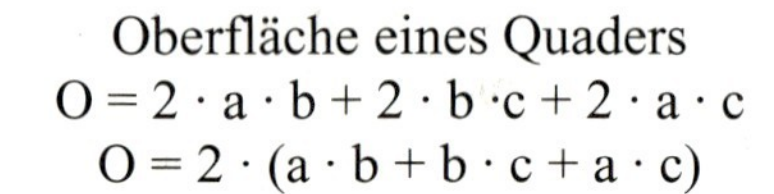

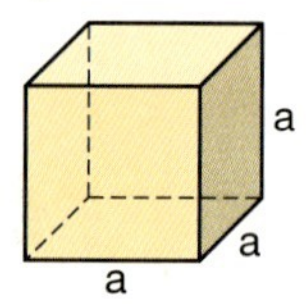

Rauminhalt (Volumen) eines Würfels
$V = a \cdot a \cdot a$

Oberfläche eines Würfels
$O = 6 \cdot a \cdot a$

Beziehungen zwischen Zahlen

$a = b$	a gleich b	$a > b$	a größer als b
$a \neq b$	a ungleich b	$a \geq b$	a größer oder gleich b
$a \approx b$	a ungefähr gleich b	$a < b$	a kleiner als b
		$a \leq b$	a kleiner oder gleich b

Verknüpfungen von Zahlen

$a + b$	Summe (*lies:* a plus b)	$a \cdot b$	Produkt (*lies:* a mal b)
$a - b$	Differenz (*lies:* a minus b)	$a : b$	Quotient (*lies:* a geteilt durch b)

Rechengesetze

Vertauschungsgesetz (Kommutativgesetz)

$a + b = b + a$	$a \cdot b = b \cdot a$
$3 + 7 = 7 + 3$	$3 \cdot 7 = 7 \cdot 3$

Verbindungsgesetz (Assoziativgesetz)

$a + (b + c) = (a + b) + c$	$a \cdot (b \cdot c) = (a \cdot b) \cdot c$
$3 + (7 + 5) = (3 + 7) + 5$	$3 \cdot (7 \cdot 5) = (3 \cdot 7) \cdot 5$

Verteilungsgesetz (Distributivgesetz)

$a \cdot (b + c) = a \cdot b + a \cdot c$	$a \cdot (b - c) = a \cdot b - a \cdot c$
$6 \cdot (8 + 5) = 6 \cdot 8 + 6 \cdot 5$	$6 \cdot (8 - 5) = 6 \cdot 8 - 6 \cdot 5$

Geometrie

A, B, C, …	Punkte
$P\,(3 \mid 5)$	Punkte im Achsenkreuz mit den Koordinaten 3 (Rechtswert) und 5 (Hochwert)
$P\,(x \mid y)$	Koordinaten eines Punktes im Koordinatensystem
AB	Gerade durch A und B
[AB	Halbgerade von A aus durch B
[AB]	Strecke von A nach B
$\overline{AB}$	Länge der Strecke AB
g, h, k, …	Geraden
$g \parallel h$	g ist parallel zu h
$g \perp h$	g ist senkrecht zu h
$\alpha, \beta, \gamma, \delta, \varepsilon$; $\sphericalangle\,(ASB)$	Winkel

akg-images GmbH Archiv für Kunst und Geschichte, Berlin: 135.1–4
Astrofoto Bildagentur GmbH B. Koch, Sörth: 33.2
bahnimbild, Berlin: 147.1
Becker & Bredel Presseagentur und Fotografen, Saarbrücken: 94.1
Bildagentur Mauritius GmbH, Mittenwald: 87.2, 126.1
BONGARTS Sportfotografie GmbH, Hamburg: 62.1, 139.2, 139.3
Corbis, Düsseldorf: 26.1, 33.1, 99.1; 99.3-5
ddp Deutscher Depeschendienst GmbH, Berlin: 79.1
Hessischer Rundfunk, Wiesbaden: 123.3
IFA-Bilderteam GmbH, Düsseldorf: 25.2, 129.1
Klaus G. Kohn, Braunschweig: 138.1
Michael Metzner, Erlangen: 11.4
Okapia KG, Frankfurt/M.: 88.1, 89.1-3
picture-alliance, Frankfurt/M.: 17.1 (akg-images, E. Lessing); 25.1 (Okapia KG, B. & H. Kunz); 25.3 (Okapia KG, G. Schulz); 28.1 (Okapia KG); 61.4 (ASA); 87.3 (dpa); 99.2 (dpa)
Soehnle-Waagen GmbH & Co. KG, Murrhardt: 61.3
Sportamt, Duisburg: 139.1
zefa visual media GmbH, Düsseldorf: 17.2

Alle übrigen Fotos: Photostudio Druwe & Polastri, Weddel
Alle Illustrationen: Michel Streich, Sydney/Australien
Alle technischen Zeichnungen wurden von der Technisch-Graphischen-Abteilung Westermann, Braunschweig und der Firma media service schmidt, Hildesheim, angefertigt.